U0246361

蕾切尔·卡森

1960 年在缅因州的海边寓所

Erich Hartmann 摄

海滨的生灵

〔美〕蕾切尔·卡森 著
李虎 侯佳 译

北京大学出版社
PEKING UNIVERSITY PRESS

一书一世界

SbooK

沙发图书馆

献给

多萝西（Dorothy）和斯坦利·弗里曼（Stanley Freeman）

他们同我一起探索低潮带世界

感受了它的美丽和神秘。

每一只海边的螺

都是生命从海到陆的进化史诗

作为博物学家的卡森（序）

1979年，中国翻译出版了卡森（也有人译做卡逊）的《寂静的春天》，虽然原著于1962年在美国就问世了，但在“文革”刚结束的年代，能推出其中译本，已经相当不容易，也可以说不算晚。非常遗憾的是，中译本影响不大，重要的原因有两条：（1）中外学术交流中断了许久，学术界对环境、生态议题不敏感。（2）当时中国的生态环境还不错，举国上下环境保护意识非常弱，中国人并没有预感到自己的国家即将出现资本主义“特有的”环境问题。

1979年之后，过了十年，形势变化不大；过了二十年，有识之士意识到了中国的环境危机（1979年吉林人民出版社在“绿色经典文库”中已经重新出版吕瑞兰、李长生的译本），但多数人不以为然；三十年过去，时间已是2009年，形势大变，人们真的感觉到卡森的重要，但已经晚了！中国完全重复了西方工业化加污染的老路，深陷其中，不知如何是好。

我得知卡森，相当晚。已经忘记了开始时是从哪儿道听途说卡森是一名了不起的“科学家”“生物学家”。其实很好核对，上网搜索一下就能找到过去人们习惯上是如何给其定位的。她是科学家？我对此也曾经产生过疑问：毕竟现在不似从前了，科学家不会受欺负啊，她的观点何以很久以后才被认可？读了《寂静的春天》及相关的研究，我更关注她的身份：科学家？作家？编辑？公务员？科普作家？我开始怀疑她的科学家身份。如果她是科学家，为何那个时代一大堆比她地位高、影响大的科学家没能提出类似的想法？为何一些科学家反对她？如果她是科普作家，她普及的是什么科学？

卡森的观点一开始是非主流的，不受科技界和政府“待见”，中外都一样。这很好理解，因为她的观点非同寻常，也会引出对某些人、某些集团不利的看法、建议、政策，挡了人家的发达之路。

《剑桥科学史》中曾这样描写：“二十世纪六十年代，物理学家的威信因一系列事情而开始削弱。其一是人们日益意识到大气核武器试验所造成的核辐射尘的危险。此外，卡森的《寂静的春天》的出版证明了这一事实：救星杀虫剂和除草剂在许多情况下是‘死亡之药’。其二，越战报告表明，物理学家应该对发明杀伤性武器和电子战负责。”（参考《剑桥科学史》第五卷，大象出版社2014年，第513页）卡森预见了科学家群体未能看到或者不愿意看到的东西。

时至今日，科学家也不能心悦诚服地接受卡森对某些科技行为的批评。说到底卡森的确有点另类，她坚定地认为：“‘控制自然’这个词是一个妄自尊大的想象产物，是当生物学和哲学还处于低级幼稚阶段的产物。”（《寂静的春天》，上海译文出版社2014年，第295页）我们从中学开始就一直背诵“生产力”的这般定义：人类征服自然和改造自然的能力。后来还流行一个句子：“科学技术是第一生产力”。如果科技真的是生产力，那么若不加约束这种力量也可能成为破坏大自然的力量。我糊涂了，要做出选择。1994年我在《中国科协报》上刊出一篇小文“生产力概念需要重新界定”，做出了我的一次重要选择。后来，随着我由唯科学主义向反科学主义转变，我确认了当初的选择。

曾有一段时间，我忘记思考卡森的身份了。直到从学术角度关注博物学史、博物学文化（cultures of natural history），才重拾这个问题。偶然间，接触到卡森1941年的著作《在海风下：一名博物学家眼中的海洋生物》，恍然大悟，卡森的最主要身份应当是博物学家！书的副题点出了要害。

博物学或者科学家，这种区分重要吗？在19世纪及以前可能不重要，也难以区分，但在“二战”之后，这种区分很重要。目前，博物学家与科学家只有很小的交集，少量专业性的、职业博物学家可能同时是科学家，其他人则不算。E. O. 威尔逊和劳伦兹既是科学家也是博物学家。而卡森是典型的博物学家，算科学家有点勉强，但可以算作“保护生物学家”。此外，我也不大认同她的科普作家身份。中国人习惯上把专业科技论文、报告写作之外的赞美科学的科学写作都笼统地称为“科普”。在这种意义上，萨根、道金斯、卡森、劳伦兹、马古利斯、E. O. 威尔逊的许多著作都成了“科普作品”。其实，这种分类是有问题的，这些大人物的许多重要思想是首次在相关作品中阐发的，属于原创，其他学者也经常把它们当作标准的学术著作引用。另外，原创新的东西，未必一定属于科学，也可以是文学、艺术或者其他。很难直接说《寂静的春天》就是科学作品或者科普作品。当然，我不反对也无法阻止人们事后把好的东西化归为自己的领域所有。

安德森撰写的博物学史著作《彰显奥义：博物学史》（*Deep Things out of Darkness: A History of Natural History*）把卡森算在博物学家之列，此书第十五章的标题就是“从缪尔和亚历山大到利奥波德和卡森”。这四人均是著名博物学家。卡森也警惕着不把自己混同于科技队伍。她曾给一名小女孩回信，提醒她“深入的科研工作可能使你变成一个乏味的作者”（布鲁克斯，《生命之家》，江西教育出版社1999年，第2页）。她提醒家长不要轻信现成的科学结论，要把知识与情感结合起来，情感比知识还重要：“把自然世界中那么多陌生的生命简化成逻辑和知识，看起来简直没有希望。”“一旦唤起某种情感（美感、对新事物的未知的兴奋、同情、痛苦、尊敬和爱），他们就获得了相应的知识。如此一来，也就有了更长远的意义。为孩子铺路引发他们的求知欲，比培养他们掌握知识更重要。”（所引文献同上，第197—198页）

科学教育“新课标”强调三个维度：知识、情感和价值观，但当下主流的教育特别是科技教育，十分重视其中的知识维度，蔑视情感维度和价值观维度。可以设想，如此培养出来的学生成为“精致的利己主义者”、成为科幻影片中描述的恶魔，也并不奇怪。

卡森共写了五部书，按首次出版时间，先后为：

- *Under the Sea Wind: A Naturalist' s Picture of Ocean Life*，*1941*，
- *The Sea Around Us*，*1951*，
- *The Edge of the Sea*，*1955*，
- *Silent Spring*，*1962*，
- *The Sense of Wonder*，*1965*。

长期以来，中译本只出版了第四种《寂静的春天》，后来有了第二种，书名译作《海洋传》。最近一两年，许多出版社都在考虑卡森还有哪些书值得翻译，为此找过我的社就有好几家。北京大学出版社这次推出第三种和第五种的中译本，这是好事！更多的著作翻译过来，普通百姓对卡森的理解也就会更全面一点。

理解卡森有一个过程，需要时间、耐心、契机。

理解其他思想家，其实也如此。

刘华杰
北京大学哲学系教授
二〇一五年二月十一日

海滨，我们启程的地方（自序）

海滨，作为我们启程的祖地，已在记忆中变得模糊黯淡；正像大海本身一样，海滨，令返回其间的人们深深地着迷。潮起潮落、海浪反复的节奏和潮线附近各式各样的生物，无不体现着运动、变化与美丽所具有的显而易见的吸引力。此外，我还深信，海滨具有一种更深层的魅力——来自于其内涵和重要性。

当我们走到低潮线，就进入一个同地球本身一样古老的世界；在这里，土元素和水元素发生了最初的相会，这里是一个妥协与冲突的试炼场，一个永恒变化的所在。对于我们这些生物，低潮线具有特殊的意义，因为正是在这里，或在这附近，有一些可以被辨认为是生物的实体，第一次漂流到了浅海水滨——繁殖、演化、产生了古往今来、无穷无尽的生命之河，让与时俱进、激荡不息的各色生物占领了地球。

要了解海滨，仅仅对海滨的生物进行分类，还远远不够。只有当我们站在一片海滩上，感受到地球和大海的漫长节奏雕刻了大地的形态，产生了组成它的岩石和沙子；只有当我们用心灵的眼睛和耳朵来感知，我们才能够理解海滨。汹涌的生命，总是在海滨激荡——它们盲目地、无情地逼近，寻求一个立足之地。了解海滨的生命，不能只拿起一只空壳，说“这是一只骨螺”或“那只贝壳是天使之翼”。真正的理解，需要凭直觉就理解曾经居住在这一只空壳中的、那个完整的生命：它是如何在海浪和风暴中生存的？它的敌人是什么？它如何觅食和繁殖？它和它所寓居的这片具体的海洋，究竟是什么关系？

海滨世界可以分为三种基本类型：岩石嶙峋的海滨、沙质海滨和珊瑚礁海滨及其伴生地貌。每一种海滨，都有其典型的植物和动物群落。世上少见的是：美国的大西洋海滨清晰地提供了所有这些类型的例子。我把这里设定为我笔下海滨生物的背景；而海洋世界具有普适性，本书轮廓性的描绘可以适用于地球上许多地方的海滨。

我力图依照将生物同地球联系起来的本质的统一性，来解释海滨。在第1章，通过回忆一系列深深触动我的地方与场景，我表达了我心中海滨极其美丽、独具魅力的一些思绪。第2章介绍了海洋的各种力量，这些塑造和决定海滨生物的力量，将在本书中反复出现，它们是：海浪、海流、潮汐、海水本身。第3章、第4章和第5章，分别解释了岩石海滨、沙质海滨和珊瑚礁的世界。全书收尾于第6章。

本书提供了鲍勃·海因斯绘制的大量插图，读者通过这些插图，可以熟悉本书从头到尾描述的这些生物；在读者探索海滨的时候，这些插图也可以帮助他们识别碰到的生物。有些读者有心一窥“人类头脑设计的整洁的生物分类方案”的奥妙，为了方便这些读者，本书附录中列出了常规的生物门类，或者说动物和植物的各门，并且描述了典型的种类。

目 录

第1章 海陆之间 001

第2章 海滨生物的模式 013

第3章 岩石海滨 045

第4章 沙质海滨 129

第5章 珊瑚海滨 199

第6章 永恒的海洋 259

附录 分类 262

索引 291

致谢 300

译者附记 302

第1章　海陆之间 1

大海之滨，奇异而美丽。在地球的漫长历史中，海滨一直是一处动荡的地方——在这里，波浪猛烈地拍打着陆地；在这里，潮水涌向大陆、退回大海、又再次涌来。严格地说，每一天的海岸线，都与前一天的海岸线不同！不仅仅是**潮水**按照它们永恒的节奏进进退退，而且在长时间尺度上，**海平面本身**也在不停地升降变化。随着冰川的消融或扩展，以及在日益沉重的沉淀载荷之下，深海盆地海底的变迁，海平面也起起落落，或者随着大陆边缘的地壳在拉力和张力的作用下翘曲或者下陷，也会造成海平面的起落。今天，被海水淹没的陆地多一些，明天可能会少一些。大海之滨，作为**海陆之间的界线**，总是难以捉摸、难以定义的。

每一天的海岸线，都与前一天的海岸线不同！

海岸线既存在又不存在。

海滨，具有双重属性，它随着潮流的往复而变动，一时属于陆地，另一时属于海洋。在退潮的时候，海滨体验陆地世界严酷的极端环境——暴露在冷热、风雨和骄阳之下。涨潮时，海滨是一个水的世界，暂时沉浸在开阔的大海之中。

海滨对于生物而言既充满契机，又异常严酷。

只有最坚韧、最具有适应性的生物，才能生存在一个如此多变的地带。然而，高低潮线之间的地带，充满了植物和动物。在海滨这个艰难的世界中，生命表现出惊人的坚韧性；它们活力充溢、占据了几乎所有可以想到的生态位置。我们可以看到，它们覆盖了
潮间带的岩石；它们半隐蔽地深入了岩石的孔洞缝隙，或者躲在巉 2
岩之下，或者藏在潮湿、黑暗的海滨洞窟之中。在目光不及之处，

心不在焉的观察者们，会说“那里没有生物”。但其实，生命就位于沙滩之下——位于沙下的洞穴、隧道和缝隙之中。生命掘入坚硬的岩石，钻进泥炭和黏土。它们覆盖了海藻的叶片或者漂浮的木杆，或者龙虾坚硬的几丁质外壳。生命以渺小的形态**生存**，它们如一层菌膜，覆盖在一块岩石或者码头桩子的表面；它们如球形的原生动物，细比针尖，在海水表面闪闪发光；它们犹如极微小的小人国里的生物，畅游于砂粒之间的黑暗水潭之中。

海滨是一个古老的世界。自从有了大地与海洋，就有了这个水陆相接之地。这个世界鲜活地保持着生物的创生、激荡着不停不休的生命能量。我每一次踏入这个世界，都会感悟到生命的美妙和生命的深层意蕴，感受到生命之间**交织的错综复杂的网络，通过网络，生命彼此相连，并与环境密切相关**。

在我对海滨的思绪中，有一个地方因其表现出的精致的美妙，而占有突出的地位。这是一汪隐匿于洞中的水潭，平时，这个洞被海水所淹没，一年当中只有海潮降落到最低，以至低于水潭时，人们才能在这难得的短时间内看见它。也许正因如此，它获得了某种特殊的美。我选好这样一个低潮的时机，希望能够一窥水潭的奥妙。根据推算，潮水将在清晨退下去。我知道，如果不刮西北风、远处的风暴不再掀起惊涛骇浪进行干扰，海平面就会落得比水潭的入口还低。夜里，突然下了几场预示天气不妙的阵雨，一阵阵碎沙般的雨点抛洒到屋顶上。清晨我向外眺望，只见天空笼罩着灰蒙蒙的曙光，太阳还没有升起。水和天一片暗淡。一轮明月挂在海湾对面西面的天空，月下灰暗的一线就是远方的海滨——八月的满月把海潮吸得很低，低到那与人世隔离的海洋
3 世界的门槛。在我观望的时候，一只海鸥飞过**云杉**。呼之欲出的太阳把海鸥的腹部映成粉色。今天的天气，终将是晴朗的。

后来，当我站在高于海潮的水潭入口附近的时候，四周已是

瑰红色的晨光。从我立脚的峭岩底部，被青苔覆盖的一块礁石伸向大海的深处。海水拍击着礁石周围，水藻上下左右地飘动，像皮革般滑溜光亮。凸现的礁石，正是通往隐藏的小洞和洞中水潭的路径。偶尔地，一阵强于其他波涛的浪涌，悠然地漫过礁石的边缘，在岩壁上拍成水沫。不过，这种浪涌之间的时间足以让我踏上礁石，一窥那仙境般的水潭——那平时不露面、露面也很短暂的水潭。

于是，我跪在那海藻铺成的湿漉漉的地毯上，回望黑暗的洞穴，黑洞的底部就是那浅浅的一汪海水。洞的底部距离顶部只有几英寸，构成了一面天造明镜，洞顶上的一切生物都倒映在底下纹丝不动的水中。

海星

在清明如镜的水面之下，铺着碧绿的海绵。洞顶上一片片灰色的海蛸闪闪发光，一堆堆软珊瑚的聚落披着淡淡的杏黄色。就在我朝洞里探望时，从洞顶上挂下一只小海星，悬在一根最细的线上，或许是通过它的一只管足而悬着。它向下接触到自己的倒影。多么精致的画

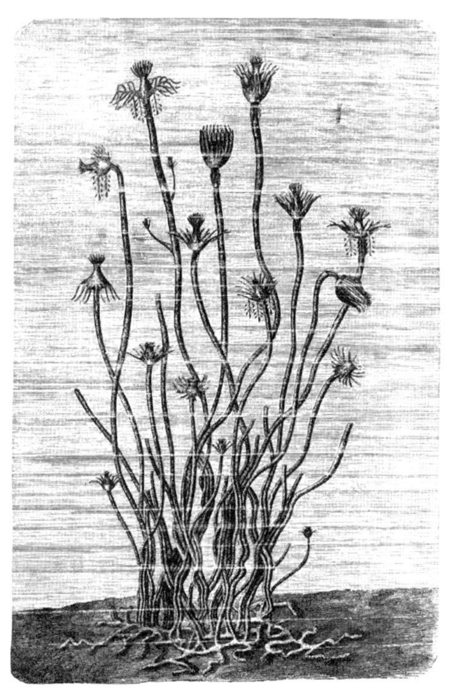

水螅

面！仿佛那不是一只海星，而是一对海星。水中倒影之美，清澈的水潭本身之美，这都是些转眼即逝的事物所体现的强烈而动人心扉的美丽——海水一旦漫过小洞，这种美便不复存在了。

每次走进大潮低潮区这个神奇地带，我都要寻找那海滨生物中最精致美丽的花朵——这些花朵并非植物，而是动物。它们就

4 绽放在那海洋的入口处。在那美丽的童话般的洞穴里，我并没有失望。洞顶上高挂着的是筒螅悬垂着的花朵，淡粉色、带花边，像银莲花一般纤弱。这儿的生物如此精致，好像它们是不真实的！它们的美，太脆弱，以至于似乎不能生存在有破碎性力量的世界里。然而，这里生物的每一处细节又各有其功能，每一根茎、每一个水螅体、每一只花瓣状的触手，都是为了处理生存的现实问题而塑成的。我知道它们只是为回归大海的怀抱而等待着——等待着退潮的那一刻。然后，在奔涌的急流中，在汹涌的海浪中，在来潮的压力下，这些花朵精美的长触手将充满生机。它们会在它们纤细的茎上摇晃，它

们的长触手扫动着回流的海水，在其中寻找生活所需的一切。

所以，在那令人着迷的海洋入口，占据我内心的，已远离了那一个小时之前我离开的陆地世界。黄昏时分，在佐治亚州海滨的大海滩上，来到另一个不同的世界的偏远感，以不同的方式，走向了我。我曾在日落之后，行走在远处湿润又闪闪发亮的沙滩上，走到海水退潮时的最边缘。回首望去，目光穿过广袤的沙洲，上面交织着蜿蜒的、积满水的冲沟，以及随处可见的、潮汐留下的浅池；我充分意识到，尽管潮间带被大海短暂而又有规律地抛弃，但它总是被涨潮的海水再次收复。在那低潮区的边缘，海滩及其上的陆地提示物，似乎很遥远。唯一能听到的便是那风之声、海之音和鸟之鸣；还有一阵风掠过水面、海水滑过沙面，以及浪头落下的声音。沙洲因鸟儿而骚动起来，持续地传来北美鹬的叫声。其中的一只北美鹬，站在水边，发出大声的、迫切的呼喊；远处的海滩上传来回应，于是这两只鸟便彼此飞向对方，合二为一。

临近黄昏时，分散的水洼和小溪，反射出夜晚最后一缕光 5

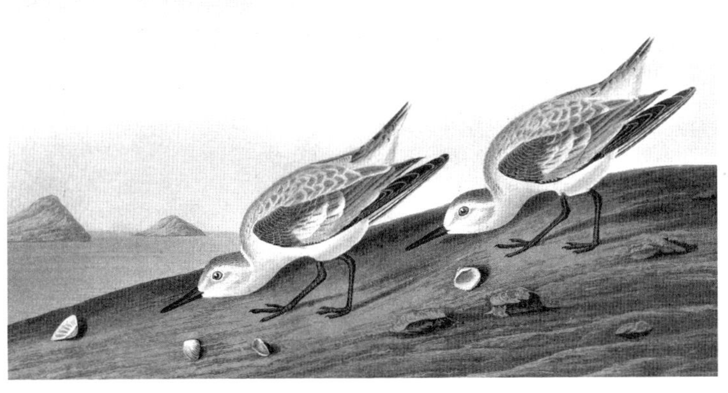

三趾滨鹬

美洲小滨鹬

亮，沙洲呈现出一片神秘。然后，鸟儿变成了仅仅是一团团黑影，无法分辨其颜色。三趾鹬似小幽灵一般在海滩上疾走；处处可见北美鹬突出的黑色身影。通常，在它们警醒地开始逃避（三趾鹬暴走、北美鹬飞起、啼叫）之前，我可以非常接近它们。黑剪嘴鸥沿着由暗淡、金属色的光芒映衬出的大海边缘飞翔，或是有如隐约可见的飞蛾一般，在海滩上翩翩起舞。有时，它们掠过潮水形成的蜿蜒小溪，在那儿，小小扩散开来的涟漪标志着小鱼的存在。

海滨世界一到夜晚，面貌就完全不一样了！此时此地，黑暗降临，隐藏了日光的干扰，开始更加关注本质的现实。有一次，我打着手电探索夜晚的海滩时，搜索的光柱吓到了一只小沙蟹。当时，它正躺在它挖在海浪上的坑里，仿佛在观海或是等待着什么。黑夜笼罩了海水、天空和沙滩。这是在人类出现之前，旧世界的黑暗。这儿除了风吹过海水、沙子以及海浪拍打沙滩糅杂在一起的声

黑剪嘴鸥

音之外，没有其他的声音。这儿没有其他看得到的生命，只有一个只靠近海水的小沙蟹。我曾在其他场景中看到过数以百计的沙蟹，但突然之间，这一刻我的内心充满了奇怪的感觉：我第一次感知到——这些生物生活在自己的世界，而我前所未有地明白了其存在的本质。那一刻，时间停滞了；好像我所属的那个世界并不存在，而我只是一位来自外太空的旁观客。形单影只的小螃蟹与大海一起，形成了一个标志，代表着生命本身，代表着精致、脆弱，但令人难以置信的活力——它不知怎么而在无机世界的严酷现实中，拥有了它的一席之地。

伴随着我对造物创生的感悟，有关南部海滨的回忆向我涌
6 来。在那里，海水和红树林相互作用，共同构筑了佛罗里达州西南海滨之外数以千计的小岛、一片地球上的茫茫荒野；岛与岛之间，隔着迂回曲折的海湾、潟湖及狭窄的水道。记得一个冬日，天空湛蓝、阳光普照，虽然没有什么风，还是可以感受到流动的空气似透明晶体般冰冷。我从其中一个小岛被海浪冲刷的一侧上岸，然后走向避风的港湾。到那里时，我发现潮已退得很远，露出了小海湾的广阔滩涂，四周长满红树林，虬枝峥嵘、树叶光滑，那长长的支柱根朝下伸展，紧紧抓抱住泥土，一点儿一点儿地，向外造就着陆地。

滩涂上散落着小巧玲珑、颜色迷人的软体动物——樱蛤的外壳，好似纷乱的粉色玫瑰花瓣。这附近一定有个它们的聚群，就存在泥土表层之下。起初，滩涂上唯一可见的生物是一只小苍鹭，体羽灰白、红色点点——这是一只棕颈鹭，以其独有的鬼鬼祟祟、犹豫不定的姿态，涉水经过滩涂。但是，这里还有其他陆地生物曾经来过——红树林根丛之间一串进进出出的新脚印，标志着专吃那些**紧攥支柱根的牡蛎**的浣熊来过。很快，我发现了一只水鸟的踪迹，很可能是一只三趾鹬，我跟着那脚印走了一会；然后，发现脚印朝着海中走去，消失不见了——因为潮水抹去了这些脚印，仿佛它们从未存在过。

俯视这整个海湾、在水之滨的边缘世界，我强烈地感受到了陆地与海洋之间的交互感，以及陆地和海洋两边生命之间的联系；我还意识到往事和时间的持续流逝，已经抹拭了许多先前的事物，正如早上被大海冲走的那只水鸟的脚印一样。

时间漂流、逝去，它的顺序和意义，都静静地体现在栖息于
7 红树林、啃食树枝和树根的小螺类（滨螺）身上。曾经，它们的祖

小蓝鹭

棕颈鹭

火烈鸟

先也是海洋居民；它们的生命中的一点一滴都与海水密切相关，绑在一起。但是，数百万年过去了，这种关系已被突破，这些螺类已适应了离水而居的生活，现今它们生活在高潮线数英尺外，偶尔回海里一次。因此，谁敢说多久之后，它们的后代会不会忘却了大海，甚至于不再具有这种纪念性的返回大海的姿态？

其他螺类，在四处觅食时，其小小的螺壳在泥土上留下蜿蜒的轨迹。这些是拟蟹守螺（horn shells），看着它们，怀旧之情悠然向我袭来——那时的我，期望着自己能看到一百多年前奥杜邦（Audubon）看到的。因为这种小小的拟蟹守螺是火烈鸟的食物，这片海滨曾有着数不胜数的火烈鸟；所以当我半闭上了眼睛的时候，几乎可以想象一大群火焰般华丽的火烈鸟在海湾里觅食，映红整个海湾。对于地球的一生来说，这些火烈鸟的存在只是昨日之事；在自然界，时间和空间都是相对的事物——在这样一个神奇的时间及地点被触发、偶然间闪过的洞察力，也许在主观上最真实地感知到了这一点。

海滨的生命系统是生命从大海进军陆地的序幕。

有一条共同的线索，始终贯穿着这些场景和记忆，那就是——生命的出现、进化以及时而灭绝的种种奇观。在这美好的奇观之下，蕴含着一定的内涵和意义。正是这难以捉摸的意义，令我们苦苦思索，将我们一次又一次地带入隐藏着谜底的自然世界。它把我们送回到大海之滨——在那里，地球上的生命大戏表演了第一幕，甚至也许只是序幕；在那里，进化的力量在今天仍在发挥着作用，正如自从**我们所知道的生命**刚刚出现时的情况一样；在那儿，生物们在其世界的宇宙现实之下的精彩表演，如水晶一般，十分清晰。 8

第2章　海滨生物的模式 9

最早镌刻在岩石中的生命迹象，已经极其模糊与零碎，以至于无法说清**生命何时开始出现在陆地上**，甚至已无法推测**生命开始出现的确切时间**。形成于地球历史前半段之太古代的沉积岩岩石，在形成之后的大部分时间，都处于数千英尺岩层的压力和地层深处的强烈高温之中，在化学成分和物理形态上已发生了改变。只有在如加拿大东部的少数地区，这些岩石才暴露在外，可供研究之用；但即使这些岩石书页上曾经有过明显的生命记录，这些记录也早已湮灭无存。

后面的地史书页（接下来的几亿年中的元古代岩石）在揭示生命起源方面几乎同样令人失望。大量铁的沉积物存在于此，可能有一些藻类和细菌曾助其形成。其他沉积物（奇怪的碳酸钙大石块）似乎是由分泌石灰的藻类形成的。应该存在于这些古老岩石中的化石或模糊印记，暂时被认为是海绵、水母，或长着有关节肢脚的硬壳生物（即节肢动物）。但是，更加怀疑主义或保守的科学家则认为这些迹象是无机物。

突然，在早期书页之后的一整段历史，与其粗略的记录一
道，似乎被毁灭、撕去了，留下了大段的空白。代表着前寒武纪不 10
知几千万年历史的沉积岩消失了——损于侵蚀，或者可能是地球表面的激烈变化，把它们带到了现处于深海海底的地方。由于这一损失，生命的故事中存在着一个似乎不可逾越的缺环。

早期岩石中化石记录的缺乏，以及整层的沉积岩的缺失，可能与早期海洋与大气的化学性质有关。一些专家认为，前寒武纪的海洋缺乏钙质，或至少当时的环境难以让生物分泌钙质生成甲壳与骨骼。如果是这样，那时的居民一定大部分是软体动物，所以不易成为化石。根据地质学理论，二氧化碳在空气中的大量存在与其在海洋中的相对缺乏，也影响了岩石的风化，所以前寒武纪时期的沉积岩肯定经历了反复的侵蚀、冲刷、再沉积，其结果是造成了化石的毁坏。

当地球历史的记录在**距今约5亿年的寒武纪岩石**中恢复显现的时候，所有主要的无脊椎动物类群已经突然出现，并且已经完备地形成和繁荣发展着（包括海滨的主要居民）。这其中有海绵、水母、各种蠕虫、一些简单的类似于螺类的软体动物，以及节肢动物。尽管更高等的植物还没有出现，但已出现了很丰富的藻类。而且，每种现在生存在海滨的动物和植物的大类群的基本蓝图，在寒武纪时的海洋中就已经被设计好了。我们可以凭借有力的证据认为，5亿年前潮线之间的带状地带，已经与当代地球的潮间带地区相差不大。

11 我们还可以认为，在寒武纪发展得如此完备的这些无脊椎动物类群，是在这之前的至少5亿年时间里，从更简单的形态进化而来的，尽管我们可能永远不会知道它们的样子。这些祖先在大地中的遗骸似乎已被毁灭，或没能保留下来；一些现存物种的幼虫阶段，可能与它们的祖先相似。

在寒武纪降临以来的数亿年间，海洋生物不断地进化着。随着进化，新形态发展得更适应于符合其所处世界的要求，原始基本类群的各个分支出现了，新的物种被创造出来，许多早期形态则消失不见。寒武纪时期的少数原始生物，在今天也有代表，与其早期祖先并无太大差别，但这些是例外情况。海滨环境恶劣多变，是生物的演练场，在这里，**对环境精准而完善的适应**是生存下来所不可或缺的条件。

古今海滨的一切生物，**它们存在于此**，这个事实本身就证明了它们成功地应对了自己所处世界的各种现实——包括海洋本身突出的物理现实，还有把一切生物与其群落联系起来的微妙的生命关系。由这些现实塑造和塑形的生命形式相互交织重叠，所以生命的主要设计非常复杂。

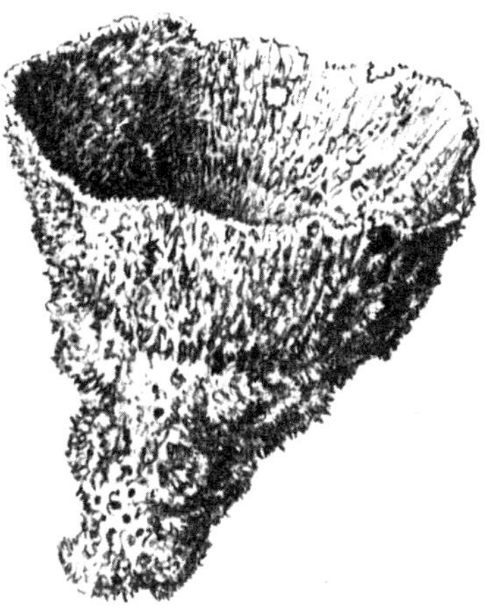

篮子海绵
(basket sponge)

浅水域和潮间带**是否存在**岩 12
壁和巨石、宽广的平坦沙地或珊瑚礁，以及滩涂——这些因素决定着我们可以见到何种类型的生物。石质海滨，即使处在海浪的冲刷之下，也容许生命坦荡光明地生存，它们适应了紧附岩石或其他基质提供的坚实表面上，分散着海浪的力量。生命的可见证据无处不再——海藻织成的色彩斑斓的毯子，覆盖岩石的藤壶、贻贝和海螺——更精巧的形态在裂缝中寻得庇护，或在大块岩石之下爬行躲藏。与石质海滨此不同，沙滩海滨形成的是一个性质

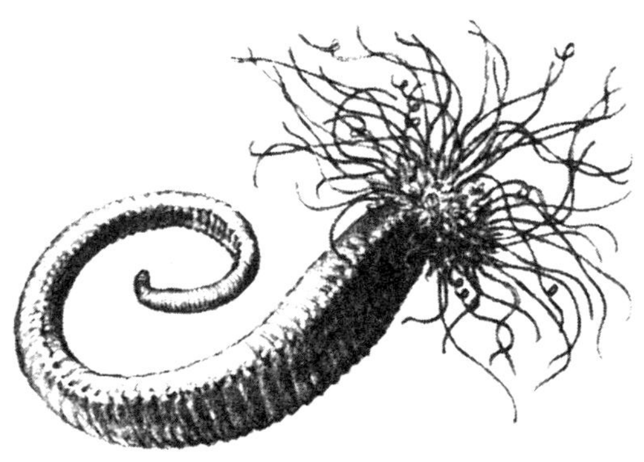

须头虫（Amphitrite），一种生存在海边岩石泥泞水洼中的蠕虫

不稳定且疏松多变的基质，砂粒不断地被海浪搅动，所以很少有生命能够安身立命于它的表面甚至上层。一切一切生命都转入沙面之下，藏身于孔隙、管道、地下洞穴之中。遍布珊瑚礁的海滨必定是一个温暖的海滨，海洋暖流使它的存在成为可能，暖流确定的气候促成了珊瑚动物的繁荣。或生或死的珊瑚礁，提供了一个坚硬的表面，从而众多生物可以依附其生长。这样的海滨有些像峭岩丛生的海滨，不同的是峭岩海滨被不透气的石灰质沉积物层覆盖。珊瑚海岸丰富多样的热带动物群，因此而发展出特殊的适应，使之有别于岩石和沙生生物。由于美洲大西洋海滨包括了所有三种类型，与海
13 岸自身性质相关的生命的多种形式被美丽而明晰地展现出来。

基本的地质形式之上，还添加了其他形式。即便是同一个物种的成员，其海浪中的居民也不同于静水中的居民。在一个有着强有力的潮汐的地区，生命存在于连续的地带或区带，从最高水位线到最低潮线；在少有潮汐的地方或生命转入地下的沙质海滩，这些分区就模糊不清了。洋流调节水温，干扰处于幼虫阶段的海洋生物，它所创造的又是另一个世界。

美洲大西洋沿岸这样的物理现实，在生命观测者的面前铺开一张画卷，它清晰明确、近乎被设计成的一场精妙构思的科学实验，证明了潮汐、海浪和洋流的调节作用。正巧，生命活在光天化日之下的北方岩石所处的地区[即芬迪湾（Bay of Fundy）之内]有着世界上最有力的潮汐之一。在这里，**由潮汐创造的生物区带** 具有图表般简明的表达力。而在沙质海滨，潮间带不同的层次被模糊了，这里人们可以自由自在地观赏海浪的作用。在佛罗里达南端，则既无有力的潮汐、又无大浪光临。这是一个典型的珊瑚海滨，由珊瑚动物和繁殖遍布平静温暖水域的红树林建成——这个世界的居民从西印度群岛顺洋流漂来，在此地复制了故乡奇特的热带动物群。

在所有这些模式之外，海水自身还创造了一些模式——通过

带来或带走食物，或携带具有或 14
好或坏的强烈化学物质，影响所及之处的一切生物。在大海之滨，生物和它周边环境的关系，从来不是单一的因果关系；每一个生物和它所处的世界都有千丝万缕的联系，编成了一个设计错综复杂的生命织物。

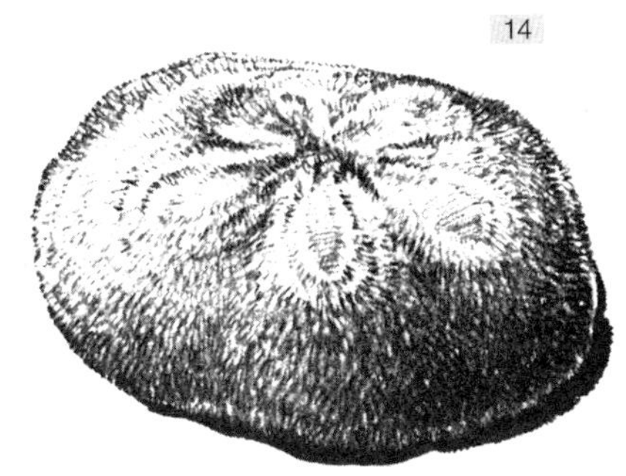

居住在沙中的饼海胆（cake urchin）

开放海域的生物不需要面对碎浪的问题，因为它们可以潜入深水，来躲避海面的汹涌波涛。海滨动物或植物就不能以这种方式逃避了。海浪拍碎在海滨的时候，释放出它所具有全部巨大能量，有时候，它所传递的浪击具有令人难以置信的暴力。大不列颠和其他东大西洋岛屿暴露在外的海滨，承受着世界上最剧烈的海浪，创造这些海浪的是横扫整个大洋的大风。海浪拍击的力量有时相当于每立方英尺两吨[1]。美洲的大西洋海滨是一个在地形上受到保护的海滨，没有承受这样的海浪，但即使在这里，冬天的风暴和夏天的飓风带来的波浪也是规模巨大，并具有毁灭性的力量。缅因州沿岸的孟希根岛（the Island of Monhegan）处于这种风暴的路径之中，不受保护；它面海的崖壁承受着风暴的波浪。在一次剧烈的风暴中，碎浪的飞沫会洒遍怀特黑德（White Head）海面上方约100英尺（约30米）的新月地带。在风暴中，绿色海水构成的强劲波浪会横扫一座高达18米的叫做海鸥岩（Gull Rock）的崖壁。

波浪的作用在离岸距离相当远的海底也能被感觉到。置于水

[1]　此处应为 2 吨力 [tf，1 吨力 =9.80665 × 10^3 牛（N）] ——编辑注

下将近200英尺深的捕龙虾的网具常常左摇右摆或被带入石块。不过，关键问题当然是存在于海滨之上或非常接近海滨的地方——这是波浪拍碎的地方。极少有海岸能够彻底挫败生物获得立锥之地的**努力**。如果海滩是由松散的粗糙沙粒构成的，并且沙粒在海浪来时把海水纳入其中，在退潮时又迅速干掉，那么这样的海滩就很容易是贫瘠的。其他拥有密实沙地的海滩，即便它们看起来可能很贫
15 瘠，但实际上却在其深层维持着一个丰富的动物群。一个由许多在海浪中相互磨砺的卵石构成的海滩，不可能成为大多数生物的居所。但是，由岩崖和暗礁构成的海滨中，却居住着庞大且丰富的动物群和植物群，除非海浪的力量异常巨大。

藤壶（barnacle）可能是激浪区成功定居的最佳代表。**笠贝**（limpet）也几乎做得一样好，岩石上的小小滨螺（periwinkle）也是如此。一类粗糙的棕色海藻，名叫漂积海藻或岩藻，具有能在中

藤壶与笠贝争夺生存空间

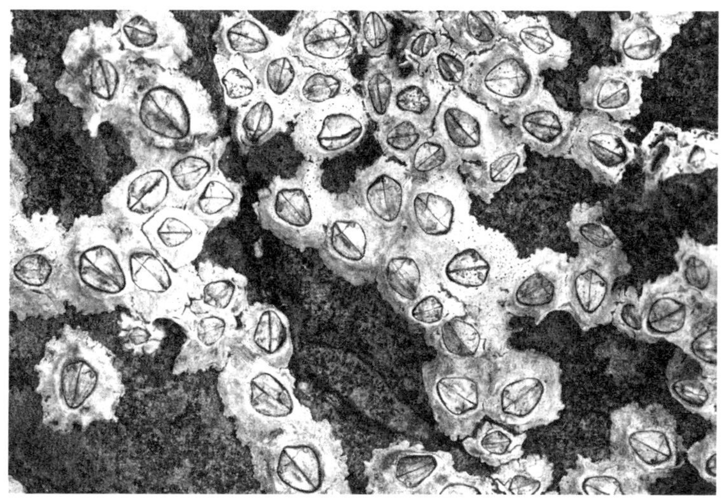

1厘米大小的藤壶

进食中的藤壶

等强度的海浪中繁荣生长的物种，其他物种则需要一定程度的保护。在有了一点经验之后，人们就可以学会仅凭鉴定海滨动植物群落来判断海岸的屏蔽程度。例如，如果有一个宽广的区域上覆盖着泡叶藻（一种长而纤细的海草），在潮汐退去时像一大团绳索一样倒伏——如果这种海草占优势地位，我们就可以知道**这个海滨提供了中等程度的保护，很少有大浪光临**。然而，如果泡叶菜很少或没有，而取代它覆盖这个区域的是一种岩藻，它的长度短得多，不断反复分支，它的叶片扁平并且在末端逐渐变细，我们就可以更敏锐地感觉到——这里的海滨开放，面对着巨浪的冲力。叉状漂积海草及低矮结实、组织坚韧海草组成的群落，显然是开放、暴露的海滨的指示物。它们可以在泡叶菜不能忍受的海域繁荣生长。如果在另一片海滨没有任何种类的植被，但是取而代之的岩石地带却生活着如同积雪一样的藤壶——成千上万的藤壶以它们尖尖的锥体迎击海浪的拍击，我们也许能够确定这一片海滨没有怎么受到保护，未能免于海浪的冲击。

藤壶具有两大优势，使它能够在其他生物不能存活的地方成功地生存：它的矮锥型分散了波浪的力量，能让海水无害地流转而去。此外，锥形的整个根基固定在岩石上，由具有超常黏合力的天
16 然胶合剂连接；人们得用很锋利的刀才能把它取下来。所以浪击区域的双重危险（被冲走的危险和被击碎的危险）对于藤壶来说没有什么现实意义。但是当我们想起如下事实的时候，它能够存在于这种地方就有一丝**奇迹**的意味了：在这里争得立足之处时，它还只是幼虫，尚不是成熟的生物（成体具有的形状和牢固胶合的根基都是对海浪的精确适应）。在汹涌海面的激流之中，脆弱的幼虫必须在波浪冲刷的岩石上选择立足点，在那里定居；藤壶们在向成熟变态时，组织重组、排出胶质、粘结固化、长出包裹软体的壳层，这对它们来说是关键的生长期，它们一定要设法在这些关键期不被冲

笠贝（腹面）

笠贝（壳体上附着藤壶）

走。在我看来，要在大浪之中完成所有这些壮举，比起岩藻的孢子要完成的事情，是更加困难的；但事实仍是——藤壶能够群居在暴露的岩石上，海藻却不能在那里立足生长。

其他生物也采用甚至改进了流线型的形态，它们之中有一些省略了对岩石的永久附着。笠贝就是其中之一——笠贝是一种简单而原始的腹足纲动物，身体组织上面戴着壳，就像中国苦力戴的斗笠。水流从笠贝锥体光滑的斜侧无害地流转而去；事实上，落水的冲击仅仅把它壳下肉质组织的吸盘按压得更紧，使它更牢靠地抓住岩石。

还有其他生物，在保持圆滑轮廓的同时，生长出锚线，以在岩石之上保持一席之地。这样的装置也被贻贝所采用，即使在一个有限的地区，它们的数量也可能接近天文数字。每一只贻贝的壳都由一连串的坚韧丝线连接在岩石上，每一根都有着闪亮的丝绸一般的外表。这些丝线是一种天然丝，由足部的腺体纺制。这些锚线朝各个方向发散；如果有一些丝断裂了，在替换损坏的丝时，其他的
17 丝会代其支撑。但是这些丝线大部分方向朝前，而且在暴风大浪的重击之下，贻贝易于左摇右摆，伸入海水中，把风浪带到一个狭窄的“船首”来最大程度地削减大浪的冲击。

即便是海胆，也能把自己牢牢锚定在强度适中的海浪里。它们有纤细的管状足部，每一只的尖端都长着一个吸盘，可以伸向四面八方。我曾在缅因州海滨惊叹于那些绿色的海胆，它们附着在大潮低潮面时暴露在外的岩石上，这里美丽的珊瑚藻在海胆闪亮的绿色身体下面，铺展开玫瑰色的壳体。在那里，海底的斜坡陡然而下，当低潮时的波浪拍碎斜坡的新月型地带时，有力的急流又流回海中。但当每个波浪退去时，海胆仍不受打扰地留在它们惯常的位置。

生有长柄的海带在刚好处于大潮之下的幽暗的海带森林中摇摆，对于它们来说，在海浪区的生存很大程度上是一道“化学问

题”。它们的组织中富含大量的海藻酸和海藻酸盐，创造了可以承受波浪的拉扯和重击的强韧和弹性。

还有其他的动物和植物得以成功地侵入了海浪区，它们把生命简化为了**匍匐的细胞垫层**。这种形态的生物包括许多海绵、海鞘、苔藓虫以及藻类，它们能够承受波浪的力量。然而，一旦脱离了海浪的塑性和调节作用，同样的物种却可能呈现完全不同的形态。在面朝大海的岩石之上，淡绿色的**面包屑软海绵**铺展开来，几乎像纸一样薄；而在一个深处的岩石水潭中，它的组织却构建成加厚的团块，布满带坑的锥形结构——这是这个物种的标志之一。史氏菊海鞘，暴露在海浪中时可能是把一片简单的胶状物；而在静水中，它会悬挂起几只叶片，上面分布着组成它的星星状形态。

就像**在沙滩**上，几乎所有生物都学会了深挖洞穴，在沙下躲 18
避海浪；**在岩石区**，一些生物通过钻孔的方式，找到了安全居所。在卡罗莱纳州（Carolina）海滨，古老的泥灰岩暴露在外，被海枣贝钻满小孔。大块的泥炭中含有长着精细雕琢的外壳的软体动物，即海鸥蛤，看起来脆弱如瓷器，但仍然能够钻入黏土或岩石中；水泥墩被小蛤钻孔；木材被其他蛤类或等足类动物所钻。所有这些生物，都放弃了它们的自由，用来换取躲避波浪的庇护所，成为自己开凿的斗室的永久囚徒。

庞大的洋流系统，如同江河一般在海洋中流动，它们大部分处于近海，人们也许会认为它们对潮间事物的影响较小。但事实上，洋流有着深远的影响，因为它们远距离运输大量的水——这些水在千万英里的旅途中，保持着自己原有的温度。通过这种方式，热带的温暖被带向北方，北极的寒冷大幅南下趋向遥远的赤道。相比于任何一种其他因素，洋流可能都更有资格被誉为“海洋气候的创造者”。

气候的重要性在于这样一个事实：生命（即便被宽泛地定义为涵盖每一种活着的生物）只存在于一个相对狭窄的温度范围之

内，大约在0℃～98.9℃之间。地球这颗行星特别适宜生存，是因为它有相当稳定的温度。尤其是在海洋中，温度之变化，温和而且渐进，许多生物早已巧妙地调整了自己，对水中的气候习以为常，以至于任何突然或剧烈的改变都是致命的。在海滨生活的动物，低潮时被暴露于大气温度之中，它们必然更加顽强。但即使是这些海滨动物们，也有它们自己所喜欢的冷热范围，超出这个范围之外，它们就很少涉足其中。

比起北方的动物，大部分的热带动物对于温度的变化更加敏
19 感，尤其对于升温，这可能是由于它们生活的水域通常全年都只有几度的温差。当浅水升温到37.2℃时，一些热带海胆、钥孔蝛和海蛇尾就死亡了。另一方面，北极的狮鬃水母则非常顽强，当它钟状身体的一半被冻在冰中时，仍然在继续悸动，并能在被冷冻结实几小时后仍恢复生命活力。鲎（马蹄蟹）是对温度变化容忍性很强的动物的一个例子。鲎作为一个物种分布很广，它的北方形态可以存活于新英格兰的冰冻海洋中，而它的南方代表则可以繁荣于从佛罗里达州到南边尤卡坦半岛（Yucatan）的热带海域。

海滨动物中大部分要承受温带海滨的季节变化，但是，有一

盘管虫（Hydroides）是一种建筑石灰质圆筒的蠕虫

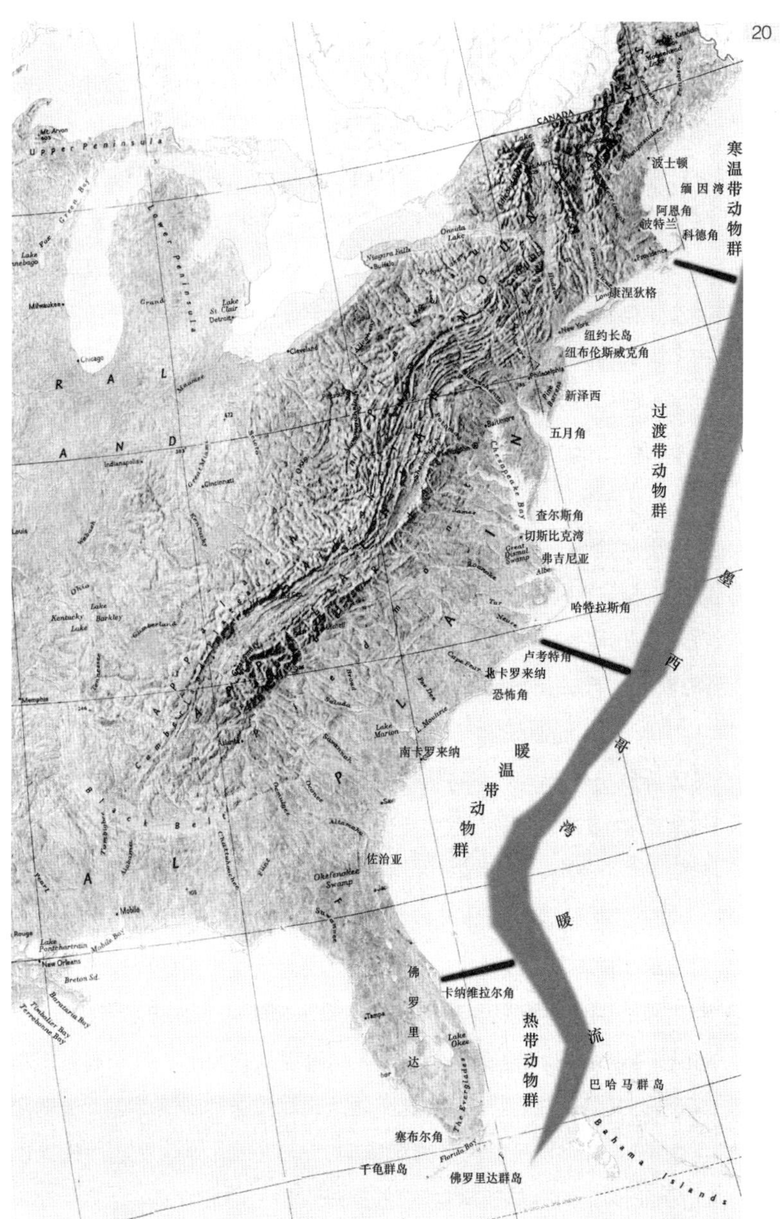

美国东海岸和洋流生态示意图

些动物认为必须躲避冬季的极寒。人们认为，沙蟹和滩蚤在沙中挖掘很深的洞穴并进行冬眠。一年之中大部分时间都在海浪中取食的鼹蟹，在冬天会退隐到近海的海底。许多外表像开花植物的水螅虫，在冬天缩回自己动物身体的核心部位，把所有活着的组织收回基部的茎里。海滨上的其他动物，像植物界的一年生植物那样，在夏末死去。在夏季沿岸的水中十分常见的所有白水母，当最后一阵秋季狂风席卷自己而去时就死去了，但是下一代以植物一样的小生物的形态存活，紧紧附着在潮水下的岩石之上。

对于全年生活在**已经习惯了的地方**的大多数海滨居民而言，
21 冬季最危险的因素不在于寒冷，而在于结冰。在有许多海岸冰形成的年份，岩石上的藤壶、贻贝和海藻可能被**带冰海浪的打磨**这种机械作用尽数刮去。发生这种事情之后，需要数个温和冬季的滋养，才能恢复这些生物的完整群落。

由于大多数海洋动物对水中气候的喜好非常明确，这就可能把北美洲东部近海的海域划分为生物分区。这些区内的温差一部分是由于由南向北的纬度变化，但也受到洋流模式的强烈影响——由墨西哥湾暖流带向北方的热带暖水、由北部沿墨西哥湾暖流的陆地一侧边界而南下的拉布拉多寒流，以及暖水与冷水在洋流的边界发生的复杂的相互混合。

从墨西哥湾暖流倾泻流过佛罗里达海峡的地方，到遥远北方的哈特拉斯角（Cape Hatteras），暖流沿着大陆自身的外边缘流动。外边缘的宽度差异很大。佛罗里达州东海滨的朱庇特水湾（Jupiter Inlet）的陆架如此之窄，以至于人们可以站在海滨，目光越过祖母绿宝石一样颜色的浅水，看到突然呈现深蓝色的暖流海域。大约是在这个地方，存在着一个温度障碍，分隔开南佛罗里达和礁岛群（the Keys）的**热带动物群**与位于卡纳维拉尔角（Cape Canaveral）和哈特拉斯角之间的**暖温带动物群**。也是在哈特拉斯角，陆架变得狭窄，墨西哥湾暖流更靠近海岸流动，向北流去的水滤过一个有着浅滩、浸入水中的沙丘和谷地的混乱错综的地形。这里又是一个生命区的分界，尽管它不断变化，而且远远不是绝对的。在冬季，哈特拉斯角可能阻断了暖水形态向北方迁移的路径；但是在夏季，温 22
度障碍分崩离析，无形的门开启了，同样的一些物种的分布就可以远达科德角。

从哈特拉斯角北部开始，陆架变宽，墨西哥湾暖流移动得远离近海，在那里它与来自北方的冷水强烈地渗透和混合，从而使前进的寒流加速。哈特拉斯角与科德角的温差非常大，如同大西洋对岸的加那利群岛（Canary Islands）与挪威北部之间的巨大温差——但**后两者间的距离**是**前两者间距离**的五倍之多！对于迁移的海洋动物群而言，这两者之间构成了一个中间地带——在这里，冷水物种在冬季进入，暖水物种在夏季进入。由于这个地区似乎接收了来自北方和南方、对温度容忍性更强的一些形态，所以居住于此的动物群有着混合不确定的特性，但是，此地独有的物种却很少。

在动物学中，长久以来，人们认为**科德角**标明了成千上万种生物分布范围的分界。**科德角**远远地伸入海中，阻挡来自南方的暖水的路径，并把来自北方的冷水扣留在自己的长湾之中。**科德角**也是一个向不同种类的海滨过渡的地带。南方长长的沙质海滩被岩石所取代，岩石越来越多地主导着海滨的景观。它们形成了海底，也形成了海滨。这个地区陆地形态以同样崎岖的轮廓，延伸到近海的水中隐藏着。这里与北方相比，具有着低温的深水区总体离岸较近，这对于海滨动物群体发生着有趣的影响。除了近海的深水之外，大量的群岛和犬牙交错的参差海滨，创造了一个广大的潮间地区，从而供养了一个丰富的海滨动物群。这是一个冷温带地区，居住着许多不能承受**科德角以南之暖水**的物种。部分由于低温、部分由于海滨多石的特性，这里退潮时的岩石上覆盖着一块色彩丰富

23 的、茂盛的海藻织毯，滨螺牧群在这里取食，海滨在这里被无数的藤壶撒上白色，或被无数的贻贝撒上黑色。

更向北的地方，在浸泡着拉布拉多（Labrador）、南格陵兰岛和部分纽芬兰（Newfoundland）的海域，海水温度和植物群与动物群的特性是亚北极性的。再往北是北极地区，其界限尚未被明确界定。

虽然这些基本的分区用起来仍然很方便，而且是对美洲海滨各部分的正确划分，但在1930年代以后，有一项事实仍然凸显出来——**科德角**已不再是阻隔从南方绕道北上的温水物种的绝对障碍。奇妙的变化已经并正在发生着，许多来自南方的动物入侵了这个冷温带海区，北上进入缅因州海域，甚至到达加拿大海域。这种新的分布当然与大范围的气候变化有关，它似乎开始于20世纪初，现在已被人们广泛地认识到——这是一个总体的升温提醒，首先在北极区域变暖，然后在亚北极地区，现在则在北方各州的温带地区。随着科德角南部的水变得更加温暖，不仅成体动物，而且处于重要关键时期的各种南方动物的幼体也能存活下来。

绿蟹为**北进运动**提供了一个最令人印象深刻的例子——绿蟹以前不出现在**科德角**以北，但现在缅因州每一个捕蛤的渔夫都已经很熟悉绿蟹，因为绿蟹有捕食幼体蛤的习性。大约在世纪之交（1900年前后），“动物学手册”给出的绿蟹的分布范围是从新泽西州到科德角。1905年报道称它位于波特兰（Portland）附近；到了1930年，人们在汉考克县（Hancock County）采集到了绿蟹标本，也就是大约在缅因州海滨的中部。在接下来的十年中，它移动到了冬港（Winter Harbor），1951年在吕北克（Lubeck）被发现。后来它北上分布到帕萨马科迪湾（Passamaquoddy Bay）沿岸，又越过该湾到达新斯科舍（Nova Scotia）。

随着水温的升高，缅因州海域的鲱鱼变得稀少。海水变暖可

能不是唯一的原因，但它无疑是原因中的一部分。随着鲱鱼的减 24
少，其他种类的鱼从南方而来。油鲱是鲱鱼科中的一个大支，大量
用于生产化肥、油以及其他工业产品。1880年代，缅因州有捕油鲱
的产业，后来这一产业在缅因州消失，多年以来仅局限于新泽西州
以南的地区。然而，在1950年左右，油鲱开始回到缅因州水域，随
之而来的是弗吉尼亚州的渔船和渔夫。同族的另一种鱼，名叫圆腹
鲱，也向着更北的地方分布。1920年代，哈佛大学的亨利·毕格罗
（Henry Bigelow）教授报告说它从墨西哥湾到科德角都有分布，并
指出它在**科德角**还很稀少（两个在帕萨马科迪湾捕获的标本保存在
哈佛大学的比较动物学博物馆）。然而，到了1950年代，圆腹鲱鱼的
鱼群在缅因州水域大量出现，捕鱼业开始试着将其制成罐头。

许多其他散乱的报道遵循了同样的趋势。虾蛄从前被科德角
阻挡，现在则绕过了科德角分布到了缅因湾（Gulf of Maine）南
部。这里到处都生长着软质壳的蛤——砂海螂，显示出被夏季温
暖的水温不利影响的迹象，并在纽约的水域被硬壳的物种所取代。
牙鳕从前只在夏季出现于科德角北方，现在全年都可以在这里被捕
获；其他从前被认为是南方特有的鱼类，现在可以在纽约沿岸产
卵，从前，它们脆弱的幼虫阶段会在纽约沿岸死于寒冬。

尽管有目前的这些例外，科德角-纽芬兰海滨仍然是一个典型
的生存着北方植物群和动物群的冷水区。它们展示出与遥远的北方
世界强大且迷人的类同关系：通过海洋的统一性力量，联系着北极 25
海域、不列颠群岛海域和斯堪的纳维亚半岛海域。它如此之多的物
种重现于东大西洋，以至于一本不列颠群岛的物种手册可以相当好
地用于新英格兰——可能涵盖80%的海藻和60%的海洋动物。另一
方面，比起英国沿岸，美洲的北方区域与北极的联系更强。一种大
型昆布属海藻，即北极海带，南下到达缅因州海滨，但却不见于东
大西洋。一种北极的海葵大量存在于北大西洋西部，向南直到新斯 26

科舍，但却不见于大洋另一侧的大不列颠，在欧洲它们被限制在了更北的冷水中。许多物种的出现，如绿海胆、血红海星、鳕鱼和鲱鱼，是环北方分布的例子，它们延伸到极点周围，由冷流的媒介带向南方，到达北大西洋和北太平洋，冷流由融化的冰川和大块浮冰形成，携带着北方动物群的代表。

岛屿是动物从大洋一侧向另一侧扩展的中转站洋流则是班车。

北大西洋的两个海滨动物群和植物群之间，存在着如此之多的共同成分，这表明了跨越的方法一定相对容易。墨西哥湾暖流从美洲海滨带走很多移民。然而，到大洋彼岸的距离非常遥远，而且情况变得复杂起来，原因是大部分物种幼虫阶段短暂，还有“它们在当长成成体的时间到来时必须到达浅水”这一事实。在大西洋北部，淹没的山脊、浅滩和岛屿提供了各种“中途转运站”，跨越大洋可以被分解为简单的步骤。在更早的地质时代，这些浅滩更加广阔，所以在很长一段时间内，主动跨越和被动跨越大西洋的迁移，都是可能的。

在更低的纬度，大西洋的深海盆肯定曾被生物跨越过，虽然那里少有岛屿和浅滩存在。即便是这里，也发生着一些从幼体到

龙虾

成体的变形。百慕大群岛（The Bermuda Islands）由于火山活动升出水面之后，它接受的全部动物群都是从西印度群岛（The West Indies）顺墨西哥湾暖流而来的移民。这完成的是“小规模地横跨大西洋”。考虑到种种困难，西印度群岛与非洲相同或近缘的物种数量之多，令人惊讶，它们看起来是顺着赤道的洋流完成的跨越。这其中的物种有海星、虾、小龙虾和软体动物。这里完成了如此之长的跨越，人们就可以很符合逻辑地推测——这些移民是成体，乘着浮木或漂流的水草而来。在现代，有报道称一些非洲的软体动物和海星通过这些方式抵达了圣赫勒拿岛（St. Helena）。

寄居蟹

龙虾

古生物学记录提供了证据，证明了大陆形状的变化及洋流曾经发生的变化，因为这些早期的地球模式解释了现在许多动物和植物的分布，否则这些生物的分布就神秘难懂了。例如，大西洋的西印度群岛地区曾经通过洋流，直接地沟通遥远的太平洋和印度洋的海水。后来，一个南北美洲之间的大陆桥建立起来，赤道洋流受阻折返向东，建立起一个障碍阻止海洋生物散播。但是在现存的物种里，我们能发现它们过去的状况的迹象。我曾经在泰莱草草甸中发现

泥蟹（mud crabs）

一种奇妙的小软体动物，居住在佛罗里达万岛群岛（Ten Thousand Islands）宁静港湾的海底。它们有着和草一样的亮绿色，其小身体对于它的薄壳来说是太大了，从其中突出出来。它们是水手螺的一种，最近缘的物种们却是印度洋的居民。在卡罗林群岛（the Carolinas）的海滩上，我发现了由一种岩石一样的钙质小管团块，是由一种深色的小蠕虫集群分泌的。这种蠕虫在大西洋几乎没有分布，其亲缘物种又是生活在太平洋和印度洋的一些物种！

27 就这样，运输和大范围的扩散是一个不断进行的、普遍的过程——它表达了生命需要散布出来，占据地球所有可生存的部分。在任何时代，这种模式都是由大陆的形状和洋流的流动设定的；但这绝不是结尾，也永远不会完成。

在一个潮汐活动强烈、潮汐范围广大的海滨，人们每天每时都能注意到海水的涨落。反复发生的每一次涨潮，都是大海向陆地发起的激动人心的进攻——进逼到陆地的门槛，而退潮则暴露出一个奇特而陌生的世界。也许是一个宽广的泥滩，有着奇妙的洞穴、

多种蟹类

高地或足迹，证明了这里躲藏着一只对陆地环境陌生的小生命；或者，也许是一个岩藻的草甸，在海水离开它们之后就倒伏下来，浸满了海水，为它们下面的一切动物生命铺展开一层保护性斗篷。潮汐甚至更加直接地叩打着听觉，讲着它们自己的语言，与海浪的声音不同。涨潮的声音在海滨听得最清楚，那里远离开放海面汹涌的波涛。在夜晚的沉静中，涨潮时有力且无波的海浪，创造出一种令人费解的水声喧哗——飞溅、旋转并不断拍击着陆地的岩质边缘。有时那里有悄声的低语和耳语；然后，突然间所有细小的声音都被汹涌而来的海水所湮没。

在这样的一片海滨，**潮汐**塑造了生命的特性和行为。潮汐的涨落给所有居住在高低水线之间的生物“一天两次”的陆地生活体 28
验。生活在低潮线附近的那些生物，暴露于阳光和空气的时间很短；生活在高潮线的那些海滨生物，在陌生环境的停留的时间则较长，需要更强的忍受能力。但是，在所有的这些潮间地带，生命的脉搏适应于潮汐的节奏。在一个交替属于海洋与陆地的世界，呼吸海水中所溶解的氧气的海洋动物，必须找到保持湿润的方式；少数呼吸空气的生物，从陆地而来，跨过高潮线，它们必须自己携带氧气供给，保护自己不被高潮时的海水淹死。当潮水很低时，潮间地带动物的食物很少或没有，的确，生命最关键的过程必须在海水覆盖海滨时完成。于是，潮汐的节奏就被反映在生物节奏交替的活跃与静止之中。

海滨动物在暂时离开海水的时候，都面临如何锁水保湿的挑战。

在潮水涨起的时候，居住深层沙中的动物来到表面，或者向上伸出长长的呼吸管或虹吸管，或者开始通过它们挖掘的洞穴汲水。紧附岩石的动物打开它们的壳，或者伸出触手取食。捕猎者和食草者活跃地运动着。当海水退去，沙中居民退隐回深层的湿沙之中，岩石上的动物群使出一切方法避免干燥，保持湿润。生有钙质小管的蠕虫缩回其中，用变异的鳃丝封住入口，就像塞瓶子的
29 软木塞。藤壶合上它们的壳，把水分留在它们鳃的周围。海螺缩回壳中，合上门一样的厣板来隔开空气，并在里面留住一些海洋的水分。钩虾和滩蚤躲在岩石或海藻下，等待到来的潮汐解放它们。

按照农历月，随着月亮的盈亏，月球引起的潮汐在力量上加强或减弱，高水位线与低水位线每天都在变化。在满月之后以及新月之后，潮汐的力量比这个月份的任何其他时间都强大。这是因为此时太阳、月球和地球排列成一条直线，它们的吸引力叠加了起来。由于复杂的天文学原因，最强大的潮汐

科诺比蟹（Knobbed crabs）

作用是在满月与新月结束后几天的时期内才发挥出来，而没有发生在与月相精确吻合的时间。在这些时期内，高潮比其他时间涨得更高，低潮比其他时间落得更低，这叫做“大潮”，来源于撒克逊语的“sprungen”。这个词指的不是一个季节，而是指海水的满溢导致它以一种有力而活跃的动作弹回。这一术语恰如其分，任何一个见过进逼岩质海滨的新月潮的人，都不会怀疑这一点。在它四分之一的阶段，月球发挥的引力与太阳的吸引力成直角，所以两种力量互相干涉，潮汐运动就减弱了。接着，海水既不像大潮时涨得那么高，也不像大潮时落得那么低。这些懒惰的潮汐叫做“小潮”——这个词可以追溯到旧斯堪的纳维亚语的词根，意思是“勉强够到”或“几乎不够”。

在北美洲的大西洋海滨，潮汐以所谓的**半日潮**的节奏移动， 30
在每个长约24小时50分钟的潮汐日中，有两个高水位和两个低水位。下一次低潮在这一次低潮之后约12小时25分钟到来，尽管可能存在微小的地方性差异。当然，两次大潮也由一段相等的间隔分开。

潮汐的幅度在地球各地表现出巨大差别，甚至在美国的大西洋沿岸各地，也有重大差异。在佛罗里达礁岛群（the Florida Keys）附近，潮水只有1～2英尺的涨与落。在佛罗里达漫长的大西洋沿岸，大潮的范围在3～4英尺。但是更加向北一点，在佐治亚州（Georgia）的西雅群岛（the Sea Islands）这些潮汐有8英尺的涨潮。接着，在卡罗林群岛（the Carolinas）和北边的新英格兰（New England）潮汐的运动不那么强烈，大潮在南卡罗来纳州（South Carolina）的查尔斯顿（Charleston）有6英尺，在北卡罗来纳州（North Carolina）的布佛特（Beaufort）有3英尺，在新泽西州（New Jersey）的五月角（Cape May）有5英尺。南塔克特岛（Nantucket Island）潮汐很少，但是在不到30英里（48千米）远的科德角湾的海滨，大潮的范围是10～11英尺。大部分新英格兰的岩质海滨在芬迪湾大潮区的范围内。从科德角到帕萨马科迪湾，它们的幅度不同，但总是很可观：在普罗温斯敦（Provincetown）有10英尺，在巴港（Bar Harbor）有12英尺，在东港（Eastport）有20英尺，在加来（Calais）有22英尺。在强大的潮汐与岩质海滨的交接处，大部分的生物被暴露在外，在这个区域创造了一个美丽的证明，见证了潮汐对生物的力量。

日复一日，这些强大的潮汐在新英格兰的岩质边缘涨落，它们漫过海滨的过程，被一条条色带标志出来。这些色带或地带与海洋的边缘平行，由生物组成，并反映着潮汐的层次，因为海滨具体的某一层**暴露在海水之上的时间长度**，在很大程度上决定着什么生物能够生存在那里。最顽强的物种生活在高层。一些地球上最古老的植物——蓝绿藻——尽管在许多亿年前从海中起源，早已从
31 海中冒出，在高潮线之上的岩石上形成了深色的足迹，这个黑色区域在世界各地的岩质海滨都清晰可见。在黑色区域之下，海螺向陆地生物进化，取食植被薄膜，或躲在岩石缝隙里。但是，最显著的区域开始于上层的潮线。在一个海浪强度适中的的开放岸滨，岩石被正好低于高潮线的无数拥挤的藤壶所白化。白色被小
32 片生长的深蓝色贻贝所零星地打断。在它们之下是海藻——岩藻的棕色原野。角叉菜朝着低潮线伸展着，像垫子般生长——这一大片丰富的色彩在一些小潮的迟缓运动中没有完全暴露，但是在所有其他更大的潮汐中显露出来。有时，角叉菜的红棕色被另一种纠缠的海藻的亮绿色所染，它有铁丝般的质感，像头发一样地生长着。大潮期内最低潮的最后一小时暴露出另一个区域——一个潮下带的世界，这里所有的岩石都被覆盖其上的分泌石灰的海藻刷上了一层深玫瑰色，丝带一般闪着棕色的大条海带，倒伏在岩石上，暴露在外。

潮间带生物群落的分层

生命的这种模式，存在于世界各地，呈现为各种小有区别的版本。这些地区与地区的差异，通常与海浪的力量有关，一个区域可能备受压迫，而另一个则肆意发展。例如藤壶区，在海浪很强的上层海滨铺满大片的白色，而岩藻区则被大幅削减。而在海浪冲击较弱的海岸，岩藻则大肆占据中部海滨，而且入侵上部岩石，使藤壶的生存环境变得艰难。

也许在一定意义上，真正的潮间地带是**在小潮期间高水位和低水位之间的地带**，这个地带在每个潮汐循环中，或每天中有两次被海水完全覆盖、又完全露出水面。它的居民是典型的海洋动物和植物，需要每天与海水接触，但又能承受**有限地**暴露于陆地环境之中。

在小潮的高水位之上有一个区带，比起海洋它更接近于陆地。它主要由先驱物种栖息，它们已经在向着陆地生命的道路上前进很远，而且可以承受长达数日或数小时与海水的分离。一种藤壶占领了这些更高处高潮线的岩石，在那里海水只在一个月的几个昼夜随着大潮到来。海水漫回时会携带食物和氧气，并在繁殖季把幼
33 体带回表层海水的“育婴园”。在这些短暂的时期内，藤壶能够进行生命必需的一切过程。但是当两周中最高的潮水最终退去，它又被留了在陆地世界这个异乡，这时它唯一的保护措施就是紧紧合上壳片，以在身体周围保留一些海洋的水分。在它的生命中，交替进行着“短暂而剧烈的活动”和“长期如冬眠般的寂静”。就像北极的植物必须在夏季的短短几周之内群起争相制造和储存食物、抢着开花、结出种子一样，这种藤壶彻底地调整了自己的生活方式，从而使自己能够存活在一个条件恶劣的地区。

少数海洋生物甚至冲到了大潮高水位线之上的浪溅区，那里唯一带盐的水分仅仅来自于碎浪的飞沫。在这些先驱之中，有滨螺类的海螺。西印度群岛的一个物种可以承受与海洋长达数月的分离。另一种——浅滨螺，等到大潮的波浪来时在海水中产卵，除了至关重要的繁殖之外，几乎一切活动都独立于海水。

在小潮低水位线之下，有这样的地区——它们仅仅在潮水有节奏地摆动着、落得越来越低、接近大潮的水位的时候，才露出水面。在所有的潮间地带之中，这个地区与海洋的联系最为密切。它的许多居民是近海的形态，之所以能居住于此，是因为此地暴露于空气中的时间很少，很短暂。

潮汐与生物区带之间的关系很明显，但是，动物们以许多不那

么明显的方式，根据潮汐的节奏调节了它们的行为。有一些似乎是
利用海水运动的机械机制问题。例如牡蛎的幼虫，利用潮水的流动
把它带入便于它附着的地区。成体牡蛎生存在海湾、海峡或河流入
海口，而不是生存在充满海水盐分的水中，这样有利于这个种族幼 34
体阶段的散布，使之分布在远离开放海洋的方向。刚孵化出来时，
幼虫随波逐流，潮汐的水流一会儿把它们带向海洋，一会儿把它们
带向上游的入海口或海湾。在许多入海口，退潮比涨潮持续时间更
长，叠加的冲力和大量水流在它后面散去，它导致的向海水流，在
长达两周的幼虫时期内，会把幼体牡蛎带入海中好几英里。然而，
随着幼虫的长大，它们开始了一个急剧的行为变化。它们现在在退
潮时落向海底，躲避向海的水流，但是当涨潮来临时，它们升入进
逼上游的水流中，这样就被带入低盐度区域，这里适宜于它们的成
体生活。

其他物种则调节产卵的节奏，以保护它们的幼体免于被带入不适宜的水域的危险。一种能建造小管的蠕虫居住在接近于潮汐的地区，遵循着一种避开大潮的有力运动的模式。它在每两周的小潮时把自己的幼虫释放入海，那时水流的运动比较迟缓；幼虫

牡蛎（oyster）

要经历一个短暂的游泳阶段，所以有较好的机会留在**海滨最适宜生存的地区**。

潮汐还有其他的作用，这些作用神秘，而且难以理解。有时产卵与潮汐同步，这在某种程度上意味着对压力变化的反应，或者
35 对静水和流水间差异的反应。一种叫做石鳖的原始软体动物，在百慕大清晨的低潮来临时产卵，随着恰在日出之后发生的海水回流。一旦石鳖被水覆盖，它们就把卵散布开来。一种日本的沙蚕，仅在一年最强的潮汐中产卵，时间接近于十月和十一月的新月潮和满月潮，它们很可能是以一种难以理解的方式，被大量的海水运动所刺激了。

海滨生物如何知道最适合产卵的时间？是体内有奇妙的“钟”，还是对海水压力的敏感响应？

很多海洋动物在其生命周期内相当独立，与其他类群没有什么关系，它们以一种绝对固定的节奏产卵，伴随着新月或满月或上下弦月的节律，但是，我们并不清楚这个结果是由潮汐水压的改变造成的，还是由月光亮度的改变造成的。例如，在干龟群岛（Tortugas）有一种海星在满月的夜晚产卵，并看起来只在那时产卵。不管刺激物是什么，这个物种的每只个体都对它产生回应，确保数量巨大的生殖细胞的释放与之同步进行。在英格兰海滨，有一种水螅虫，这种动物有着植物一样的外表，产生出微小的水母体或海蜇，在上弦月时释放这些水母体。在马萨诸塞州海滨的伍兹霍尔（Woods Hole），有一种蛤一样的软体动物，在满月和新月之间大量产卵，但是避开上弦月。在那不勒斯（Naples），有一种沙蚕在弦月时成群交配，但绝不在新月或满月时这么做；在伍兹霍尔有一种近缘的蠕虫，尽管暴露在同一个月球和更强的潮汐之下，却没有表现出这样的关联。

这些例子中，没有一个能够让我们确定这些动物到底是对潮汐有反应，还是直接对月球的影响有反应。然而，对于植物，情况就不同了，我们在各处发现“月光对植被产生作用”这一世界范围

内的古老信念，每每得到科学的证实。各种零散的证据表明，硅藻 36
和其他浮游植物成员的迅速增加与月相的阶段有关。河流浮游植物中一些藻类在满月时达到它们数量繁多的高峰。北卡罗来纳州海岸的一种褐藻，只在满月时释放它的生殖细胞；据报道，日本和世界上其他地区的其他海藻也有相似的行为。这些反应大体上被解释为偏振光强度变化影响原生质的结果。

另外一些观测表明，植物与动物的繁殖与成长有一些联系。迅速成熟的鲱鱼聚集在浮游植物集中海域的边缘附近，虽然完全长成的鲱鱼可能会避开它们。报道称，其他多种多样的海洋生物能产卵的成体 、卵以及幼体**在浮游植物密集的地带**聚集的数量，要远远多于**在浮游植物稀疏的地带**。在一些重要的实验中，一位日本科学家发现，他可以用海莴苣的提取物诱导牡蛎产卵。同一种海藻会产生一种影响硅藻的生长与繁殖的物质，并且海藻本身也会被从岩藻大量生长的岩石附近提取的海水所刺激。

整个海水中存在所谓“外代谢物”（新陈代谢的外分泌物）的话题，成为科学研究前沿的时间如此之近，以至于确实的信息零碎尚且可望而不可及。然而，我们目前似乎已处于解出一部谜题的边缘，这些谜题几百年以来困扰着人类智慧的大脑。尽管这个话题处在知识进步的模糊边界上，然而几乎一切曾经被认为是理所当然的事情，以及被认为解决不了的问题，在发现了这些物质之后，都让人们的知识有了新的思路。

无论是从空间上看，还是从时间上看，海洋之中都存在着神秘的来与往：迁移物种的运动、奇特的更替现象；在这之中，同一片海域的一个物种大量出现，繁荣发展一段时间，然后几乎绝迹无遗了，其地位被一个接一个的物种取代，就像盛大游行中掠过我们眼前的各色表演家。其他的神秘现象亦比比皆是。“赤潮”这一现象早就被人们所知，它一次又一次地发生，到现在依然如此——在

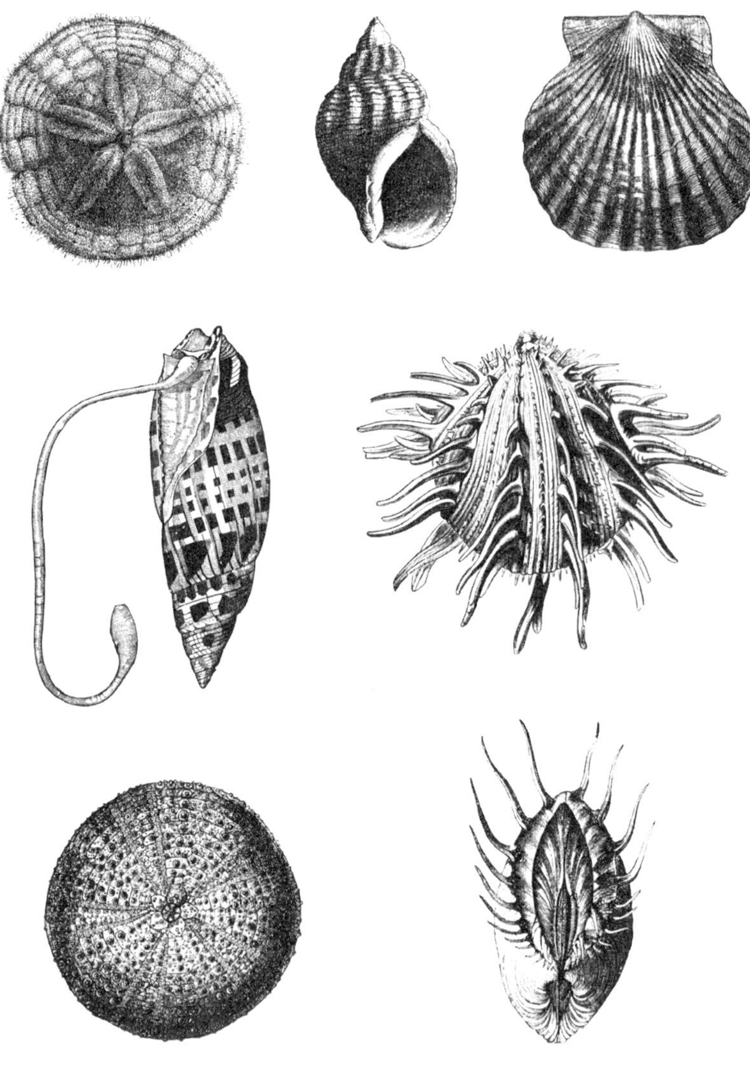

各种双壳类、螺类和棘皮动物

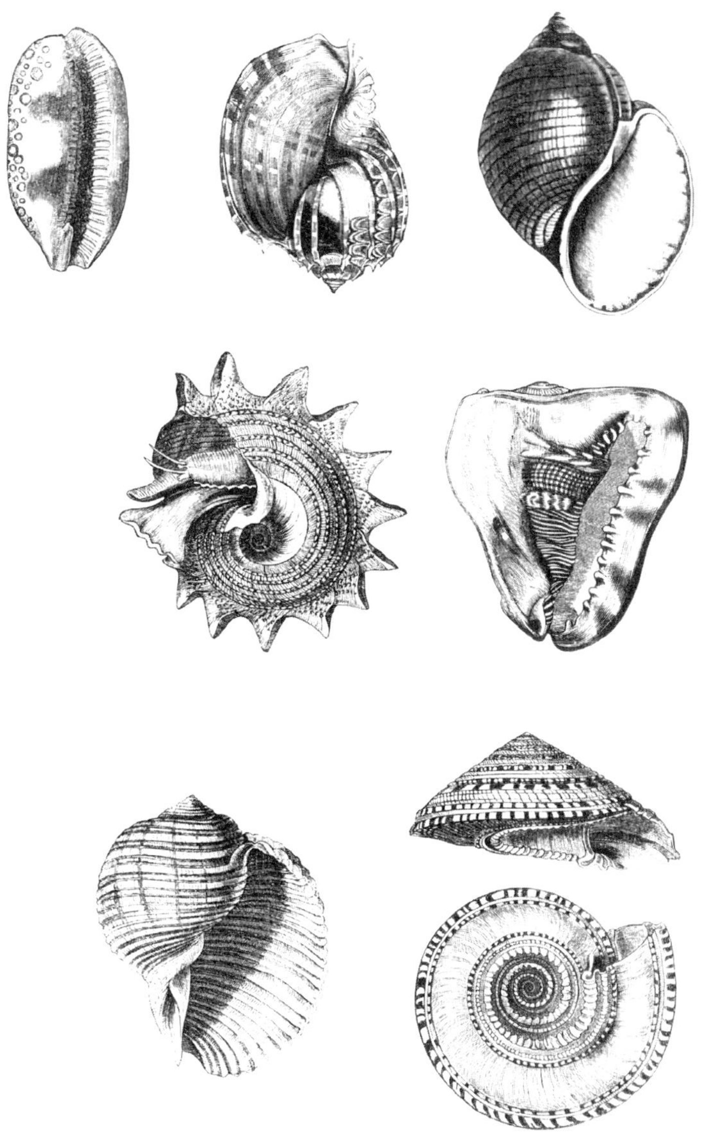

各种螺类

这一现象中，海水由于异常大量的微小生物（通常是腰鞭毛虫）而变色。这一现象具有灾难性的副作用，带来鱼类和一些无脊椎动物大量死亡。此外，还有奇妙且似乎很古怪的鱼类运动的问题——它们进入或离开某个区域，常常伴有急剧的经济后果。当所谓的“大西洋海水”涨上英格兰南岸时，鲱鱼在普利茅斯（Plymouth）渔场变得丰富起来，某些标志性的浮游动物大量出现，某些无脊椎动物物种在潮间地区繁荣生长。然而，当这片海水被英吉利海峡的海水所取代时，这里登台表演的角色就要发生许多变化了。

发现了海水及其所包含的一切所扮演的生物学角色之后，我们也即将触及对这些古老秘密的理解。因为，现在人们已经明白，在海洋中，没有什么能够独自生存。海水本身也同样被改变了，它的化学特性和它影响生命过程的能力都已改变，其事实例证是某些曾经居住在其中的生命形态，向海洋中释放了能够引起长远影响的新成分。所以，现在与过去和未来相连，而每一只生
38 物，都和它周围的一切事物相联系。

第3章　岩石海滨 39

当一片岩质海滨的潮水很高，满溢的海水爬到了从陆地蔓延下来的杨梅和杜松那里，因为没有可见的东西，人们可能很容易认为，在海洋边缘的水中、表面或底部没有任何生物居住。除了偶尔几处的银鸥之外，什么也没有。高潮时银鸥在岩架上休憩，那里处在干燥的海浪与飞沫上方，它们把黄色的喙塞到羽毛下面，睡过涨水的几个小时。接着，潮汐时的岩石上所有的生物不见于视线，但是，银鸥知道那里有什么；它们还知道，一段时间之后海水会再次退去，使它们能够进入潮线间的地带。

潮水上涨时，海滨上躁动不安，海浪高高跳过突出的岩石，带着花边的水流泡沫流向大块岩石面朝陆地的一边。但是，在退潮时它更为平静，因为那时波浪的后面没有了进逼的潮水的推动。潮起潮落没有什么特别的戏剧性，但目前一个湿润的区域出现在灰色岩石的斜坡上；而在近海，到来的涨水开始形成漩涡，并拍碎在隐藏的岩架上。很快，被高潮隐藏的岩石升入视线，上面带着海水退去后残留的闪闪发亮的水分。

暗淡的小海螺在岩石上四处活动，那里因为长着极小的绿色
植物而很滑溜；这些腹足纲动物一次又一次搜刮着，赶在海浪返回 40
之前寻找食物。

一片片的藤壶，好像**不再洁白的残雪堆积**一样，进入了视线；它们覆盖住岩石和嵌入岩石缝隙的古老晶石，它们的尖锥之间

布满贻贝的空壳、捕虾笼的浮标和深水海藻的坚硬叶柄，这些全都与潮水中的漂浮物混在一起。

当潮水不易察觉地退去时，褐藻的草甸出现在海滨坡度较缓的岩石上。小片一些的绿藻，像美人鱼头发一样呈丝状，它们被太阳晒干的部位开始变白并起皱。

现在，不久前在高处岩架上休憩的海鸥们沿着石壁，极其专心地踱步，它们把喙刺入悬挂的海藻帘之下，寻找蟹类和海胆。

在低地，小瀑布中的水汩汩地流淌、洒落，形成了小水潭和水沟，许多岩石之间或岩石之下的漆黑洞穴里，有平静的反光水面，映射着躲避光线和波浪冲击的脆弱生物——小海葵奶油色的花冠和海鸡冠粉色的触手，在岩质洞顶上悬挂着。

在更深的岩水潭的平静世界，现在被进逼的强烈波浪所打扰；蟹类沿着石壁滑动，它们的腿忙着为了一点点食物四处触摸、感觉和探索。这些水潭是色彩斑斓的花园，组成花园的有淡绿和赭黄的结壳海绵、像一簇簇娇弱的春花一样竖立的浅粉色水螅虫、闪
41 着黄铜色和铁蓝色的角叉菜、美丽的暗玫瑰色的珊瑚藻。

每一只寄居蟹，都寄居在螺壳中

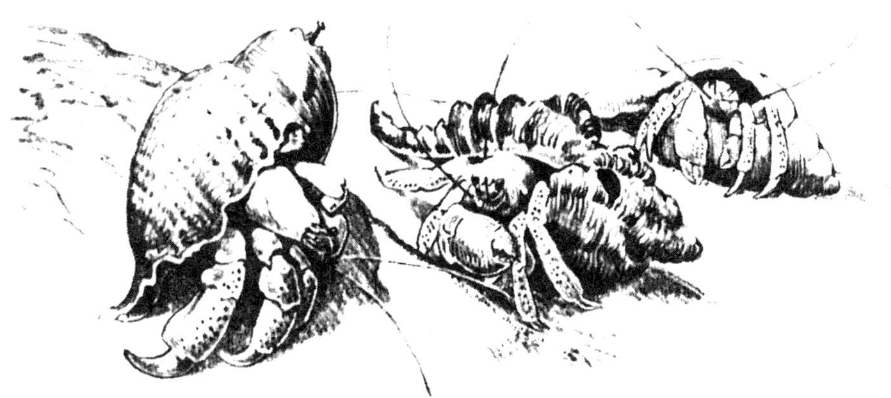

寄居蟹

这一切都有着低潮的气味，包括蠕虫、海螺、水母和蟹类的淡淡的、无处不在的气味——海绵的硫磺味、岩藻的碘味、在被阳光晒干的岩石上闪闪发亮的盐雾凇的盐味。

我最喜欢的通往岩质海滨的路径之一，是一条经过冬青树丛林的崎岖小路，小路有自己独特的魅力。把我带向那条林间小道的，通常是清晨的潮汐，所以光线还很暗淡，雾气从大海远处飘来。这简直是一片幽灵森林，因为在活着的云杉和香脂树之中，有许多死掉的树——有些仍然直立着，有些向东边下垂，有些倒伏在森林的地面上。所有这些或死或生的树，都被绿色和银色的外壳和地衣所包裹。一丛丛的长松萝（又叫老人须）悬挂在枝杈上，就像零星的海雾纠缠在那里。绿色的疏林带藓类和柔顺的石蕊毯子覆盖着地面。在这里的寂静之中，甚至连海浪的声音都减小为耳语般的回音，而森林的声音只是幽灵之音——冬青树针叶在风中轻微地叹息，倒落一半的树嘎吱作响、发出沉重的呻吟，倚靠在它们邻居的身上，彼此的树皮相互摩擦；被松鼠踩断的死枝掉落，发出轻微的格格声，落到地面上，轻轻弹起。

但是最终，小路从昏暗的深林中显现，延伸到一个涛声盖过树声的地方——大海空洞的隆隆声富有节奏且持续不断，拍击着岩石，落下，又升起。

在海滨上下有着海浪、天空和岩石的海景画上，森林的边线
42 轮廓清晰而分明。柔软的海雾模糊了岩石的轮廓；灰色的海水和雾气在近岸混合，形成昏暗的雾中的世界，这里可能是一个被新生命搅动的造物的世界。

这种“新的感觉”不只是清早的晨曦或雾霭生出的幻象，因为这里事实上的确是一片非常年轻的海滨。在地球的历史上，这样的场景恍如昨日：海岸退让，海水袭来，填满山谷，升至山丘的斜坡之上，创造出这些参差不齐的海岸，这里岩石露出水面，冬青树林向下延伸到海岸的岩石。曾经，这个海岸就像南方的古老陆地一样，海岸的性质在数十万年间没有太大改变，这期间海洋和风雨创造出沙子，并把它们塑形为沙丘、沙滩、近海的沙带和浅滩。北边的海岸也有自己平坦的滨海平原，其边界是宽广的沙滩。边界之内，是一幅石质山丘的景象，与之交替的是被水流侵蚀、被冰川挖深、雕刻的山谷。这些山丘由片麻岩和其他抗侵蚀的固体结晶岩组成；这些低地是在一些较软弱的岩石（如砂岩、页岩、泥灰岩）的岩床中被创造出来。

接着，景象变换。从长岛（Long Island）附近的某处开始，韧性的地壳在一处巨大冰川的重压之下向下倾斜。我们所称的**缅因州东部和新斯科舍**地区被压入地面，一些地区被带入海面之下深达1200英尺。北部的滨海平原都被淹没了。它的某些高地部分现在是近海的浅滩，即新英格兰和加拿大近海的渔业浅滩——乔治浅滩（Georges）、布朗浅滩（Browns）、块柔浅滩（Quereau）

和格兰德班克（the Grand Bank）。它的绝大部分都被淹没到了海面之下，只留下几处零星高耸且孤立的山丘，像现在的孟希根岛（Monhegan），它在古时候一定曾作为险峻的残丘矗立于滨海平原之上。

在山脊和山谷以一定角度面对海岸的地方，海水在山丘之间远远地向上漫延，充满了山谷。这就是呈深锯齿状且异常不规则的 43
海岸的起源，在缅因州极具代表性。肯纳贝克河（Kennebec R.）、席普士考河（Sheepscot R.）、达马里斯科塔河（Damariscotta R.）和许多其他河流长且窄的河口，深入内陆20多英里。这些咸水河（现在是大海的延伸）是被淹没的曾经的山谷，在地质史上的“昨天”，这里曾生长着许多草木。它们之间森林覆盖的石质山脉，景色很可能和今天相差不多。在近海，岛群一个越过一个地倾斜着伸出入海中——它们是半淹没在海中的曾经的大陆块。

但是，在海岸线与大量的岩石山脊平行的地方，海岸线就比较平缓，很少有参差不齐之处。早先成千上万年的雨水只在花岗岩山丘的侧面凿出了短短的谷地，这样，当海水上升时，就在那里仅仅造成了少许短且宽的海湾，而不是长且蜿蜒的海湾。这样的海岸典型地见于新斯科舍南部，也见于马塞诸塞州的阿恩海角（Cape Ann）地区，那里的抗蚀岩石地带沿着海岸向东弯曲。在这样的海岸，岛屿出现在与海岸线平行的地方，而没有险峻地伸入海中。

从“地质事件”意义上来说，所有这些发生得相当迅速且突然，没有时间对地形做出逐步的调整；所有这些发生得也相当晚近，现在的陆地与海洋之间的关系，也许只确立于这区区一万年之内。在地球的编年史中，短短几千年的时间微不足道，在这样短暂的时间内，波浪很少能面对坚硬的岩石而占据上风，巨大的冰盖刮净了松散的岩石和古老的土壤，所以几乎没有像它们日后会在岩壁上刻下的深凹痕那样做出标记。

在很大程度上，这个海滨的参差就是山丘本身的参差。那里没有波浪切割出的浪蚀岩柱和拱洞来辨别更古老的海岸，或软岩石的海岸。在少数例外的地方，也许能看到波浪的作用。沙漠山岛（Mount Desert Island）的南岸暴露于海浪的重重拍击之下；在那
44 里，波浪切割出了阿内蒙洞（Anemone Cave），并且正在开凿雷声洞（Thunder Hole），海浪在高潮时咆哮着扑来，似乎要击破这个小岩洞的顶部。

在一些地方，海水冲刷着陡峭的岩壁底端，岩壁由地压的剪切效应沿断层线形成。沙漠山岛的岩壁——斯库纳海角（Schooner Head）、大海角（Great Head）还有水獭角（Otter Head）——高耸于海面之上30余米。如果不知道这个地区的地质史，也许会误认为这样壮观的构造是海浪切割出的岩壁。

在布雷顿角岛（Cape Breton Island）和纽布伦斯威克（New Brunswick）的海岸，情况非常不同，晚近海蚀作用的实例随处可见。这里，大海接触着形成于石炭纪的不甚坚固的岩石低地。这些海岸对于波浪的侵蚀作用没有什么抵抗力，质软的砂岩和砾岩以年均五六英寸的深度被侵蚀着，在某些地方，每年被侵蚀的速度可深达几英尺。缅因州的浪蚀岩柱、岩洞、宽裂缝以及拱洞，是这些海岸的常见特征。

在新英格兰北部的岩质海岸的各处，有小片的沙滩、卵石滩、或砾岩滩。它们有着不同的起源。一些来自于冰川的残骸，它们在陆地倾斜、海水袭来的时候覆盖了岩质表面。巨石和卵石往往由近海的深水中的海藻紧紧地抓握着，携带而来。然后，风暴波浪分开了海藻和岩石，并把它们抛向海岸边。即使没有海藻的帮助，海浪也携带着数量可观的沙子、碎石、贝壳碎片、甚至大块岩石。这些偶然的沙质海滩或卵石海滩几乎总是位于被保护的、向内弯曲的海岸，或是死胡同型海湾，在那里波浪能使碎片沉积，但不能从

那里轻易移走它们。

在云杉林的锯齿状边线和海浪之间的海岸岩石那里，当晨雾隐匿着灯塔、渔船，以及所有其他的人工痕迹时，它们也模糊了时 45
间的意义：人们很容易想象，海水是昨天刚刚到来的，创造出这个特别的海岸线。但是，居于这个潮间带岩石的生物已经有时间使自己立足于此，取代了曾经的（很可能曾邻接旧海滨的）沙滩和泥滩动物群。同一片海洋漫过新英格兰海岸南部、淹没滨海平原、进而紧挨着质硬的高地，在这片海域之外，岩石居民的幼虫到来了——盲目搜寻的幼虫随洋流漂来，预备着殖民于任何可能位于它们路径上的宜居地带，或者，如果它们的生命中没有这样的“登陆”，它们就会死去。

尽管无人记录最早的“殖民”，或追溯现存形态的演替，但是，我们仍然可以相当有信心地去猜想**占领这些岩石的先驱，以及随后而来的一些生命形态**。入侵的海水必定曾带来多种海岸动物的幼虫与幼体，但是，只有那些能够找到食物的幼体，才能够在新的海岸存活。起初，唯一可获得的食物是大群的浮游生物，它们随着每一次冲刷海岸岩石的潮汐一次次地到来。第一批永久性居民必定是以这些浮游生物为食的滤食者，比如藤壶和贻贝——它们需求很少，仅需要一个牢固的地点，使自己能依附于此。在藤壶的白色锥体和贻贝的深色外壳之中以及周围，可能有藻类的孢子定居下来，于是，一片活的绿色薄膜开始向着上层的岩石延伸。接着，食草者就可以到来了——小群的海螺费力地用它们锋利的齿舌削刮着岩石，舔净覆盖岩石表面、微小到几乎看不见的植物细胞。只有在浮游植物滤食者和食草动物立足之后，食肉动物才可能定居并存活。当时，捕食者岩荔枝螺、海星以及许多蟹类和蠕虫，一定是相对较晚来到这个岩质海岸的。但是现在它们都已在这里集合完毕，在由潮汐创造的水平地带生活着，度过自己的一生，或者生活在生物小 46

群或群落中，这是由于它们需要在海浪中寻求庇护、寻找食物、躲避敌人而建立的。

当我从那条林间小道中走出，生命的图案在我面前铺展开来，这正是外露型海岸的特点之一。从云杉林边缘，到下面的深色昆布林，陆地的生命逐渐变成海洋的生命；或许过渡的突然性要小于人们的预期，因为通过各种交错的小小关联，人们早已清楚地知道两者古老的统一性。

昆布林指大片的海带植被。

地衣生存于海岸之上的森林，通过它们无声的高强度苦工，磨蚀掉岩石，千百万年以来，它们一直都在这样做。一些地衣离开森林，通过光秃的岩石，向着潮线行进；少数地衣甚至走得更远，去承受海水的周期性淹没，于是它们就可以在潮间带的岩石上施展奇妙的魔法。在潮湿多雾的早晨，向海的斜坡上的石耳，就像一片片薄且柔韧的绿色皮革；但是到了中午，在干燥的阳光下，它变得颜色更深并且容易破碎；那时的岩石，看起来就像蜕掉了一层薄薄的外皮。墙生地衣繁荣地生长在盐水飞沫中，在岩壁上散布它橙色的斑点，甚至散布在大块岩石向陆地的一面，这里只在每个月的最高潮时方有潮水光临。一些其他的地衣呈灰绿色，滚动扭曲成奇怪的形状，从低处的岩石上浮出；在黑而多毛的岩石的下表面磨损着岩石上的微小颗粒，释放出酸性的分泌物来溶解岩石。这些绒毛吸收水分并膨胀，就磨走了岩石上的细粒，这样，用岩石制造土壤的工作，就有了进展。

在森林的边缘之下，取决于岩石自身的矿物特性，岩石可能呈白色、灰色或浅黄色。岩石很干燥，属于陆地；除了有一些昆虫或其他陆地生物把岩石当作通往海洋的路径之外，岩石是十分贫瘠的。但是，就在明显属于海洋的地区之上，它表现出奇特的变色现
47 象，由条纹、斑点或连续的黑色带有力地标示出来。这个黑色地带没有任何表明生命的迹象，可能有人会把它称之为黑斑，或顶多

把它叫做“岩石粗糙的毡状表面”。但其实，这些是浓密生长的微小植物。构成它的物种所包括的有时是一种很小的地衣，有时是一种或多种绿藻，但数量最多的是所有植物中最简单、最古老的蓝绿藻。它们有一些被包裹在黏滑的叶鞘中，可以保护它们不被晒干，使它们适应于承受长时间地暴露于阳光和空气之中。它们都十分微小，以至于作为单独的植物个体，它们无法被肉眼看见。它们凝胶化的叶鞘、以及整个地区承受碎浪飞沫的事实，使这个海洋世界的入口像最光洁的冰面一样滑。

这个海岸的黑色地带的意义，远远超出其死气沉沉、毫无生气的表象——这其中的意义深奥、难懂，并且永远撩人心魄。只要是在岩石接触海洋的地方，微型植物就已经写下了它们深色的铭文，其信息只有部分可以辨认，虽然它看似以某种方式与潮汐和海洋的普遍特性有关系。其他因素虽然在潮间世界来来往往，这个发黑的斑点却无处不在。岩藻、藤壶、海螺和贻贝，随着它们的世界的性质的变换，在潮间带出现又消失，但是微型植物那黑色的铭文却永远在那里。在缅因州的这片海岸看着它们，我回忆起它们是怎么把大礁岛（Key Largo）的珊瑚边缘也变成黑色，怎么给圣・奥古斯汀（St. Augustine）贝壳灰岩的光滑平台加上了条纹，怎么在波弗特海（Beaufort）的混凝土码头留下了它们的足迹。这种涂黑现象在全世界都是一样的——从南非到挪威，从阿留申群岛（Aleutians）到澳大利亚。这是陆地与海洋相遇的标志。

一旦到了这层深色的薄膜之下，我就开始寻找第一批向上进逼、达到陆地门槛的海洋生物。我在高层岩石的缝隙中找到了它们——滨螺类中最小的一种，叫做粗糙滨螺。有一些幼螺是如此之
小，我需要用放大镜才能看清楚它们，在蜂拥进入这些裂缝和小坑 49
的数百只幼虫中，我能发现它们体型大小的变化，最大的成体可以达到半英寸。如果这些是具有普通习性的海洋生物，我就会认为这

粗糙滨螺（上），普通滨螺（下）

光滑滨螺

些小海螺是出生在某个遥远群落的幼体，在海洋中度过一段时间之后，作为幼虫漂流而来。但是粗糙滨螺送入海中的后代并不是它们的幼虫；它反倒是一个胎生的物种，它的卵（每个都被一层茧包裹）在形成的时候留在母体中。茧的成分养育了这种海螺的幼体，直到它最终破茧而出，接着从母体中露出，成为一个完全被壳包裹的小生物，其大小相当于一粒被精细研磨过的咖啡豆。这么小的动物很容易被冲入海中；于是，毫无疑问地，它们具有藏匿于缝隙和藤壶空壳中的习性，我经常在这些地方发现大量的滨螺幼体。

然而，在大多粗糙滨螺所生活的那个层面，海水只随着两周一次的大潮到来，在长久的间隙之中，碎浪的飞沫是它们仅能接触到的水分。当岩石完全被飞沫打湿时，这些滨螺可以外出很久，来到岩石上面捕食，常常走到远至黑色地带。它们的食物是那些创造出岩石上黏滑薄膜的微型植物；滨螺就像腹足纲类群的所有动物一 50
样，是素食动物。

它们用一种特殊的器官搜刮岩石取食，器官上长着许多排锋利的钙质牙齿。这个器官（齿舌）像一条连绵不断的腰带或丝带，躺卧在咽腔的底部。如果把它展开，它会是这种动物的几倍长，但是它像表的发条一样紧紧卷起。咽腔本身包括了甲壳质（几丁质），即构成昆虫的翅膀和龙虾的壳的物质。在它上面分布的牙齿被排列成几百排（普通滨螺的牙齿总数大约是3500颗）。搜刮岩石会带来一定数量的牙齿磨损，当现在使用的牙齿被磨损了，无穷无尽的“新牙补给”可以从后面源源而来。

而岩石，也有磨损。在几十年以及几百年中，数量众多的滨螺搜刮岩石表面取食，有着明显的腐蚀作用，它们砍斫着岩石表面，一点一点地使潮水潭变深。在加利福尼亚的某生物学家观察了16年的一个潮水潭中，滨螺将潭底降低了大约3/8英尺（0.11米）。降雨、霜冻和洪水——地球上腐蚀的主要力量——大约就是以同

普通滨螺

样的速度来运作的。

滨螺在潮间带的岩石上“放牧取食”，等待潮水的回归；它们在进化的时光中摆开架势，等待着它们能够完成**进化的现阶段**的一刻，然后继续向前进入陆地。所有现存的陆生螺类都是从海洋里的祖先进化而来的，它们的祖先在某个时间完成了对海岸的过渡性跨越。滨螺现在还在半路上。见于新英格兰海岸的这三个物种，人们通过其结构和习性，可以清楚地看出，一个海洋生物被改变成陆地居民的各个进化阶段。光滑滨螺仍然被束缚于海洋，只能承受短暂的暴露，在低潮时它留在潮湿的海藻里。普通滨螺经常生活在只有高潮时被短暂淹没的地方。它仍然向海中散布卵，所以它还没有准备好进行陆地生活。然而，粗糙滨螺已经切断了把自己限制在海
51 洋中的大部分联系，它现在基本上是一种陆地动物了。通过变成胎生，它的进化已使得其生殖超越了对海洋的依赖。它能够在大潮高水位的那个岸层繁荣生长，这是因为，它不同于潮汐中低层一些的

近缘滨螺——它有一个鳃腔，完善配备了许多血管，并起到了几乎相当于肺的作用，从空气中呼吸氧气。事实上，长期的浸泡对它反而是致命的，在它进化的现阶段，它能承受暴露于干燥空气之中多达31天。

一位法国实验者发现，潮汐的节奏已经深深镌刻在了粗糙滨螺的行为模式之中，即使它不再暴露于海水的升降交替之中，它仍然“记得”节奏。它在大潮光临它所在的岩石的两周中最为活跃，但是在没有海水的间隙中，它逐渐变得迟缓，它的组织经历一定程度的干燥。随着大潮的回归，这个循环进行回转。这些海螺被带入实验室之后，许多个月中仍然通过它们的行为，反映了海水在它们居住的海岸的前进与退回。

在这个暴露在外的新英格兰海岸，高潮带最显著的动物是岩藤壶或致密藤壶，除非是最狂暴的海浪，它们都可以处之泰然。这里的岩藻如此受波浪作用的阻碍，以至于无力竞争，于是藤壶占据了上层潮带，只有贻贝能够守护一些地方。

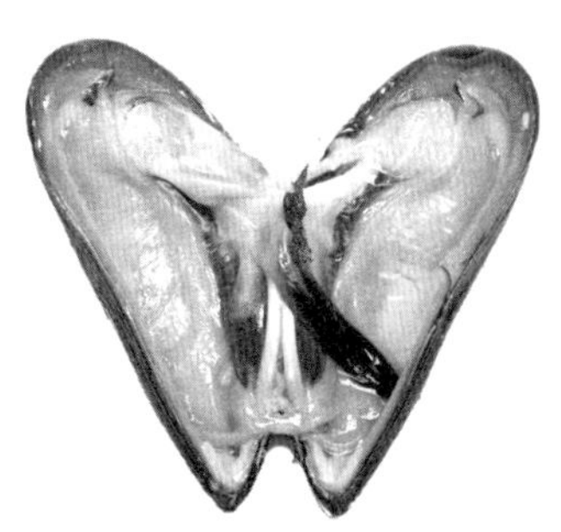

贻贝 52

在低潮时，被藤壶覆盖的岩石景象，看起来好像是一大片矿物，上面雕刻着无数尖锐的小锥。好像这里没有任何表征生命的活动、标志或暗示。这些石头一样的硬壳是钙质的（就像贻贝的壳一样），里面隐藏着看不见的动物。每个锥形的外壳包括6个严丝合缝的片块，形成一个包围的圈。4个薄片组成一个掩盖的门，潮水退去时，门户关闭起来以

贻贝

防变干，潮水涌来，就摇摆着张开门户，以便取食。第一波到来的潮水给这片岩石领地带来生机。这之后，如果一个人站在及踝深的水中，并近距离观察，他就会看见微小的阴影在浸没的岩石上到处闪烁。在每个单独的小锥上，一个有羽毛的羽状部，在它稍稍打开的中央门的入口之内，规律地伸出又抽回——藤壶通过这种有节奏的动作，扫入潮水中的硅藻以及其他微小生物。

每只壳中的生物就就像某种粉色的小虾，头朝下躺着，紧紧胶合着自己不能离开的小室的基部。只有附器会被暴露在外——6对有枝的纤细小棒，由硬毛接合固定在一起。它们共同作用，形成一张效率极高的网。

藤壶所属的节肢动物类群，叫做甲壳纲（Crustacea），这一大组动物种类繁多，包括龙虾、蟹类、砂蚤、丰年虾以及水蚤；但是，藤壶和它所有的近缘形态都不一样——藤壶是营固着生活的！它是在什么时代、怎样习得了这种生活方式，是动物学上的一大谜团，它的过渡形态已消失在过去的迷雾中。片脚类是甲壳纲动物的 53
另一个类群，人们在片脚类动物中发现了一些模糊的与藤壶的生活习惯相似的暗示（在固定的地方等待海水带来食物）。它们中的一些织出天然丝或海藻纤维的小网或茧；尽管还能自由地来去，但它们大部分时间还是待在这些**织物**的里面，从水流中获取食物。另一种端足类动物（一个太平洋海滨的物种）在一种叫做列精海鞘的背囊动物群落开展挖掘，在其宿主坚硬的半透明体内物质中，为自己挖出来一个小室。它躺卧在挖掘出的地方，吸取海水流过自己的身体，从中提取食物。

藤壶虽然进化成为了现在的样子，但它的幼虫阶段明确地表明了它和甲壳纲动物**系出同源**；早期动物学家看到它坚硬的外壳，曾把它标示为一种贻贝。藤壶的卵在母体的壳内生长，并且迅速孵化出来，随着一片幼虫组成的牛奶般的云朵进入大海。[英国动物学家希拉里·摩尔（Hilary Moore）在马恩岛（Isle of Man）研究藤

藤壶

藤壶幼虫：无节幼体阶段（左上），腺介虫形阶段（右下）

壶之后推测，在略微超过半英里的海滨，每年会生殖出100亿只藤壶幼虫！］岩藤壶的幼虫阶段大约历时三个月，有几次蜕皮和形态的改变。刚开始的时候，藤壶幼虫（一种会游泳的小生物，叫做无节幼体）和所有其他甲壳纲动物的幼虫都区分不开！它被大颗的脂肪球所滋养，不仅供它取食，还使它靠近海水的表面。随着脂肪球的减小，幼虫开始游向更深层的海水。最终，它的形状改变，生出1对壳、6对游泳的腿，和1对尖端有吸盘的触须。幼虫被称为“腺介虫”形幼虫，意思是指它看起来很像介形动物（另一个类群的甲壳类动物）的成体。最后，它屈服于重力和躲避光线的本能的驱使，下降进入海底，准备成为成体。

没有人知道——这些在波浪中驶向陆地的幼小藤壶，有多少
54 能够安全登陆，又有多少在寻找**干净坚硬的基础**的任务中失败。一只藤壶幼虫的定居不是一个偶然的过程，而是在经过了一个似乎深思熟虑过的阶段之后才执行的。在实验室里观察过这种行为的生物学家称：幼虫在基岩层来回“走动”长达1小时，用带黏性的触须尖端一路拉拽自己，在作出最终决定之前，测试和摈弃一些可能的地点。在自然界，它们可能随水流漂流好几天，下沉，检验近在眼前的水底，接着漂流向另一处。

这个婴儿期的生物需要什么样的条件呢？也许它觉得**坚硬有**

坑的岩石表面**要好于**特别光滑的岩石表面；也许它被一片黏滑的微观植物薄膜所排斥，或者，甚至有时被水螅虫或大型藻类所排斥。有理由相信，它可能通过神秘的化学吸引，被带入藤壶现存的群落，一路上探测着成体所释放的物质，沿着这些物质标示的路径，到达这一群落。不知怎的，它们就突然做出了无法回头的决定，幼体的藤壶把自己胶合在选定的表面上。它的组织要经历一个完整且剧烈的重组，可以媲美蝴蝶幼虫“化蛹成蝶”的变形。于是，从一个几乎没有形状的团块中，甲壳的雏形出现了，头和附器被塑造出来，接着，在12个小时之内，完整的甲壳锥体形成了，上面所有的盖板描出了轮廓。

在它石灰质的杯形身体中，藤壶面临着两大成长问题。作为
一种被包裹在几丁质壳中的甲壳纲动物，这种动物本身必须周期性 55
地蜕掉它的坚硬外皮，以使自己的身体长大。这项任务看起来十分困难，但藤壶们仍然成功地完成了壮举。我从海岸边带回来的几乎每一罐海水，都有白色半透明物体的斑点，细如蛛丝，好像某种很小的生物精灵丢弃的衣物。放在显微镜下观察，可以完美地看到它们结构的每一丝细节。很明显，藤壶完成了它从旧外皮中的蜕出，其干净、利落和彻底，令人难以置信。在小玻璃纸一样的合身外壳中，我可以细数附器的关节；即使是在关节基部生长的毛，都似乎从它们的外壳中完好地蜕了出来。

第二个生长问题是：它要**扩大坚硬的锥体，来容纳生长的身体**。只是，没有人能确定这是怎样完成的，但是可能有一些化学分泌物来溶解外壳的内层，同时新的材料被添加在外层。

如果一颗岩藤壶的生命没有被天敌过早地终结，那么，它很可能在潮间带的中层和下层生活大约3年，或者在接近潮间带的上层生活5年。它可以在岩石吸收夏季阳光的热量时承受高温。冬季的寒冷本身并无害处，但是碾磨的冰可能把岩石刮净。海浪的冲击

捕食藤壶的岩荔枝螺

是藤壶平常生活的一部分，海洋并不是它的敌人。

当经历了鱼类、肉食蠕虫或海螺的攻击，或者由于自然原因，藤壶的生命走到了尽头，就留下附在岩石之上的外壳。这些壳成为了许多海滨小生物的避难所。除了经常居住于此的幼小滨螺之外，潮水潭的小昆虫如果被卷入上涨的潮水中，也会赶忙进入这些避难所中。在海岸低一些的地方，或者在潮水潭中，空壳中很可能居住着海葵、管虫，甚至新一代的藤壶。

这些海滨藤壶的主要敌人是一种颜色鲜亮且食肉的海洋蜗
56 牛，即岩荔枝螺。虽然它也猎食贻贝，甚至偶尔猎食滨螺，它似乎喜欢藤壶胜过所有其他食物，可能是因为它们吃起来更容易。就像所有的腹足动物，岩荔枝螺有齿舌。它不像滨螺的那样，用齿舌来搜刮岩石，而是用来在一切有硬壳的猎物上钻孔。接着，它就能挤入自己刚刚钻出的小孔，接触并消费里面柔软的部分。然而，要吃

岩荔枝螺捕食贻贝

掉一个藤壶，岩荔枝螺只需要用自己的肉质足包裹住锥体，再用力掰开壳片。它还会产生一种可能有麻醉作用的分泌物——一种叫红紫素的物质。在古代，地中海一种近缘的海螺的分泌物，是制造染料泰尔紫的原料。这种颜料是一种溴的有机化合物，在空气中会变成鲜亮的紫色物质。

虽然受到海浪的猛烈冲击，岩荔枝螺仍然大量地出现在开放的海滨，努力突入生存着藤壶和贻贝的较高区域。通过贪婪的取食，它们可能真的可以改变海岸上生命的平衡。比如，有一则故事说，一个地区的岩荔枝螺大幅降低了藤壶的数量，变化如此剧烈，以至于贻贝过来填补了空出的生态位。当岩荔枝螺找不到更多的藤 57
壶时，它们就转向取食贻贝。一开始，它们笨手笨脚，不知道怎么吃这种新食物。有一些岩荔枝螺花了好几天，徒劳地在空壳上钻孔；还有一些爬进空壳里从里面钻孔。但是，一段时间过后，它们适应了这种新的猎物，并且捕食得如此之多，以至于贻贝群落开始减小。然后，藤壶再次在岩石上定居，最后，这些海螺重新

岩荔枝螺、藤壶、贻贝三者主演的消长循环的生态大戏。

开始吃藤壶。

在海滨的中间部分，甚至低达低潮线，岩荔枝螺生活在悬挂在岩壁上的湿淋淋的海藻帘之下，或者在角叉菜的草皮之内，或在红色海藻（红皮藻）的扁平黏滑的叶状体之中。它们附着在突出的岩架的下侧，或者聚集在深缝里，那里有从海藻和贻贝滴落的盐水，还有细流从地面淌过。在所有这些地方，岩荔枝螺大量聚集，在稻草色的容器中配对儿并产卵，每个卵都约有小麦粒一般的大小和形状，并且像羊皮纸一样坚韧。每一个卵囊都孑然而立，由自己的基部连接着底层；但是它们通常紧紧聚集在一起，密集到形成一种图样，或者形成一种马赛克。

一只海螺用一小时做成一个卵囊，但是很少在24小时之内完成10个以上。它可能在一个季度内生产多达245个。虽然一个卵囊可能容纳多达一千只卵，但它们的大多数只是未受精的保育卵（nurse eggs），作为食物，服务于生长的胚胎。在成熟时，卵囊变成紫色，被同样的成体分泌的化学红紫素染色。在大约4个月之内，生命的胚胎期就结束了，15～20个岩荔枝螺从卵囊中冒出。新孵化出来的幼体很少（如果可以）能在成体生活的地区找到，尽管卵囊
58 被存放于此，生长过程也发生于此。显而易见，波浪把海螺幼体带入低潮带之下或更下方。很可能很多都被冲刷入海，一去不回，但是，幸存者会在低水位被发现。它们非常小——大约有1英寸的1/16（1英寸=2.54厘米）——并取食一种管虫，即螺旋虫。显然，比起即便细小的藤壶壳片，这些虫的管壁更容易被穿透。岩荔枝螺生长到1/4～3/8英寸（0.64～0.95厘米）那么高时，它就开始向海滨迁移并开始取食藤壶。

在海滨靠下一点的中间地区，笠贝数量变得多起来。它们遍布于暴露在外的岩石表面上，但大多还是大量地居住在较浅的潮水潭里。笠贝生有一只简单的锥形外壳，大小如同指甲，不显眼地斑

岩荔枝螺的卵囊及露出的幼体岩荔枝螺（右）。

驳分布着柔和的棕色、灰色和绿色。它是腹足纲动物中最古老和原始的类型，然而它的原始和简单具有欺骗性。人们会预期一只腹足纲动物有螺圈状的外壳；笠贝并非如此，它的锥体是扁平的。有螺圈状外壳的滨螺经常被海浪卷着四处滚动，除非它们把自己安全地 59
藏在缝隙里或岩石下。笠贝则仅需把它的锥体紧压住岩石，海水就会滑过它倾斜的轮廓，而不会把它冲走；波浪越大，它们就对岩石压得越紧。大多数腹足纲动物都有一个厣板，御敌于厣板之外，并保持体内的水分；笠贝在幼体期有一个，后来就把它丢弃了。外壳对基层适应得如此彻底，以致于已没有必要生长厣板；水分被保存在一个遍布壳内的小凹槽里，鳃就在它们自己的小海洋中呼吸，直到潮水返回。

自从亚里士多德报告“笠贝离开它们在岩石上的位置，外出觅食”，人们就已经开始记录关于它们的自然史事实。人们认为它们具有归巢的意识，并曾经对此开展广泛的讨论。据说，每一只笠

笠贝

贝都有一个“巢穴”或居所，它总是回到自己的居所。在某些类型的岩石上，会有一种可辨认的斑痕，是一处变色或者凹陷，笠贝外壳的轮廓精确地与之一致。高潮来时，笠贝从这个巢穴游荡而出进行觅食，通过齿舌的舔食动作，从岩石上刮食掉小型藻类。在进食一两个小时之后，它通过大约相同的路径返回，并安定下来等待低潮时期结束。

60 许多19世纪的博物学家曾经徒劳无功地，尝试通过实验，发现与归巢现象有关的意识，以及归巢意识所存在的器官，就像现代科学家试图找出鸟类归巢能力的物理基础。这些研究大都涉及一种普通的英国笠贝——笠螺，并且，虽然没有人可以解释这种归巢本能是如何起作用的，但似乎还没有任何人怀疑过它的确起了作用，并且具有很高的精确度。

近几年，美国科学家用统计学方法调查了这一现象，一些人断定，太平洋海滨的笠贝根本不能很好地“归巢”（还没有人对**新英格兰笠贝**的归巢做出过仔细的研究）。然而，近期其他的在加利福尼亚的研究则支持了归巢理论。休伊特博士（Dr W. G. Hewatt）用数字区别标记出了一大批笠贝和它们的巢穴。他发现，在每一次高潮时，所有的笠贝都离开巢穴，游荡大约2～3小时，接着就返回家园。它们远足的方向随着每次的潮汐而改变，但是它们总是会回到巢穴所在的地点。休伊特博士尝试着在这种动物回巢的路径上锉出一个凹槽。结果回巢的笠贝在凹槽的边缘停住，花上一阵子和这个困境对峙，但是在下一次潮汐中，它就绕过这个凹槽的边缘，接着回到巢穴。另一种笠贝被带到离其巢穴9英尺的地方，并且锉平了它外壳的边缘。接着，它被放到同样的地方。它回到了它的巢穴，但是，大概因为外壳对岩石巢穴的精确符合被锉磨所破坏了，第2天笠贝走到了大约21英尺之外，并且没有回来；在第4天，它在新的地方安了家，11天之后它消失不见了。

笠贝和其他海滨生物的关系很简单。它的生计完全依靠**作为黏滑薄膜包裹岩石的微型藻类**，或者大一点的藻类的皮层细胞。不论为哪个目的，齿舌都有其作用。笠贝搜刮岩石是如此地“刻 61
苦”，以至于人们在其胃中发现了微小的石子颗粒；当齿舌的齿在高强度使用之下发生磨损，它们会被新齿所取代，新齿从后面源源而来。对于蜂拥在水中、准备安居下来成为萌芽孢子、然后成为成体植物的藻类孢子来说，笠贝是一种天敌，因为在笠贝数量多的地方，岩石就保持着被搜刮得一干二净的状态。然而，恰恰是这一行为，为藤壶提供了一项服务，使藤壶幼虫的依附变得更加容易。的确，从笠贝的巢穴辐射出来的路径，有时被其上生长的**星状外形的幼体藤壶**所清晰地标记出来。

笠贝清掉岩石上的藻类，为藤壶幼虫能够落脚，奇妙的生物互利、互相依存的个案。

关于繁殖习性，笠贝这种简单到具有欺骗性的小腹足纲动物，似乎又一次公然违抗了精确的观测。然而，似乎可以确定，雌性笠贝并不以许多海螺的典型方式，为她的卵生出保护性的卵囊，而是直接把它们交托给大海。这是一种原始的习性，被许多较为简

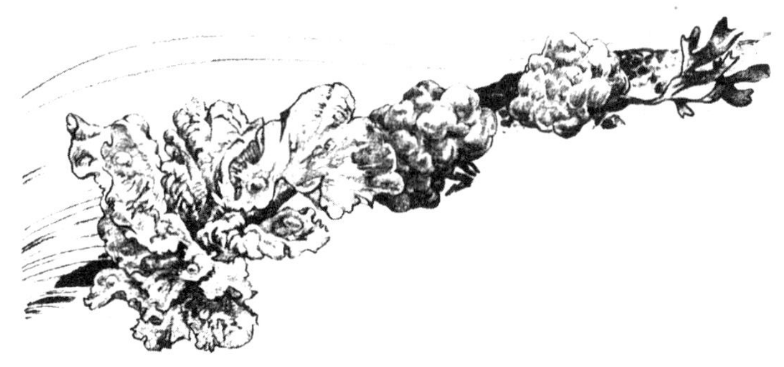

紫菜（左），海番薯（右）

单的海洋生物所遵循。人们不清楚，卵到底是在母体内受精，还是在海中漂浮时受精。初生幼虫在表层海水中漂流或者游动一段时间；存活下来的，就接着安居在岩石表面上，并从幼虫变形成为成体形态。可能所有的幼体笠贝都是雄性的，后来才变形成为雌性——在软体动物中，这种情况并不罕见。

和这个海滨的动物生命一样，海藻也无声地讲述着一个关于大浪的故事。在岬角后部，以及在大大小小海湾和内湾中，岩藻可能长到7英尺（约2米）高；而在这里的开放海滨，一株7英尺的植物就算是大型植物了。这些入侵上层岩石的海藻，通过它们稀疏且发育不良的生长，揭示了波浪大力拍打之处的“严酷生存环境”。在中间和更低的区域，一些顽强的海藻能够使自己立足稳固、数量更加充裕丰富。这些与较安静的海滨的藻类如此地不同，以致于它
62 们几乎成为了有波浪横扫的海滨的标志。这里四处都有向海洋倾斜的岩石在闪闪发光，上面有许多单株的植物（一种奇妙的海藻，紫菜）组成的薄片。它的属名是“紫菜”（porphyra），意思是“一种紫色染料”。它隶属于红藻，并且，尽管它有几种色彩的差异，但在缅因州海滨，它最常见的是偏紫的棕色，酷似从人们的雨衣上剪

下来的棕色透明的小塑料片。它的叶状体很薄，就像海莴苣，但是它还有一个双层的组织，就好像一名儿童的气球破裂了，相对的气球皮黏成了两层。在“气球”的茎处，紫菜通过一条相互交织的线组成的索带，紧紧连接着岩石——因此它独特的名字就是“脐形紫菜”。它偶尔也依附着藤壶，在极少数情况下，它长在其他藻类上面，而不是直接长在坚硬的表面上。当它在退潮时被暴露在炎热的阳光下，紫菜可能会变干，成为像纸一样易碎的一层薄片，但是海水的回归恢复了这种植物柔韧的特性，尽管看起来很脆弱，这个特性使它能够不受伤害地屈服于波浪的推拉。

在靠下更低的潮位，有另一种奇妙的海藻——小黏膜藻，也叫海番薯。它以粗糙的球状形态生长，它的表面犹如被剪得支离破碎、藕断丝连的条状叶子，形成肉质的、琥珀色的块茎，直径可能是从很小到长达一两英寸。它一般长在角叉菜的叶状体周围，或另一种海藻周围，很少（如果有的话）直接依附在岩石上。

更低层的岩石以及低潮池的内壁上，铺着厚厚的藻类。在这 63
里，红藻大致上代替了生长在更高处的棕色。红皮藻同角叉菜一道，划出了低潮池内壁的界线，这种薄而黯淡的红色叶状体呈深锯齿状，因此与人手的形状大致有些相似。微型的小叶有时偶然地依附在边缘，造成一种奇妙的“衣衫褴褛”的外表。随着海水的撤离，红皮藻压向岩石，纸一样的薄层一层叠着一层贴在岩石上。许多小的海星、海胆和贻贝生活在红皮藻里，以及角叉菜中长得深一些的地方。

红皮藻是对人类有利用价值的历史很悠久的藻类之一，它可以作为人类自己的食物，也可以作为人类的家畜的食物。根据一本关于海藻的古书，在苏格兰曾经有种说法：“吃古尔带（Guerdie）红皮藻，喝凯丁吉（Kildingie）井水好，除黑死病无奈何，大病小病都躲了。”在英国，牛很喜欢它，羊在低潮时会游荡到下面的潮间带寻找它。在苏格兰、爱尔兰和冰岛，人们用很多方式食用红皮藻，或者把它晒干，像嚼烟草一样嚼它；即使是在经常忽略这种食物的美国，也可以在一些海滨城市买到新鲜的或晒干的红皮藻。

64 在最低洼的水潭中，昆布属植物开始出现，它们的叫法多种多样：桨草（oarweeds）、魔鬼围裙、海纠缠，还有海带。昆布属植物属于褐藻纲，繁盛地生长在昏暗的深水中，以及极地的海水

红皮藻

马尾藻

中。掌状海带和这个类群的其他成员一道，生活在潮间带下面，但是它们在深池里也会越过边界，刚刚达到最低潮线的上面。它宽阔、扁平、皮质的叶状体被磨损，成为长带，它的表面光滑，犹如绸缎，它的色彩是浓烈明艳的棕色。

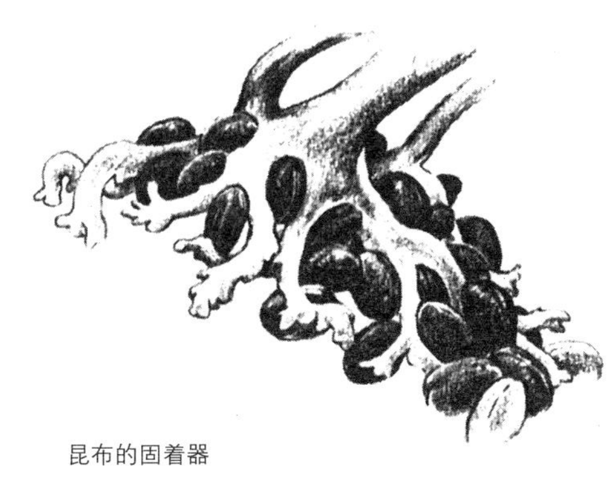

昆布的固着器

这些很深的水池中的水冷得像冰，里面充满了摇动的暗色植物。观察这样的一个水潭，就像是注视一片幽暗的森林，它们的叶子就像棕榈树的叶子一样，海带沉重的茎叶和棕榈树的树干奇妙地相像。如果一个人的手沿着这样的一个茎向下滑动，并且恰在固着器上方紧紧握住，他就能拔起这株植物，并从这一握之中，发现一个完整的微观世界。

这些昆布的固着器中的一种长得像林木的树根，长出枝条、分叉、再分叉，它的复杂性，体现了周遭咆哮奔腾的大海。在这里，像贻贝和海鞘这类浮游生物滤食者，找到了安全的依附地点。 65
小的海星和海胆，从植物组织的拱形柱体下面纷纷拥入。在夜晚饥饿地搜寻的食肉蠕虫，随着晨光返回，在凹槽处和黑暗潮湿的洞穴里，把自己盘成纠缠的结。海绵构成的垫子覆盖着海藻固着器，不断努力着悄悄从水潭中汲取水分。一天，一个苔藓虫的幼虫安居于此，建起了它极小的壳，接着建了一个又一个，直到一片结霜似的薄膜围着海藻的小根流动。在所有这些忙碌的群落之上（并且很可能还不受其影响），海带的棕色叶带翻滚而出，进入大海，这种植物过着自己的生活，尽其可能地生长、替换裂开的组织，并且在繁殖季节，送出云朵一样的生殖细胞流向水中。对于固着器这里的动

曼氏皮海鞘

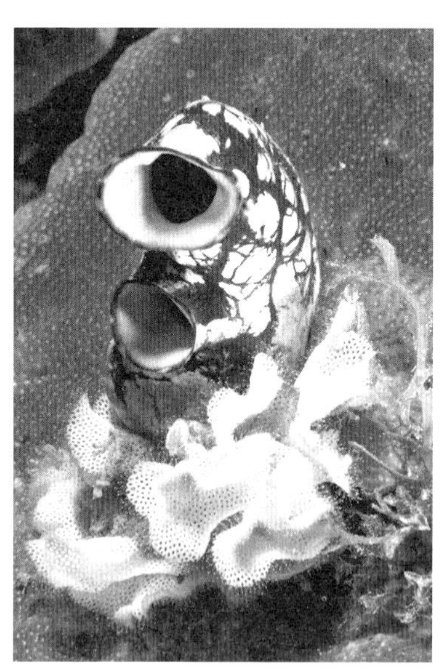

海鞘

物群来说，海带的存活就是它们的存活。当它们巍然不动时，它们的小小世界就保持完整；如果它们在一个多风暴的海洋中被波浪撕裂，一切都会七零八落，许多动物会随之灭亡。

海蛇尾是基本上总是在潮水潭海带的固着器那里生存的动物之一。这种脆弱的棘皮动物的英文名字brittle star的确名副其实，它的意思是“脆弱海星”，因为即使

海鞘

是轻柔的触摸，也可能导致它们折断一条或更多的腕。这个反应对于生活在汹涌世界的动物来说，也许是有用的，因为如果一个腕被移动的岩石压住了，它的主人可以挣断它，并（在未来）长出一个新的来。海蛇尾迅速地四处移动，它们灵活的腕不但用于运动，还用来抓捕小虫和其他微型海洋生物，并把它们送入口中。

海鳞虫也属于固着器群落。它们的身体被两排片状组织保护起来，在背后形成防御。在这些大的片状组织之下，是普通的环节动物的身体，每节的旁边都长着一簇簇突出的金色毛发。防御用的片状组织体现着一种原始性，使人想起**非常不近缘的石鳖**。海鳞虫中的一些与它们的邻居发展起了有趣的关系。有一个在英国的海鳞虫物种，总是和**掘洞动物**共存共生，尽管它们时常会更换新的同伴。当还是幼体时，它与会挖洞的海蛇尾一起生活，很可能窃取着它的食物。当年龄和体积长得大一点时，它移居到一种海参的洞穴

史氏菊海鞘

里，或移居到更加大而丰满的蠕虫（须头虫）的小管里面。

通常，固着器周围会紧紧地困着偏顶蛤属中的一个物种，这一物种有沉重的外壳，可能长达四五英寸。这种偏顶蛤只生活在深的水潭里，或者离海滨更远的海域；它从未被见于高层海滨的小一些的紫贻贝之中，并且它只出现在岩石中或岩石上面，它在那里依附得相对稳固。有时它会建造一个小巢或洞穴作为避难所，使用的是以贻贝特有的方式纺就的坚韧足丝，将卵石和贝壳碎片纠缠在丝线之中。

凿孔贝是一种在昆布属植物的固着器当中生存的很常见的蛤，一些英国作家叫它“红鼻子”，因为它有红色的虹吸管。通常，它是一种会钻孔的动物，生活在它们在石灰岩、黏土或混凝土
67 上开凿出来的凹槽中。大多数新英格兰的岩石钻起孔来过于坚硬，所以在这片海滨，这种蛤生活在珊瑚藻的甲壳里，或者海带的固着器中。据说在英国的海滨，它可以在机械很难钻孔的岩石上钻孔。并且，它做这些的时候，并没有一些钻孔动物所使用的化学分泌物这类资源，而是全凭它坚实的外壳，反复不断地进行机械性磨蚀。

凿孔贝纯靠笨力钻孔，展现出生命惊人的力量。

海带平整光滑的叶状体供养了其他群体，但比起固着器植物来说，它们没有那么丰富和多样。在浆草扁平的叶片上，以及在岩壁和岩架上，史氏菊海鞘铺展着它亮晶晶的小簇。在一片深绿色的凝胶物质上面，撒满了金色的小星星，标记出一簇簇海鞘个体的位置。每个星形的团簇可能由3～12个动物个体组成，从中心点辐射

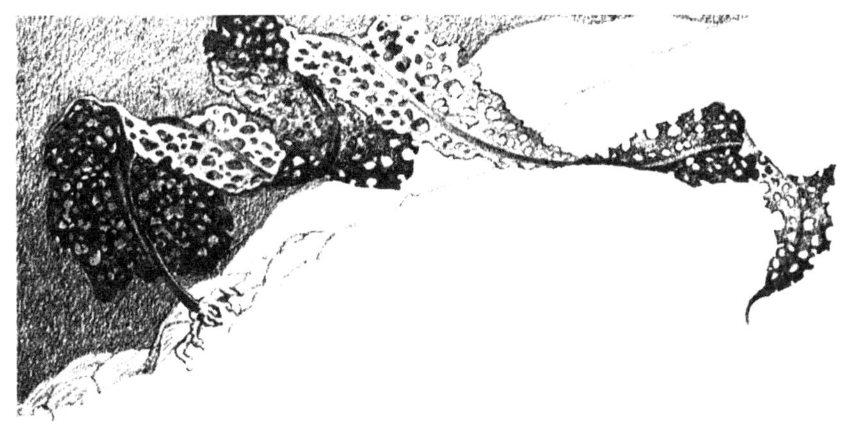

孔叶褐藻（sea colander）

出来；许多团簇来到一起，组成了这个连绵不断、有外壳包裹的小簇，可能有6～8英寸（15～20厘米）长。

在菊海鞘美丽的表面之下，是复杂得不可思议的结构和功能。每一颗星形上，都造成了海水的小小扰动——星形的每个角都有一股小水流被引下来，被引入一个小开口。一股更湍急的、向外的水流从聚群的中心冒出来。被引入的水流带来它们食用的生物和氧气，向外流的水流带走这个群体新陈代谢所产生的垃圾。

乍看起来，菊海鞘群落的复杂性可能不及结壳海绵的小簇。
但是，事实上，组成这个群落的每一只个体，都是一个有高度组织 68
的生物，在结构上几乎和的独居的海鞘完全相同，比如大量发现于码头和防潮堤的乳突皮海鞘（sea grape, *Molgula manhattensis*）和玻璃海鞘（sea vase，*ciona intestinalis*）。但是，菊海鞘个体只有1/16～1/8英寸（约1.5～3毫米）那么长。

这些整个整个的群落，每一个也许都是由几百个星形小簇组成的（所以可能有1000个或者更多的个体），它们可能都来自仅仅一颗受精卵。在母群落中，卵子早在夏季就形成、受精，并在留在母体组织里时开始它们的生长。（每一只菊海鞘个体都既产生卵子又产生精子，但是，由于两者在每一只动物体内的成熟时间不一样，这就确保了异体受精，精子在海水中被带来，并随着水流一道被引进来。）不久，母体排放出形状像蝌蚪的微型幼虫，生有长长的、会游泳的尾巴。这样的一只幼虫漂流着游动大约一两个小时，接着在某个岩架或海藻上安居，并使自己稳固起来。尾巴的组织很快就被吸收了，所有游泳能力的迹象也消失了。两天之内，心脏开始以奇妙的被囊类动物的节奏跳动——先使血液流向一个方向，短暂停顿，接着逆转血流的方向。在将近两周之后，这个小小的个体已经完全形成了它自己的身体，并萌芽出另外的个体。这些又萌芽
69 出另外的个体。每一个新生命都有自己单独的开口来引入海水，但也都和一个中央出口保持连接，用来流出垃圾。当个体们聚集在一起时，这个公共开口处就变得过于拥挤，一个或更多的刚成形的芽体就被挤到凝胶组织周围的小簇里去，它们在那里创造新的星形小

有“翅膀”的海带——翅藻

簇。群落就通过这种方式扩展。

潮间带有时被一种深水的昆布属植物入侵，即孔叶褐藻（sea colander）。它们是那些北冰洋的冷水中繁荣生长的棕色海藻的代表，从格陵兰岛南下而来，远达科德角。它有时会生长在墨角藻和马尾藻的近旁，但其外表与这两者截然不同。它们宽阔的叶状体被刺出无数的穿孔；它们幼体植物的圆锥乳突就预示了这些穿孔的位置；后来圆锥乳突挣脱、破裂，形成这些穿孔。

在最低的水潭的边缘之外，生长在向深水陡然倾斜的岩壁上的，是另一种昆布属海藻——翅藻（有“翅膀”的海带），在英国叫做默林。它长且有褶边的流线型叶状体随着每次大浪而升起，又随着海水倾泻向海而落下。能育的羽片（生殖细胞在这里成熟）诞生于叶状体的基部，因为，在一种以如此程度暴露于剧烈海浪的植物中，这个位置比叶片顶端更加安全（岩藻生活在海滨更高层的地方，没有遭受那么多剧烈的波浪运动，所以其生殖细胞形成于叶状体的顶端）。几乎比所有其他海藻更甚，翅藻是一种适应于波浪的 70
持续冲击的植物。站在安全立足处的最边缘，人们可以看到它的深色带子向外流入海水，被拖拽、抛掷和重击着。大一些、老一些的植物变得破损磨旧，叶片的边缘分离出去，或者中脉的顶端被磨掉。通过这样的让步，这种植物挽救了它固着器免遭受某些损伤。它的叶柄可以承受相当巨大的拉力，但是剧烈的风暴还是撕扯掉了很多植株。

更加往下，有时人们可以在有些地方瞥到一眼黑暗神秘的海带森林，它们朝水深处而下。有时，这些巨大的海带在一场风暴过后被掷上海岸。它们有坚硬强健的叶柄，叶状体的长带从这里延伸出去。这是糖昆布，又叫糖海带，学名*Laminaria saccharma*，有长达4英尺长的叶柄，支持着一个相对狭窄的叶状体（6～18英尺），它可能向外延伸，并向上多达30英尺进入大海。边缘有许多褶，一种粉状的白色物质（甘露醇，一种糖）在干掉的叶状体上形成。一种昆布——长股褐藻（*Laminaria longicruris*）有着可以和小树树干相较的茎干，有6～12英尺长。叶状体达到3英尺宽，20英尺长。

糖昆布和长股褐藻矗立于此，以它们自己的方式，成为大西洋中对应太平洋巨大的海底丛林的植被，那里的海带像巨大的林木一样高耸着，从海底长到海面，高达150英尺。

在所有的岩相海岸上，这块恰好位于低潮位之下一点的昆布区域，是大海最不为人所知的地区之一。我们对这里一整年都生活着什么知之甚少。我们不知道，一些冬季消失在潮间带的形态，会不会只是下移到了这个区域。而且，我们认为在某个特定地区已经绝迹的一些物种，可能由于温度的变化，下移到了昆布林之中。这
71 里大部分时间都有剧烈的海浪激荡破碎，很明显，很难在这个区域开展探索。不过，与英国生物学家基钦（J. A. Kitching）一起工作的戴盔潜水员探索了苏格兰西海岸一个这样的海域。在被翅藻和掌状海带占领的地区之下，从大约低于低水位2英浔[1]以及更低的地方，潜水员穿行在茂密的大昆布林中。从直立的叶柄上，一个巨大的叶状体华盖在它们的头顶延伸。尽管有灿烂阳光照在海面上，但当潜水员奋力穿行于这片森林时，仍几乎是处在黑暗之中。在低于大潮低水位3～6英浔之间，森林变得开阔，人们就可以不必那么艰难地穿行于这些植物中。在那里，光线更明亮，透过模糊的海水，他们可以看到这个更加开阔的“林园”，沿着倾斜的海底向远方更深处延伸。在昆布属植物的固着器和叶柄中，就像在陆生的森林里的树根和树干中一样，有一片茂密的林下植物——这里的是由各种红藻组成的。并且，就像林木底下有小啮齿类动物以及其他生物的

[1] 英浔（fathom），海洋测量中的深度单位。1 英浔 =2 码 =6 英尺 =72 英寸 =1.8288 米 =182.88 厘米。——编辑注

巢穴和小道一样，在巨大海藻的固着器上面和中间，生活着一个多种多样且数量丰富的动物群。

平静一些的海水得到保护，免于暴露型海岸的剧烈海浪，在那里，海藻主导着海岸，占据着每一英寸空间，那里潮涨潮落的环境容许它们存在，并且它们单凭大量繁茂的生长之力，逼着其他海滨居民适应它们的生活模式。

尽管不论海滨是开放的还是隐蔽的，都有同样的生命带延伸在潮线之间，但是在它们相应的发展中，这两种类型的海岸上的区域差别非常大。

在高潮线之上没有什么变化，而在海湾和入海口的海岸，就像其他地方，微型植物黑化了岩石，笠贝爬下来试探性地接近大
海。在大潮的高潮线之下，先驱藤壶偶尔留下白色条带的痕迹， 72
在此地只做象征性的占领；而如果是在开放性海滨，它们则占据统治地位。少数滨螺在高层的岩石上牧食。但是在受保护的海滨，由半月时的潮汐划出界线的整个海岸地带，被摇动的海底森林占据，对波浪的运动以及潮汐流非常敏感。构成森林的树木是叫岩藻或者大叶藻的大型海藻，外形粗重，质地如橡胶。在这里，所有其他生命都被置于它们的庇护之下——对于小生命来说，这一处庇护所环境非常舒适，小生命们需要被保护免于接触干燥的空气、雨水、还有流动的潮水和汹涌澎湃的波浪，所以这些海岸的
生命丰富得不可思议。 73

当被大潮覆盖时，岩藻笔直站立，带着从海中借来的生命力坚挺地摇摆着。接着，对于直立在涨潮的边缘的一株来说，它们存在的唯一标志，可能就是在离岸很近的海水上分散的深色斑点，那里岩藻的顶端向上触到水面。在这些漂浮的顶层之下，有小鱼在游动穿行于海藻间，像小鸟飞过森林，海蜗牛沿着叶状体爬行，蟹类爬过这些飘摇植物的一个又一个枝杈。这是一处绝妙的丛林，就像

能站起来又会躺下的森林。

路易斯·卡罗尔（Lewis Carroll）笔下描述得那样的疯狂——因为，可有什么正常的丛林，会在每24小时中两次下垂得越来越低，最终匍匐而卧数小时，就只为了又一次挺立起来吗？然而，这正是岩藻丛林所为的。当潮水从倾斜的岩石上撤去时，当它留下潮水潭的微型海洋时，岩藻平躺在水平的表面，浸湿的橡胶质感的叶状体一层叠着一层。从陡峭的岩石表面，它们像一个沉重的帘子一样悬挂着，保持着海水的湿润，在它们的保护性覆盖之下，没有什么会变干。

白天，阳光滤过岩藻丛林到达这一层时，就只剩下一块块闪动的带阴影斑点的金色；到了晚上，月光在森林之上铺开了一片银色的顶——这个顶被流动的潮水加上条纹、为之破裂；在它之下，岩藻的深色叶状体在一个有阴影晃动的独特世界摇摆着。

但是，海底森林的时间流逝，不被光亮和暗夜轮换所标示，而是被潮汐涨落的节奏所左右。它的生命被海水的来或去所统治；潮起潮落，而不是黄昏的降临或破晓的到来，给它们的世界带来了改造性的变化。

随着潮水的降落，海藻的顶端缺乏支撑，横穿海面水平地漂
74 浮。接着，云一般的阴影变深了，一种深沉的阴暗降落在森林的地面上。随着覆盖的水层变薄并逐渐流干，还在搅动的海藻仍然对潮汐的每次波动很敏感，漂流到离岩床更近的地方，最终匍匐倒卧在上面，它们的一切生命和运动都停顿下来。

到了白天，一次平静的间隙降临在这片土地的丛林上，那时捕猎者躺在它们的巢穴里，弱小者和迟缓者躲避着日光；所以在海滨，每次退潮之后，是一段平静的等待。

藤壶收拢它们的网，并摇合那两扇门户，把干燥空气关在外面、把海水的湿润留在里面。贻贝和蛤类收回它们用来取食的小管或虹吸管，并合上它们的壳。偶尔几处有一种海星，在上一次高潮

时从下面入侵森林，并且不小心地滞留于此，仍然用它蜿蜒的腕夹着一只贻贝，用几十只末端长着吸盘的纤细的管足紧紧握住外壳。行进在齐水平线高的海藻叶状体下面或其中，就像一个人在被风暴刮倒的树林中艰难地开出道路，一些蟹类很活跃地挖掘着它们倾斜的小凹槽，挖出埋在泥里的蛤。接着，它们用步足的肢尖拿住蛤，用利钳夹碎其外壳。

少数捕猎者和食腐动物是从上层的潮浸区下来的。一种潮水潭里裹着灰色的小昆虫，即亚跳虫，从海岸高层游荡而下并疾走过岩石床，用张开的壳捕猎贻贝、死鱼或海鸥留下的蟹类残渣。乌鸦在海藻上漫步；它们把海藻一条条理顺，直到它们发现一颗藏在海藻中的，或者紧紧依附在一块盖着湿润藻类的岩石上的滨螺。接着，乌鸦用一只脚的强壮的脚趾拿住外壳，同时用它的喙灵巧地取出软体。

返回的潮汐的冲力一开始拍打得很轻微。潮水在6个小时中上 75
涨到高潮线，但在涨潮的开始，上涨很缓慢，所以在2小时之内，潮间带只被覆盖了1/4。接着，潮水的速度加快。在接下来的2小时里，潮流更加有力，上涨的潮水前进了第一段时期的两倍远；接着，潮汐的速度又一次迟缓下来，悠闲地在上层海岸前进。岩藻覆盖着海岸的中间地带，这里比起它上层相对裸露的海岸接受到更大的波浪冲击，但是岩藻的缓冲作用如此之大，以至于依附它们、或生活在它们下面的岩石床上的动物，受到的海浪的影响远远小于高层岩石上的动物，也远小于海浪迅速冲上中部海滩、击碎回流海水之处的动物所经受的沉重拖拽的影响。

黑暗给这片土地上的丛林带来生机，但是岩藻丛林的夜晚是涨潮的时间，那时水流在大片的海藻下面涌入，搅乱这片森林的所有居民，剥夺它们在低潮时的宁静。

当开阔海的海水涌入海藻森林的地面，阴影又一次在藤壶象

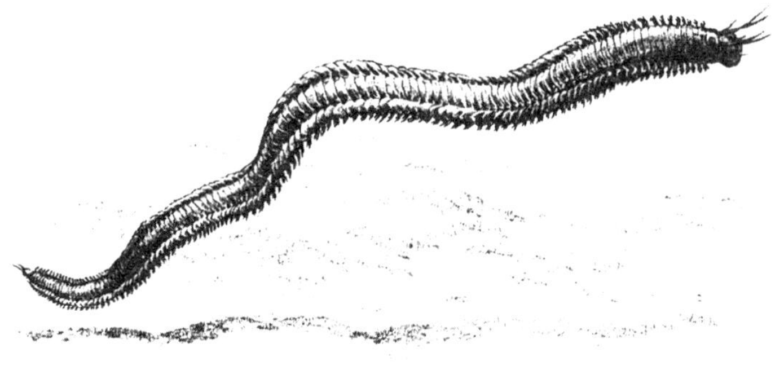

沙蚕

牙色的锥体群落上面掠过，同时，几乎看不见的网向外伸出来，收集潮汐带来的东西。蛤蜊和贻贝的外壳又一次微微张开，小的海水漩涡被引来，汇集流入这种贝类复杂的滤水机器里的所有海洋植物，都是它们的食物。

76 沙蚕从泥泞中露出，并游向其他捕猎场所；如果它们要到达这些地方，就必须躲避随潮水而来的鱼类，因为在高潮中，岩藻森林与大海和它饥饿的捕食者融为一体。

小虾在森林开阔的地方穿行着闪进闪出；它们寻找着小甲壳纲动物、幼鱼或者微小的毛足虫，但它们反过来也被随之而来的鱼追赶。海星从海岸下层巨大的皱波角叉藻草甸中向上游动，捕猎生活在森林地面上的贻贝。

乌鸦和海鸥被赶出了潮津区。那种灰色的、丝绒包裹的小昆虫向上游到海岸，或者找一个安全的缝隙，把自己包裹在一块闪亮的空气毯子里，等待退潮的到来。

创造了这片潮间带森林的岩藻，是地球上一些最古老的植物的后代。它们和下层海岸巨大的海带一起，属于褐藻这一类群——褐藻们的叶绿素被其他色素所掩盖。褐藻的希腊名称 *phaeophyceae*

意思是“暗淡的或朦胧的植物”。根据一些理论，它们从远古时代就已经兴起，当时地球仍被包裹在厚重的阴云中，仅被微暗的阳光照亮。即使在今天，褐藻仍生长在昏暗朦胧的地方——深深的海底斜坡，那里巨大的海带形成阴暗丛林，深色的岩架，那里浆草伸出它们长长的带状叶子，飘向潮水之中。生长在潮线之间的岩藻在北部的海岸也是这样，常有阴云和雾气光临。它们偶尔入侵阳光普照的回归线地带，伴随在深水的保护性外衣之下。

褐藻可能是第一类向海滨“殖民”的海洋植物。它们学会了调节自身，以适应在被强烈潮汐席卷的古老海滨“浸入水中”与“暴露在外”的时段交替；它们尽可能地接近了陆地，但事实上没有离开潮间带。 77

现在的岩藻之一，欧洲海滨的沟鹿角菜（channeled wrack），生活在潮间带最上方的边缘。在有些地方，它与海洋唯一的联系就是偶尔被飞沫沾湿一次。在阳光和空气中，它的叶状体变得更黑更脆，以至于人们会觉得它肯定死掉了，但是随着海水的回归，它就

螺旋墨角藻

恢复了正常的颜色和质感。

沟鹿角菜不生长在美国的大西洋海岸，但是有一种近缘的植物，即螺旋墨角藻（sprial wrack，学名*Fucus spiralis*），几乎来自同样遥远的海洋。这是一种长得很低的海藻，它的短而茁壮的叶状体末端肿胀，质感粗糙。它长得最旺盛的地方，是在小潮的低水位线之上，所以，在所有岩藻之中，它生活得离近岸最近，或者离暴露岩架的水位线最近。尽管它的生命有将近四分之三都是在水外度过的，但它仍然是货真价实的海藻，而它在高层海岸的橙棕色斑块，标志着大海的门槛。

但是，这些植物只是位于潮间带森林的遥远边缘，构成潮间带森林的，几乎完全是另外两种海藻——泡叶藻和墨角藻。二者都
78 是海浪力量的敏感指示生物。泡叶藻只能够繁盛地生活在免遭大浪冲击的海岸，并且是这种地方的主要海藻。在后方的海岬，海湾和潮汐河的岸边，那里的海浪和潮水涌浪由于远离开阔的大海而被减轻，泡叶藻可能比最高的人长得还高，虽然它的叶状体和稻草一样纤细。被遮蔽水域涨潮时的长浪，对它富有弹性的线状叶子没有太大的拉力。主要的叶柄或叶状体上的肿胀或小囊，含有氧气以及其他由这个植物分泌的气体；这些在这种海藻被潮水覆盖的时候，起着浮标的作用。墨角藻有更强的拉力，所以能够承受中等强度海浪急剧的牵引和拉伸。虽然它比泡叶藻短得多，它仍然也需要气囊的帮助来在水中立起。这个物种的气囊是成对的，每对中有一个在强壮的中脉的一边；然而，在植物受制于海浪的冲击的地方，或者当它们生长在潮汐区的较低层时，这些气囊也许不能发育。在一些季节，这种海藻枝杈的末端肿胀成球茎状、近乎心形的结构；生殖细胞从这里面释放出来。

海藻没有根，而是通过它们一个扁平的、碟片状的组织的扩展部分，抓牢岩石。就好像每一种海藻的基部融化了一部分，在岩

石上摊开，然后固化，由此创造了一个结合体，它是如此坚固，以至于只有狂风暴雨大作的雷鸣般的大海，或者海岸冰的刮磨，才能撕烂这种植物。海藻不像陆地植物，需要根来吸收土壤中的矿物，因为它们几乎一直沐浴着海水，所以就生活在一种**有它们生命所需的全部矿物质的溶液**里。它们也不需要坚硬的茎或干来支持（陆地植物依靠茎干以向上伸向阳光）——它们只需把自己交给海水。所以，它们的结构很简单——只有一个分支出去的叶状体，从固着器向上扬起，没有根、茎、叶的划分。 79

看着这些倒伏的低潮线岩藻森林用多层的毯子覆盖着海岸，人们可能会猜测这些植物一定是从每一寸可及的岩石表面生长出的。但是，实际上，当这片森林随着涨潮立起并活跃起来，它是相当空旷的，并分布着零星的空地。我自己在缅因州的海岸，潮汐在一片宽广的潮间带岩石上起落，泡叶藻在小潮的高低水位线之间铺开它深色的毯子，在每株植物的固着器周围的暴露岩石地区，有时候直径长达1英尺。在这样的一片空地中间，这种植物扬起来，它的叶状体一再地分支，直到上层的枝杈向外伸出，有几英尺的方圆。

远在下方，在随着经过的波浪的起伏摇摆的叶状体的基部，这些岩石染着鲜艳的色彩，被海洋植物的活动涂上深红色和翠绿色，它们如此微小，以致即使有数千个，看起来也只像是岩石的一部分，表面焕发着内秀其中的宝石般色彩。那些绿色小块是一种绿藻。单株的植物如此之小，所以只有高倍数的透镜才能揭示出它们的身份——就像单独的草叶，迷失在大片苍翠的草甸中，迷失在由这一片创造的延伸的青葱色斑中。在这片绿色之中，有其他许多片浓艳且茂密生长的红色，并且这片生长物也不能和矿物底层分离。它是一种红藻生物，这种形态分泌石灰质，成为薄而紧附岩石的壳。

靠着这色彩明艳的背景，藤壶以鲜明的独特性脱颖而出，清澈海水像液态玻璃一样涌入这片森林，藤壶们的卷须摇进摇出——伸出、抓握、缩回，从涌入的潮水中带走我们肉眼看不见的微小粒子状生物。在小块的环绕着波浪的巨石基部周围，贻贝像锚一样倒卧着，由它们自己的组织纺出的闪亮丝线抓握着岩石基部。它们成对的蓝色外壳略微张开，两者之间显露出淡淡的棕色组织，边缘
80 有沟纹。

这片森林的有些部分就没有那么空旷了。在这些地方，岩藻丛在一块短小的草皮或林下植物（主要包含角叉菜的扁平叶状体，有时还有另一种有土耳其毯质感的深色植物小簇）上耸立着。就像一座兰花丛生的热带雨林一样，这片海洋森林也在附生植物草皮上长着与之对应的气生植物，即生长于泡叶菜叶状体上的一种红藻。多管藻属似乎丢失了——或者它从未有过——直接依附岩石的能力，以使它深红色的精巧分支的叶状体团块紧附海藻，支撑着向上探出身形。

在岩石之间和松散的巨石之下的地区，一种既不是沙、也不是泥的物质在累积着。它包含着微小的、被海水打磨过的海洋生物的残骸碎片——贻贝的壳、海胆的刺、海螺的厣板。蛤类生活在这种袋状的柔软物质里，它们向下深挖，直到连它们的虹吸管的最上端都被埋起来为止。在蛤类周围，泥土由于纽虫而充满生机，它们像线一样细，颜色猩红，每一只都是一个猎手，搜寻着微小的毛足虫和其他猎物。这里还生活着沙蚕，因为优雅和美丽的彩虹之色，而被赋予了一位海仙女的拉丁名字。沙蚕是活跃的捕食者，在夜晚离开它们的洞穴搜寻小虫、甲壳纲动物和其他猎物。在幽暗的月光下，某些物种结成巨大的产卵群体，聚集在水面。有一些奇妙的传说和它们联系在一起。在新英格兰，被称做蛤虫的沙蚕幼虫，常常躲避在蛤类的空壳里。于是，惯于这样寻获它的渔民，就认为它是蛤的雄体。

拇指甲大小的蟹类生活在海藻里，并来到下面这些地区，以 81
进行捕猎。它们是幼体的绿蟹；成体生活在这片海岸的潮线下面，除了当它们来到海藻的遮蔽之下蜕皮的时候。幼体的蟹类寻找着袋状泥土，挖出小坑，并寻找这和自己大小差不多的蛤类。

蛤类、蟹类和蠕虫是一个生命相关联的动物群落的一部分。蟹类和蠕虫是活跃的捕食者，相当于猛兽。蛤类、贻贝和藤壶是浮游植物取食者，它们之所以能够过上“守株待兔”式的固定附着生活，是因为每次潮汐带来它们的食物。由于永恒不变的自然法则，

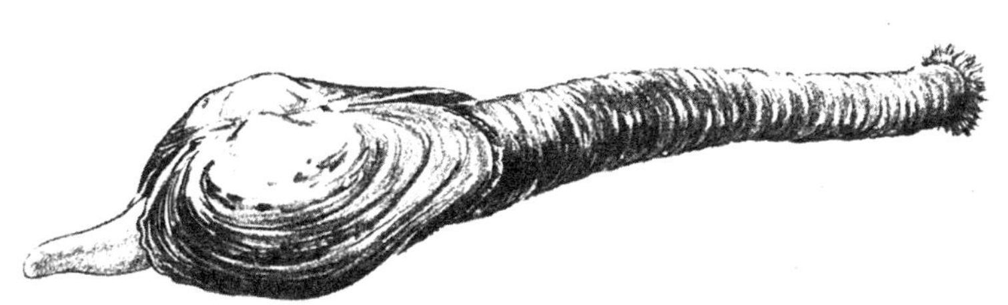

象鼻蚌

绿蟹取食蛤类

沙蚕

浮游植物摄食者团体的个体数量，要远远多于捕食它们的天敌的数量。除了蛤类和其他大的物种，岩藻还庇护着数千种小生物，它们都有设计不同的滤水装置，忙着滤出每次潮汐带来的浮游植物。例如，有一种有羽毛的小蠕虫，叫做螺旋虫。第一次见到它时，人们肯定会说它不是虫类，而是一种海螺，因为它是个小管建造者，学会了一些“化工技术”，使之能在自己周围分泌钙质的壳或小管。这种小管比大头针帽大不了多少，并且
82 紧密盘绕成一支扁平的粉笔白的螺旋，它的形态使人猛然想起一些陆生螺类。这种蠕虫永久性居住在小管里，小管与海藻或岩石胶合，时不时地伸出它的头，通过它触须冠的纤细丝线滤出动物作为食物。这些精致巧妙的薄膜状触须不只是作为陷阱来缠住食物，还能作为鳃来呼吸。在它们之中，有一种像高脚杯一样的结构：当这种蠕虫撤回它的小管时，这个高脚杯或厣板关闭开口，就像一扇镶嵌整齐的活的盖板。

管虫成功地在潮间带生活了千百万年，这一事实证明了它们合理地调整了生活方式，这一方面是适应了周围岩藻世界内的环境，另一方面是适应了（与地球、月球和太阳的运动相联系的）多变的潮汐节奏。

在小管最底部的线圈上有小串的珠子被包裹在玻璃纸里——或者它们显现出来。一串里有大约20粒珠子。这些珠子是正在发育的卵。当胚胎发育成了幼虫，玻璃纸膜破裂，幼体就被送向前面的大海。通过把胚期保留在母体内部的小管里，螺旋虫保护它的幼体不受天敌侵害，并且保证了初生的蠕虫会在它们准备好定居的
83 时候处在潮间带。它们活跃游泳的时段很短——只有大

螺旋虫盘绕在海藻上的小管

约1小时，并且被很好地控制在潮水一次单独的上升或下降之内。

它们是有明亮眼点的粗矮的小生物；也许幼虫的眼睛曾经协助在依附时选定一个地点，但是无论如何，它们在幼虫定居之后很快退化了。

在实验室里的显微镜之下，我观察过幼虫忙碌地游来游去，它们所有的小刺毛"飕飕"地拔动，接着，有时会潜到玻璃器皿底部来用头撞击它。这些初生的管虫是怎样选择它们祖先所选择的同样类型的地方定居的呢？显然，它们进行了许多尝试，相对于粗糙表面，它们更偏爱光滑的表面，并且显示出一种强烈的群集性本能，这导致它们根据偏好定居在它们同种的其他动物已经立足的地方。这些偏好有利于使管虫停留在它们相对有限制的世界里。还有一种反应，不是对熟悉的周边，而是对天体的力量。在两周一次的半月，一批卵被受精并被带入育幼室，开始它的发育。与此同时，在上两周被准备好的幼虫被排入大海。这种在与月相精确同步的时机释放幼体，总是发生在小潮时，那时潮水的涨落幅度都不是太大，并且，即便是对于这么小的一种生物，留在岩藻地区的机会也是很大的。

滨螺族的海螺栖息于高潮时海藻上层的枝杈上，或者当潮水退去时躲避在它们下面。它们形状圆滑、上端扁平、呈橘色、黄色、橄榄绿色的壳使人想到岩藻的子实体，也许这种相似是有保护性的。不像粗糙滨螺，光滑滨螺仍然是一种海洋动物；当潮水退走后，海藻潮湿且滴水的叶状体提供光滑滨螺所需要的咸度和湿度。它通过搜刮藻类的皮层细胞维持生计，而很少（如果有过）像近缘
84 的物种所做的那样——下降到岩石上取食表面的生物薄层。即使在产卵习惯的方面，光滑滨螺都是岩藻中的生物。没有向大海排卵，也没有幼体在水流中的漂流。它生命的一切阶段都在岩藻中度过——除此以外，它不知道别的家园。

出于对这种数量众多的海螺的**早期阶段**的好奇，我在夏季的低潮时，来到了海滨之下、我自家附近的岩藻森林来寻找它们。我整理倒伏的海藻，仔细检查它长长的叶状体，寻找我的目标迹象，偶尔会得到奖励——发现一种像硬果冻的透明团块紧紧依附着叶状体。它们平均大概有1/4英寸长，宽度是这的一半。在每个团块里我都能看见卵，圆如气泡，几十个卵嵌入狭小的母体中。在我放到显微镜下的这样的一个卵的团块中，每粒卵的细胞膜中都含有正在发育的胚胎。它们是早期的软体动物，但是彼此之间是如此地未分化，所以我不能断言显微镜头下面躺卧的是什么软体动物的幼体。在它们故土的冷水中，从卵到孵化阶段之间大约会有1个月，但是在实验室更暖的温度里，发育中余下的几天被缩短为几个小时。在接下来的几天中，每颗球状的卵都包含了一个极小的滨螺幼体，它的壳完全形成了，显然准备好露出头来，并在岩石上开始它的生活。我很好奇，在海藻在潮水中摇摆、偶尔还有风暴带来波浪冲击的整个海滨，它们是怎么拥有一席之地的？在夏季的晚些时候，至

少得到了一个部分的解答。我注意到，许多海藻的气囊被钻出了小孔，就好像它们被某些动物咀嚼或刺穿了。我仔细地撕裂了一些这种气囊，以便能够看到里面。在那里，安全地呆在一间有绿色墙壁的小室里的，是光滑滨螺的幼体——2～6只个体，共同躲在一个单独的气囊里，以同样的方式躲避风暴和敌人。

水螅型棒螅（clava）

在临近小潮的低水位线之下，在球形褐藻和囊褐藻的叶状体 85
上，水螅型的棒螅铺开一块块丝绒。就像植物立在根丛上一样，从这个依附点上耸起，其每簇管状动物看起来恰似一枝淡色的花，颜色从粉色渐变为玫瑰色，边上装饰着花瓣一样的触须，这些全都在水流中摆动，正如林地中的花在微风中摆动。但是，这些摇摆动作是有目的的，水螅虫通过这些动作触入水流觅食。水螅虫以它们这种方式，表现出“贪婪的丛林小野兽”的面目，它们所有的触须都镶嵌有一批刺细胞，可以像毒箭一样被射入它的受害者。在它们永不间断的运动中，当这些触须接触到一种小甲壳纲动物、或蠕虫、或一些海洋生物的幼虫时，一阵雨一般的毒箭刺针就被释放出来；猎物被麻痹、抓住，并被触须送到嘴里。

这些现在海藻上建立起来的群落，每一块都来自一种曾经定居于此的游动的小幼虫，它们摇动用来游泳的毛茸茸的纤毛，使自己依附，并开始延长，成为一株株小植物一样的生物。在它没有固定的一端形成了一个触须冠。适时的，从这种管状生物的基部，一种看起来像根或匍匐枝的东西开始蔓延在岩藻上，萌芽出新的小管，每一只都有完整的嘴和触须。所以，这个群落所有为数众多的
86 个体，都来源于一颗产生漫游幼虫的单一受精卵。

在繁殖季，这种植物一样的水螅虫必须繁殖，但是它们的繁殖方式很奇怪——它自己不能产生出**可以发育出新幼虫的生殖细胞**，只能通过出芽无性繁殖。所以，腔肠动物类群的成员中（水螅虫属于这一类群）一次又一次地被发现进行奇妙的世代更替，在这种更替中，没有一只个体会产生长得像自己的后代，但是每一只都长得像祖父母一代。恰在一只棒螅个体的触须之下，新一代的芽体被生产出来——介于多种水螅虫集群之间的交替的一代。它们是悬垂的小群，形状就像浆果。在一些物种中，这些“浆果”，或者水母芽，会掉出母体并游走——它们是极小的、钟形的小东西，就像微型海蜇。然而，棒螅并不释放它的水母体，而是与它们保持连接。粉色的芽体是雄性的水母体，紫色的是雌性。当它们成熟了，每一个都使它的卵子或精子流向大海。当受精之后，卵子开始分裂，通过它们的发育，产生出原生质体的线状幼虫，它们游过未知的水域，去到远方创建殖民地。

在仲夏的许多日子里，涌入的潮汐带来了乳白色圆形形态的海月水母。它们中的大多数都很虚弱，这种状态会伴随它们走完生命历程；它们的组织会被最轻微的湍流所撕裂，并且，当潮水将它们带进岩藻丛中、然后潮水退出、藻丛中就会留下它们——像皱巴巴的玻璃纸一样的东西，它们很少能活到下一次潮水的来临。

它们每年都来，有时候一次只有一点点，有时候数量巨大。向海岸漂流着，它们无声地接近，甚至连鸣叫的海鸟都没有搭理它们，海鸟对海蜇这种食物不感兴趣，因为海蜇的组织主要是水。

87 在夏季的大部分时间，它们在近海漂流着，在水中闪着白

色，有时在两股洋流交汇的线上聚集着几百只，在那里它们顺着不这样就无法看见的边界，沿着海中蜿蜒的路线前进。但是秋季在即，临近生命的尽头时，海月水母对潮流不再抵抗，几乎每次涨潮都把它们带到海滨。在这个季节里，成体携带着正在发育的幼虫，用悬挂在盘窝的下表面的瓣状组织盛着它们。幼体时梨形的小生物；当它们最终被从母体摇下来时（或者由于母体搁浅在海岸上而被解放），它们在浅水中游来游去，它们有时一起结成大群。最终它们去往海底，每一只都通过在它游泳时**最重要的一端**依附到海底。海月水母的这个**奇特的孩子**在冬季的风暴中存活下来——这是一株极小的、像植物一样的生长物，约有1/8英寸（0.32厘米）高，并有长长的触须。接着，缢痕开始包裹它的身体，这样它

海月水母的冬季阶段，萌芽出幼体水母

海月水母

开始变得像一叠小圆碟。在春季，这些“小圆碟”一只接着一只地解放自己并游走，每一只都是一只极小的海蜇，完成了世代的交替。在科德角的北部，这些幼体到六月就达到了6～10英寸的外径；它们在七月底或八月成熟并产生出卵细胞和精细胞；在八月和
88 九月，它们开始产生出幼体，这些幼体将会成为依附的一代。在十月底，这个季节的所有海蜇都被风暴摧毁了，但是它们的后代存活下来，依附着临近低潮线的岩石，或者附近近海的海底。

如果说海月水母是近海水域的标志，很少远离海岸超过几英里的话，巨大的红水母（即霞水母）就是另一种情况了，它周期性地侵入海湾和海港，把绿色的浅水和远方明亮的开阔海域连在一起。在离岸100英里（60.9千米）或更远的渔场里，人们也许能看见，在它懒懒地游动时，它巨大的身体在海面漂流着，它的触手有时候可以拖50英尺或者更远。这些触须对于在它们的路径上的几乎所有动物甚至人类都意味着危险，它刺蛰的力量就是这么强大！但是幼体的鳕鱼、黑线鳕、有时还有其他鱼类把这种巨型海蜇当作“保姆”，在这种大型生物的保护之下，穿过无处藏身的大海，并且以某种方法，不受这些荨麻一样的触手的刺蛰所伤害。

巨大的红水母（北极霞水母）

像海月属水母一样，这种红水母是只在夏季的海洋出现的动物，秋季的风暴带来它生命的终结。它的后代

是越冬的，像植物，复制着海月水母生命史的几乎所有细节。在不到200英尺深的海底（一般比这浅得多），半英寸的小束活组织体现着巨大红水母的遗产。它们能在更大的夏季成体无法承受的寒冷和风暴中存活；当春季的温暖开始驱散冬季海洋的冰冷时，它们 89
会萌芽出极小的圆片，它们通过某些难以解释的发育魔法，在一个季节里就长成了成体水母。

随着潮水退到岩藻之下，大海边缘的海浪冲刷着贻贝之城。这里，在潮间带的低层地段，这些蓝黑色的外壳在岩石上形成了一层活的铠甲。它们覆盖得如此密集，质感和成分是如此统一，以至 90
于人们通常认为这些是岩石，而不是活着的动物。在一个地方，这些数量多得无法想象的贻贝还不到1/4英寸（0.64厘米）长；在另一个地方，这些贻贝可能有这的几倍大。但是它们总是如此紧密地挤在一起，一个挨着一个，这样就很难看出，它们中的任何一个能怎样把外壳张开得足够大，来接收带来食物的水流。每一英寸，每一丁点儿的地方，都被这种活生物接管了，其存活依靠的是在这片岩质海岸上取得一席之地。

这个拥挤的集群中的每个贻贝个体的存在，都证明了它无意识的、幼稚的企图所取得的成就；一种**生之意愿**的表达，体现在微小的透明幼体里，它曾经在大海中随波漂流，寻找它自己坚实的小块地面来实现依附，否则就会死去。

这种随波漂流的发生规模非常庞大。沿着美洲大西洋海岸，贻贝的产卵季被延长了，从四月拖到九月。我们不知道是什么在特定的时间引起一波产卵的，但有一点似乎很清楚，少数几个产卵的贻贝会向水中释放一种化学物质，这些化学物质使这一水域的所有成熟个体发生了反应，使得它们向大海倾倒它们的卵和精液，雌性贻贝连续不断地、几乎不停地排放短小的棍形卵块，这是一股急流——几百、几千、几十万个细胞，每个都是一个潜在的成体贻贝。一只大的雌体可能在一次产卵中就能释放多达2500万个卵。在静水中，这些卵轻轻漂向底部，但是在有海浪或轻柔移动的水流的正常情况下，它们马上就被大海卷住、带向远方。

与卵的外流同时进行的是，海水由于雄性贻贝排精而变得浑浊，精细胞个体的数量，多到完全难以计算。它们有几十个挤在单
91 独一个的卵细胞周围，按压着它，寻找着入口。但是一个、并且只有一个雄性生殖细胞，能够获得成功。随着这第一个精细胞的进入，卵细胞的外层细胞膜上就立刻发生一种生理变化，从这一刻起，它再也不能被别的精子刺穿。

在雄性和雌性的细胞核结合之后，受精卵开始快速分裂。在不到一次高潮和低潮的间隔之间，这些卵细胞变形成为一个多细胞的小球，用闪动的纤毛推动自己在水中运动。在大约24小时后，它呈现出一种古怪的、陀螺状的形态——所有软体动物和环节动物的幼虫都是这种形态。几天过后，它变得扁平、拉得更长、通过振动一种叫做缘膜的细胞膜快速地游动；它爬上坚实的表面，感受到接触着陌生的物体。它穿越海洋的旅程绝不是孤单寂寞的；在一平方米的贻贝床上，可能有数量多达17万只的贻贝幼虫在游动。

贻贝薄薄的外壳形成了，但是它很快就被另一种壳代替了，即成体贻贝那样的双壳。到这个时候，缘膜已经瓦解了，外套膜、足和成体的其他器官也已经开始发育。

从初夏开始，这些有极小的壳的生物以惊人的数量生活在海滨的海藻里。在几乎每一小块我捡来做显微镜观察的海藻上，我都能发现它们在爬来爬去，用叫做足的管状器官，探索它们的世界，足的形态古怪，和象鼻相似。幼体贻贝用它来探测前方的物体，以爬过很多层面、或陡峭地倾斜着的岩石、或穿过海藻丛、或者甚至在静水表层的水膜下漫步。但是，很快地，这种足获得了一个新

功能：它协助纺织坚韧的丝线，这丝线系固在任何提供坚固支撑的表面贝，以免被海浪冲走。

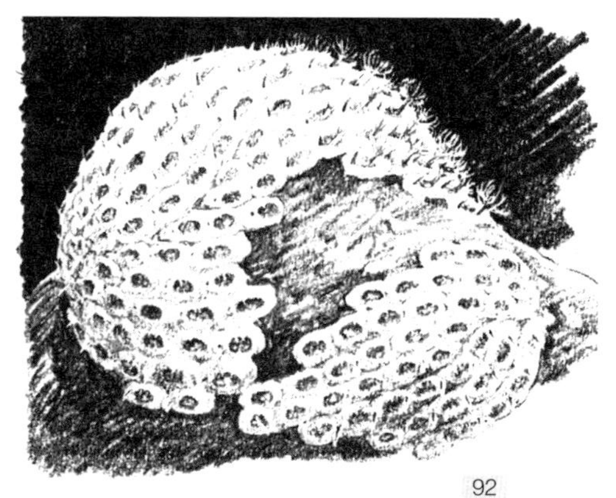

膜孔苔藓虫（sea lace, *Membranipora*） 92

大群贻贝在低潮区的存在，本身就证明了“在亿万个不为人知的时代中，这一种环境绵延不绝，功德圆满”。但是，对于每个存活在岩石上的贻贝来说，一定已经有数百万个幼虫向海而行，却遭罹灾难。这些系统处于一种精妙的平衡之中；除了大的灾祸以外，毁灭的力量既不超过创造的力量，也不低于创造的力量。在人的一生那么长的年份里，以及在近期地质年代时期里，海岸上所有贻贝的数量很可能大约保持不变。

在这个低水位线地区的大部分，贻贝与一种红藻（衫藻）有着密切的联系，这种植物有着矮生的、浓密的形态，而且几乎有种软骨的质感。植物和贻贝不可分割地组合在一起，形成了一块坚韧的毯子。非常小的贻贝可能在这种植物上大量生长，以至于模糊了它们所依附的岩石基部。海藻的茎和一再分支的枝杈都被生命搅动着，但是这些生命的尺寸是如此之小，只有凭借显微镜的帮助，人的眼睛才能看见它们的细节。

有一些有镶着明亮的边、刻着深深的纹路的螺类，沿着叶状体爬行，在植物物质上啃食。这种海藻许多基部的柄被苔藓虫类的
膜孔苔虫裹上了厚厚的壳；从它所有的区室里，居住于此的生物伸 93
出来那些微型的、有触须的头。另一种长得很粗糙的苔藓虫——放

射虫，也会形成覆盖红藻破碎的茎和残株的毯子，它自己生长出来的这种物质，使这样的一个茎变得几乎和铅笔一样粗。坚硬的毛发或毛刺从毯子里面刺出，这样很多外界的物质黏附在它上面。但是，就像海花边（注：一种苔藓动物的群体）一样，它是由数百个相邻的小区室组成的。从这些一个接着一个的区室里，我通过显微镜观察到，一个粗矮的小生物奇妙地出现了，接着它展开自己薄薄的触须冠，就像人们张开雨伞一样。线一样的蠕虫在苔藓虫上爬行，在毛刺之中蜿蜒，就像蛇蜿蜒在残株中。一个巨大的甲壳纲动物，有一只闪闪发光的红宝石色眼睛。在这片群落中不停地且相当笨手笨脚地奔跑，显然打扰到了这里的居民，因为，当它们中的一个感受到了**这只莽撞的甲壳动物**的触碰，它会很快地合上它的触须，并收回它的居室里。

在这片丛林由红藻组成的上层一些的枝杈上，有许多巢或小管被端足类的甲壳纲动物占领，它们就是藻钩虾（*amphithoe*）。这些小生物有穿着奶油色的毛绒衫的外表，上面有明亮的棕红色斑点；在每张山羊一样的脸上，有两只引人注目的眼睛，和两对角一样的触须。这些巢就像鸟巢一样建造得那么坚固和技巧高超，但又远远比它能经受持久的使用，这是因为这些片脚类动物是很无力的游泳者，而且通常似乎很讨厌离开它们的巢穴。它们躺在自己舒适的小囊里，它们的头和身体的上层部分一般会伸出来。穿过它们海藻之家的水流，为它们带来小块植物碎片，这样就解决了维持生活的问题。

一年中的大部分时候，藻钩虾单独生活着，一个巢里只有一只。在初夏，雄性会去拜访雌性（雌性的数量远远多于雄性），交
94 配就在巢里进行。幼体发育的时候，母亲用腹部的附器形成的育儿袋照顾它们。当携带着它们的幼体时，藻钩虾妈妈经常会几乎完全从巢里露出来，并精力旺盛地扇动水流经过育儿袋。

卵子产生胚胎，胚胎变成幼虫；但是母亲仍然留着它们、照顾它们，直到它们的小身体发育到可以使它们向海藻出发的程度，去用植物纤维在它们自己的身体里，神秘地塑成丝线，织出它们自己的巢穴，并自己取食和谋生。

当她的幼体准备好独立生活时，母亲显示出不耐烦，想要摆脱她巢内的一大群孩子们。她利用爪和触须，把孩子们推向边缘，又猛推轻推地试着把它们排出去。幼体用带钩和毛刺的爪紧抓着熟悉的育儿所的墙壁和门口。当它们最终被赶出去后，它们很可能会在附近徘徊；当母亲不小心出现时，它们就跳起来使自己依附住她的身体，这样就又被带入所习惯的巢穴的安全环境中，直到母亲的“不耐烦”再次严重起来为止。

即使是刚从育儿囊中出来的幼体都会建起它们自己的巢穴，
并且根据它们生长的需要进行扩建。但是幼体似乎比起成体呆在巢 95
里的时间更短，在海藻上自由爬行的时间更长。在一个大端足类动

海白菜（左）；角叉菜（右）

物的家附近，看到建立着几个极小的巢是很正常的；可能即便是幼体被逐出母亲的巢穴之后，仍然喜欢和母亲挨得很近。

在低潮时，海水落到海藻和贻贝之下，并进入宽广的一带，上面覆盖着红棕色的角叉菜草皮。它暴露在大气中的时间如此之短，海水的撤离是如此迅速，致使这种藓类保持着一种闪亮的新鲜、湿润，诉说着自己刚刚和海浪接触过的活跃感。可能是因为我们只能在潮水返回的这段短暂而神奇的时间参观这个区域；也可能是因为离这些的距离很近，波浪拍碎在岩石边缘、分解成泡沫和水雾、又伴奏着各种水声倾向大海——我们总是被提醒着，这个低潮区属于大海，而我们是侵入者。

这里，在这块角叉菜草皮上，生命分层存在，一层盖在一层上面；生命存在于其他生命的外面、里面、下面或上面。由于藓类是矮生的，并且大量杂乱地分支，它为自己里面的生物提供缓冲，抵挡海浪的冲击，并在这些短暂的潮水低低退去的间隙中，把大海的湿润保留在它们周围。在我参观过这片海岸，接着又在夜里听见了海浪以沉重的步伐退潮，践踏这些长着藓类的岩架之后，我对这些小生灵感到好奇——包括对幼体海星、海胆、阳遂足动物、居住在小管中的片脚类动物、裸鳃亚目动物，以及藻层中所有其他小而脆弱的动物群；但是我知道，如果在它们的世界里有安全的藏身之处，它就应该藏身其中——在非常浓密的潮间带森林里，波浪拍碎在这里而不造成伤害。

角叉菜形成了一个如此之厚的覆盖层，以至于如果人们不深
96 入地探索，就看不见下面有什么东西。这里生物之丰富，在物种和个体数量上都是令人难以理解的规模。很少有一株角叉菜的茎是不被苔藓动物藻苔虫完全包住的——或者包以膜孔苔藓虫白色的蕾丝花边，或者包以小孔苔虫玻璃质感的脆弱外壳。这样的一个外壳包含了一个马赛克状的、几乎是微观的区室，排列成有规律的行列和

图样，它们的表面被精细地雕琢过。每个区室都是一个微型的、有触须的生物的家。根据保守猜测，角叉菜的一根茎上，就生活着几千个这样的生物。在岩石上，一平方英尺可能有几百根这样的茎，为大约10万苔藓虫提供生存空间。在一片一眼望尽的缅因州的海岸上，单独这一个种类的动物的数量就一定能达到几万亿。

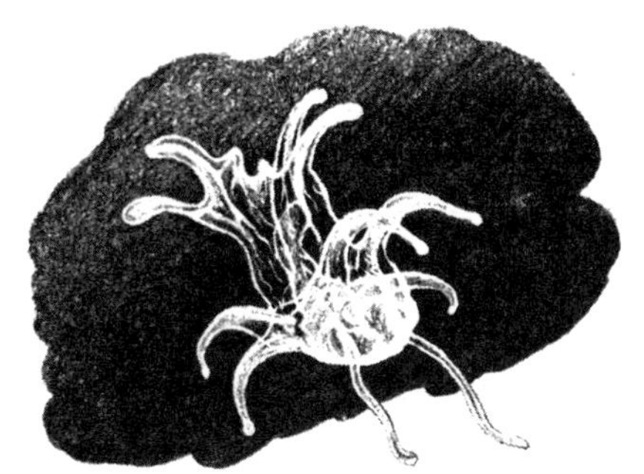

海星的浮游幼虫

但是，这其中还有更多的涵义存在。如果苔藓虫的数量如此之大，那么它们所取食的生物一定更是要多得无穷无尽。一片苔藓虫的群落充当了一个高效率的陷阱或过滤器，从海水中摄入作为食物的动物。分开的各单元的门，一个接着一个地打开了，从每一个单元中，一圈花瓣一样的丝线被刺出去。在一瞬间，这个群落的整个表面，可能会布满有生命力的触须冠，在一片被风吹动的领域像花朵一样摇摆着；在下一个瞬间，可能这些都被关回它们保护性的小室里，这个群落又成为一个铺着雕琢过的岩石的路面。但是，在这些“花朵”在这片岩石区域上摇摆的同时，对于海洋里的许多生物来说每一朵花都意味着死亡，因为它们会吸入球形、椭圆形和

血红海星

北方海星

新月形的原生动物和极小的藻类，可能还有一些极小的甲壳纲动物和蠕虫，或者贻贝和海星的幼虫，这些都隐形地存在于这片毛茸茸的丛林中，数量多如星辰。

大的动物数量没有那么多，但是仍然多得令人印象深刻。海胆看起来像绿色的大苍耳，经常深深躺在海藻垫里面，它们球形的
97 身体，通过许多管足上面有黏附力的吸盘，被安全地锚定在下面的岩石上。无处不在的普通滨螺，通过某种奇特的方式，没有受到把大多数潮间带动物限制在特定区域的条件影响——它们生活在海藻垫地区的上面、里面和下面。这里，它们的壳在低潮时点缀在海藻表面；它们从海藻的叶状体上沉沉垂下，一副一触即落的样子。

这里的海星幼体数以百计，因为这片藻类草甸，似乎是北部海岸主要的海星育儿所之一。在秋天，几乎所有其他植物都隐蔽成1/4英尺或半英尺的大小。这些年幼的海星上面，有成熟之后就消失不见的色彩图形。管足、刺，还有这些皮肤多刺的生物所有其他奇妙的表皮生长物，对于它的整个体积来说，比例都是很大的，并且形式和结构都非常完美。

在植物茎枝之间的岩质海底，躺卧着幼体海星。它们是脆弱的白色小斑点，有雪花一样的大小和精致的美感。很明显，它们是很新鲜的，这表明它们近期刚刚从幼虫形态变形为成体形态。也许正是在这些岩石上，这些游泳幼虫在浮游生物之中完成其生命阶段之一之后，开始安定下来，使自己牢牢地附着，并在一段短暂的时间里成为固着动物。接着，纤细的触须从它们像棕色玻璃一样的身体里伸出来；这些触须或叶被纤毛所覆盖，用于游泳，而且它们之中有一些长着吸盘，在幼虫要寻找坚实的海底的时候，发挥用途。在这段短暂而关键的时段里，幼虫的组织就像在“茧中之
98 蛹”那样发生完全重组，幼体的形状消失了，放射出五个角的成体身体形成了。现在，根据我们对它们的观察，这些新形成的海星，

很充分地使用着它们的管足在岩石上爬行；在身体不幸翻倒时，会端正身体。我们猜测，它甚至能以真正海星的方式，寻找并吞食掉作为食物的动物。

北方海星生活在几乎每一个低潮池里，或者在潮湿的藓类中、或者在上方岩石凉爽的滴水中，等待潮汐间隙的度过。在一次落得很低的潮汐中，海水很短暂地离开，这些海星在藻类上撒满它们的各种形态、具有各种色彩，就像开着很多鲜花——粉色、蓝色、紫色、桃红，还有米黄色。偶尔几处有一只灰色或橙色的海星，像白点图案一样的尖刺醒目地立在它们身上，它们的臂比北方海星的臂更加圆滑、坚固，它上表面坚硬如石的圆形吸盘通常是亮橙色，而不是北方物种的那种浅黄色。海星在科德角很常见，只有少数几个会偏离到较远的北方。然而，这里仍然有第三个物种居住 99
在这些低潮区的岩石上——血红海星，即鸡爪海星，它们的族类不仅生活在海洋的边缘，还下潜到临近大陆自身边缘的黑暗海底。它向来是冷水的居民，在科德角南边必须离开海岸寻找它需要的温度。但是，它的传播并不是像人们推测的那样，是通过幼虫期进行的，因为，与大部分其他海星不同，它不产生会游泳的幼体；相反，母体把卵和幼体留在体内，这时它的身体呈现一种弓身驼背的状态，其臂弯因此形成了一种育儿袋，卵在其中发育成幼体。就这样，它孵化着它们，直到它们成为发育完全的小海星。

北黄道蟹把有弹力的海藻垫作为藏身之处，等待潮水的返回或黑夜的到来。我记得一个在岩壁上耸立的盖满海藻的岩架，从在潮汐中滚动的大海深处伸出。海水刚刚才落到这块岩架之下；它的回归即将来临，而且事实上每一次透明的水起水落都允诺着这样一种回归。海藻被浸满了水，像海绵一样忠实地保持着水分。在处于深处的这片地毯之中，我瞥见了一眼明亮的玫瑰色。起初，我认为它是一种生长的硬壳珊瑚，但是当我把叶状体拆开，我被突如其来的

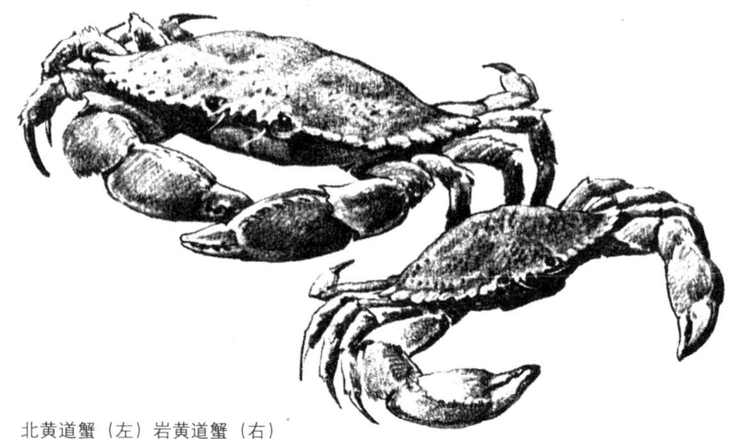

北黄道蟹（左）岩黄道蟹（右）
北黄道蟹在比例上有更大的壳、更深的雕纹

运动所惊：一只大螃蟹移动了它的位置，并又跳回原位被动地等待着。只有在深处的海藻中搜寻之后，我才发现几种其他蟹类，等待低潮的短暂间隙的过去，并且相当安全地躲避了海鸥的探测。

这种北方蟹类的似乎被动的特性，一定和它们需要躲避海鸥有关——海鸥可能是对它们最穷追不舍的敌人。在白天，一只海鸥总是要搜寻蟹类。如果不是深深躲在海藻里，它们可能楔入悬伸的岩石提供的最远的凹处，安全地待在潮湿阴冷之中，轻柔地摇动它
100 们的触角，等待海水归来。但是，在黑暗之中，这种大螃蟹占领了海岸。一天晚上，在退潮的时候，我向下走到这片低潮世界，来放生我早上潮汐时带走的大海星。这只海星在八月最低的潮水水位之中，感到轻松自在，它也必须被归还到这个水位之中。我拿起一把手电筒，在滑滑的岩藻上向下走去。这是一个怪异的世界，岩架上面铺满了海藻，在白天还是熟悉的地标的巨石似乎比我记忆中显得更大，而且呈现出我不熟悉的形状，每个突出的团块在阴影中显得格外明显。我看到的每一处，在我手电筒光束的直接照射下，或者

模糊地处在在半亮不亮的光圈中，都有螃蟹在急匆匆地跑来跑去。它们富占有欲，勇敢地居住在这片有海藻覆盖的海岸。由于所有这些怪诞的形态被突出出来，它们似乎把这个曾经熟悉的地方变成了地精之地。

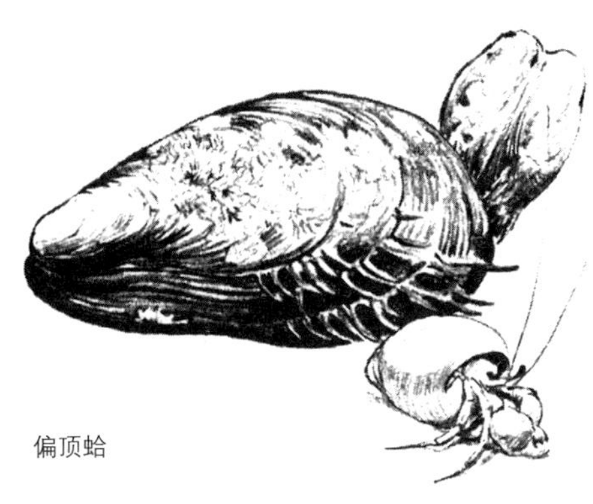
偏顶蛤

在一些地方，海藻不是生在下面的岩石上，而是生在向下更低一层的生命上，即偏顶蛤的群落中。这些大软体动物居住在沉重且膨胀的壳里，更小的一端上竖立着粗糙的黄色毛发，作为赘生物从表皮上生长出来。偏顶蛤本身就是一整个动物群落的基 101
础，如果没有这些贻贝的存在与活动，这些动物就无法在有波浪冲刷的岩石上生活。

这些贻贝用一条几乎解不开的金色纠缠足丝做线，把它们的壳束缚于下面的岩石上。这些是生于长长细足中的腺体的产物，这些线由一种奇妙的牛奶状分泌物“织”出来，遇海水即凝固。这些线所具有的质感，是坚韧、强度、柔软和弹性的绝佳组合；它们向四面八方延伸固着，使贻贝能够不仅在涌来波浪的推搡中，还在回流之水的拉力（在一次大浪中是很巨大的）中坚守阵地。

在贻贝生长于此的多年以来，泥泞的残骸的微粒已经固定在它们的壳下面，以及足丝组成的锚线周围。这又创造了另一个生命区，一种有各种动物居住的下层植被，包括蠕虫、甲壳纲动物、棘皮动物和数量众多的软体动物，还有即将到来的一代的贻贝幼体——这些现在还太小太透明，以至于隔着新生的壳，能透出它们幼小身体的形状。

面包屑软海绵和在海绵中捕猎食物的海蛇尾（左下）

某些动物几乎总是生活在偏顶蛤之中。海蛇尾细细的身体迂
回地从丝线之中，以及贻贝的壳下穿过，用长而纤细的臂蛇行、滑
102 动。海鳞虫也总是生活在这里，而且在这个奇特动物群落的下层，
海星可能生活在海鳞虫和海蛇尾之下，而海参在海胆之下。

生活在这里的棘皮动物之中，很少有它们物种中体积最大的个体。偏顶蛤的毯子似乎庇护的都是年幼、正在生长的动物；的确，完全长成的海星和海胆很难被那里接纳。

在低潮无水的间隙中，海参把自己卷成小足球形状的椭圆形，只有1英寸长多一点；当回到水中，完全放松时，它们伸展开自己的身体，长度达到5～6英寸（12.7～15.2厘米），并展开一个触须冠。海参食用岩屑，并会用它们柔软的触须探索周围泥泞的残骸，它们定期缩回触须伸到它们的嘴那里，就像小孩舔咬自己的指头。

在深入贻贝层之下的草甸的袋状区，有一种长而纤细的鳚科
小鱼，即岩锦鳚，等待着潮水的归来，它们好几只同类一起蜷缩在
103 它灌满水的庇护所里。被入侵者打扰时，它们都会猛烈地拍水，像

羽状海葵。成年海葵的碎片中生出海葵幼体（右下）

鳗鱼一样起伏扭动，以逃之夭夭。

在大的贻贝长得比较稀疏的地方，在这个向海的贻贝城市的郊区，藻毯也变得薄了一点；但下面的岩石仍然很少被暴露出来。更高层的绿色面包屑软海绵，在悬垂的岩石上和潮水潭中寻找庇护所，在这里它们似乎能够直面大海的力量，并形成软而厚的浅绿色毯子，点缀着这个物种特有的锥体和小坑。偶尔几处，有几块另一种颜色在逐渐变薄的海藻中显现出来——暗玫瑰色、或者缎面加工的那种闪亮的红棕色——这是在模仿于更下层处躺卧着的东西。

在一年中的大部分时候，大潮落到角叉菜附近，就不会再往下落，接着潮水就折返涌向陆地。但是在某些月份（取决于太阳、月亮和地球位置的变化）即便是大潮也会有更大的振幅，它们的海浪向大海落得更深，也向陆地升得更高。秋季的潮汐总是有很强烈的运动，随着狩猎月渐满变成满月，在一些白天和夜晚，上涨的潮水会越过花岗岩光滑的边缘，送上它们有蕾丝花边的微波，碰触到月桂树的根部；在退潮时，太阳和月亮一起把它们拉回大海，打那四月的月光照在暗色的海水以后，潮水就从它们淹没的岩架上落回。接着，它们暴露出大海好似涂满珐琅的底部——珊瑚藻的玫瑰色、海胆的绿色、桨草闪亮的琥珀色。

在有这种剧烈潮汐的时候，我往下走到海洋世界的门槛，那里在一整年中都很少接纳陆地生物。我知道那里有黑暗的洞穴，那里盛开着极小的海生花朵，还有一块块海鸡冠，承受着会瞬间撤走的海水。在这些洞穴里，以及在岩石深缝的阴暗潮湿中，我发
104 现自己置身于海葵的世界——这种生物的亮棕色柱状身体上，伸展着奶油色的触手冠，就像在凹地或恰在潮线底部的小池中盛开的美丽菊花。

在这个被极大幅度的退潮暴露在外的地方，它们的外表改变得如此之大，以至于它们显得似乎不能适应这段即使很短暂的陆地生活。在这片不平整的海底轮廓提供了任何庇护之处的地方，我都发现过它们暴露在外的群落——几十个或大批海葵挤在一起，它们半透明的身体一个挨着一个。紧挨水平面的海葵对海水撤离的反应是，把它们所有的组织向下拉扯，形成一个扁平的坚硬锥形团块。羽毛一样柔软的触手冠被撤回、塞入体内，丝毫体现不出一只海葵伸展的身体所具有的那种美丽。那些生长在垂直岩壁上的海葵软弱无力地向下垂着，伸展成奇妙的沙漏状；在海水退去的陌生环境中，它们所有的组织都迟缓无力。它们不缺少收缩的能力，因为，当它们被碰触到时，它们立刻开始缩短柱体，把它缩成更通常的大小。这些被大海遗弃的海葵，与其说是美丽的东西，不如说是奇异的物件，而且确实和那些在近海水下盛开的海葵迥然相
105 异，后者所有的触手都伸展开来搜寻食物。当小小的水生动物接触到这些海葵伸展的触手时，它们就接受到一次致命的注射。数千个甚至更多的触手，每一个都生长镶嵌着几千个盘绕的小镖，

各种海葵

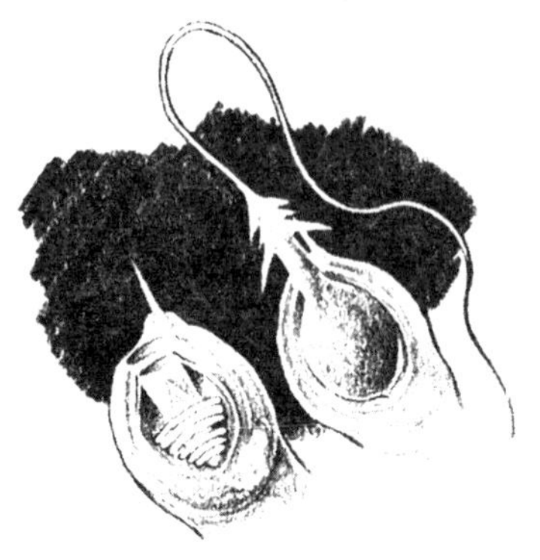

一种腔肠动物的刺细胞

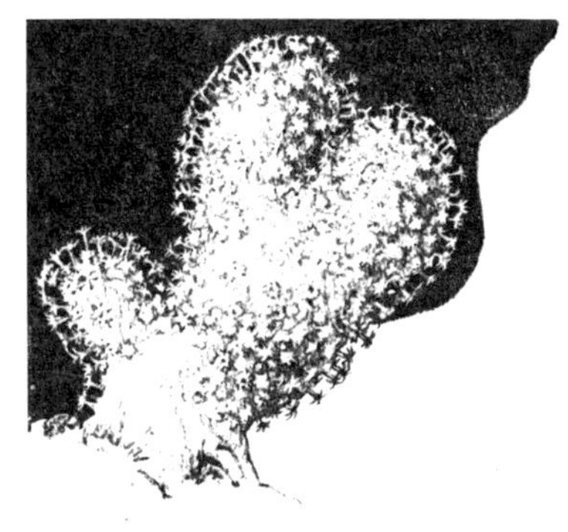

海鸡冠（海手指）

每个小镖都有一根突出的微小尖刺。这根尖刺可以作为引发爆炸的扳机，或者，也许是猎物如此之近，本身就起到了化学引爆器的作用，引起小镖以极为巨大的力量爆出，刺穿或缠住它的猎物，并射入毒剂。

像海葵那样，海鸡冠顶针大小的群落悬挂在岩架的下表面上。软弱且在低潮中垂下，丝毫体现不出潮水返回时它们所恢复的生机和美丽。接着，从这个群落表面无数的小孔中，出现管状小动物的触须，这些珊瑚虫都尽力探伸到潮水之中，抓捕一个微小的虾、桡足动物或水流带来的多种多样的幼虫。

海鸡冠（或海手指）不像远亲的石珊瑚或造礁珊瑚那样，分泌石灰质的杯状器官，但是它们能形成居住了许多动物个体的群落，镶嵌在一个坚硬的基质里，由石灰质骨针加固。这些虽然骨针很微小，但它们对一些地方的地质学研究却很重要：在热带的礁石上，海鸡冠，或者海鸡冠亚纲动物，和真正的珊瑚混在一起。随着它们软组织的死亡和分解，坚硬的骨针成为了微小的建筑石料，成为了构成礁石的成分之一。海鸡冠亚纲动物数量大、种类多，主要是热带地区的生物，繁盛地生长在印度洋的珊瑚礁和海底平原上。但是，少数几种海鸡冠却能够冒险进入极地水域。一个体型很大的物种，高度超过一般的人类个体，并像树一样 106
分出枝杈，生活在新斯科舍和新英格兰的渔场。这个类群中的大多数生活在深水中；大多数潮间带岩石，对它们来说是不友好的——只在大潮低潮时罕见而短暂地暴露在外的低低的岩架，才在黑暗隐秘的表面上承载它们这个群体。

在岩石的缝隙中，在灌满水的小池里，或者在被低退的潮水短暂暴露在外的岩壁上，中心粉红的水螅型筒螅群落形成了美丽的花园。在仍有海水覆盖它们的地方，这些花一样的动物优雅地在长茎根部摇晃着，它们的触须伸出来，捕捉浮游植物中的小动物。但是，可能它们只有在被永久性淹没的地方，才能发育得最完全。我见过它们覆盖梁板式高桩码头、浮标、还有淹没的绳子和电缆，覆盖得如此之厚，以至于基部的一点痕迹都看不见了，它们的生长给人一种“数千朵鲜花盛开”的错觉，每一朵花都和我的小指尖一样大。

在最后一丛角叉菜下面，一种新型海底暴露出来。这一过渡很突然，就好像划出了一道边界——突然之间，角叉菜就没有了，人们从柔韧的黄色垫子踏入了一个似乎是石质的表面。除了颜色不对之外，这里给人的感觉几乎像是一个火山坡——这里有同样的光 107
秃、贫瘠。但是，我们看到的并不是岩石。下层岩石所有的表面都被覆盖着——不管是垂直的或水平的，暴露的或隐藏的，都被珊瑚藻的壳覆盖着，所以，它有着一种浓艳的暗玫瑰色。这种植物和岩石组成了如此密切的联盟，似乎已经成为岩石的一部分。这里的滨螺在它们的壳上带着一块块粉色，岩石上所有的洞穴和裂缝都镶有同样的颜色，向绿水倾斜的岩石底部把玫瑰色带到目光可及的一切地方。

珊瑚藻这类植物，令人非常着迷。它们属于红藻类，大多数

水螅型筒螅上的麦杆虫

都生活在较深的近海水域，因为它们的色素的化学性质，它们通常需要海水在它们的组织和阳光之间作遮掩之物。但是，这些珊瑚承受阳光直接照射的能力非常之强。它们可以把石灰里的碳酸钙吸收进它们的组织里，这样它们就变得更加坚硬。大多数物种会在岩石上、外壳上以及其他坚固表面上形成一块块硬壳。这种硬壳可能薄而光滑，就像覆盖着一层瓷漆；或者它也可能被小结和小突起变得
108 又厚又硬。在热带，珊瑚经常大量进入珊瑚礁的构成之中，分支结构胶合成一块坚固的礁石。在东印度群岛的各处，它们用自己颜色精美的硬壳覆盖着目光所及的潮滩，印度洋的很多“珊瑚礁”并不含有珊瑚，而大部是由这些植物建造的。

斯匹次卑尔根群岛（Spitsbergen）的海岸附近，在北方光线昏暗的水下，生长着褐藻森林；那里还有大量的石灰质地带，一英里又一英里地延伸着，它们由珊瑚藻形成。珊瑚藻不仅能在温暖的热带生活，还能在水温很少升到冰点之上的地方生活，这些植物在从北冰洋到南大洋的所有地方都很繁盛。

珊瑚藻上的绿海胆

同样是这些珊瑚藻，为缅因州海滨的岩石上涂上一道道玫瑰色，就好像是要标记出大潮最低的低水位线一样，在这里可见的动物是很少的。但是，尽管在这个区域没什么别的生物生活在光天化日之下，仍然有数千只海胆这样生活着。它们没有像在更高的地方那样，躲避在缝隙里或岩石下面，而是完全暴露在外，生活在平地上或微微倾斜的岩石表面。成群的20只或50只个体，一起躺在覆盖着珊瑚的岩石上，在玫瑰色背景上形成一块块纯绿色。我曾经见过这样的一群海胆躺卧在岩石上，被大浪冲刷着，但是很明显，所有 109
由它们的管足形成的小锚都抓得很牢。虽然波浪重重拍击，又以一股急流倾倒撤回大海，那里的海胆仍然不受打扰地生活着。也许躲藏起来并把自己楔入缝隙和巨石之下的强烈倾向（正如潮水潭和上面的岩藻区里的海胆所体现出来的那样）是作为一种躲避海鸥急切视线的手段，而并不是一种躲避海浪力量的倾向——海鸥在每次低潮时都不知疲倦地捕猎它们。这片有海胆在光天化日之下生活的珊瑚区域，几乎一直被一层有保护性的海水所覆盖；很可能一整年中还没有12个白天的潮汐能落到这一层来。在所有其他时候，海胆之上的海水厚度使海鸥不能够到它们，因为，即使海鸥可以跳入浅水，它还是不能像燕鸥一样潜水，从而很可能无法触到超过自己体长的较深海底。

许多低潮区岩石上生物的生命被交错的潮汐绑到了一起，比如捕猎者和被猎者的关系，还有“争位夺食”的物种之间的竞争关系。在所有这些之中，大海起着引导和调节的作用。

海胆在大潮的低潮层寻求庇护、躲避海鸥，但是对许多其他动物来说，海胆也是危险的捕猎者。在海胆进入角叉菜区的地方，它们躲藏在深深的缝隙里，隐蔽在垂悬的岩石下，吞噬掉许多滨螺，甚至会攻击藤壶和贻贝。在任何特定一层海滨的海胆，对于它们猎物的数量都有强有力的调节作用。海星和一种贪婪的海螺（波纹蛾螺）像海胆一样，其数量最多的中心在近海的深水中，并且会为捕猎而进入潮间带，做持续时间不一的短途旅行。

110 作为被捕食者，贻贝、藤壶和滨螺，它们的处境和位置在被海草遮蔽的海岸上变得很艰难。它们很顽强且有适应能力，能够在潮汐的任何一层生活。但是在被遮蔽的海岸上，岩藻把它们挤出了海岸上层三分之二的地方，只有一些分散的个体除外。恰在低潮线之下的，是饥饿的捕猎者，所以这些动物只剩下临近小潮低水位线的那一层。藤壶和贻贝在被保护的海岸数以百万计地集结，在岩石上铺散着它们的白色和蓝色，大量的普通滨螺也聚集在这里。

但是，有调和、修改作用的大海能够改变这一模式。蛾螺、海星和海胆是冷水生物。在近海的海水又冷又深的地方，潮汐的水流就来自这些冰冷的蓄水池，在那里，捕猎者的范围可以到达潮间带区域，大批杀死它们的猎物。但是，当表面有一层温暖的海水时，捕猎者就被限制在了寒冷的深水层。随着它们向大海撤退，敌退则我进，它们的大批猎物跟随着它们的踪迹，下降到它们所能及的最远处，到大潮低潮的世界中去。

潮水潭在它们的深处容纳着一些神秘的世界，那里大海的所有美景都展现得细致入微。一些小潭藏在深缝或裂沟中；在它们通向海的末端，这些裂缝消失在水下，但是朝着陆地一端，它们倾斜着伸入到岩壁里面，岩壁升得更高，这些小潭上洒下深深的阴影。其他潮水潭被容纳在岩质的盆地里，向海的一边有很高的边缘，在最后一波退潮流走时阻挡水流。海藻给它们的墙壁镶上了边。海绵、水螅虫、海葵、海参、贻贝和海星生活于此，享受短暂的平静，与此同时，在高起的边缘之外可能正有海浪在冲击。

这种小潭会有很多表情状态。在夜晚，它们倒映着星星，反 111
射着在它们之上流过天际的银河的光芒。还有“活的星星”从大海中来：发磷光的闪亮着祖母绿色的硅藻——它们仿佛是在黑暗的水面上游动的小鱼发光的眼睛，它们的身体像火柴棍一样纤细，几乎垂直地移动着，小小的口鼻处直立着——随着涨潮到来，栉水母反射着捉摸不定的闪烁月光。鱼类和栉水母在岩质盆地的黑色凹陷处捕猎，但是它们就像潮水一样来去有时，在小池中并不占有永久性的生态位置。

栉水母：侧腕水母（左）
科德角南部常见的淡海栉水母（右）

在白天，那里还有其他动人的事物。一些最美丽的小池躺卧在海岸上很高的位置。它们的美丽是由简单的元素构成的美丽——色彩、形态还有倒影。我知道一个只有几英寸深的小池，然而它里面有着整个天空的深度，捕捉并控制着从遥远的距离映射的蓝色。小池被一条浅绿色的色带镶上了边，这是一种海藻，叫做浒苔。这种海藻的叶状体形状就像简单的小管或稻草。在向岸的一侧，一块灰色岩石的岩壁从表面上升起，升到一个人那么高，并且倒映着，把它的深度降到了水中。在倒映出来的岩壁的更远处和下面是天空
112 的边际。当光线和人们的情绪相和时，人们能在这片蓝色中望得如此深远，以至于会犹豫要不要踏进这样一个深不见底的小池。云彩在它上面飘过，微风的涟漪在它的表面疾行，但是那里没什么别的东西在动，小池属于岩石、属于植物、也属于天空。

在附近的另一处高池，绿色的管状海藻从整个底部扬起。由于某种魔法，这个小池超越了岩石、海水和植物的现实，用这些元素创超出了另一个世界的幻象。向小池望去，人们看不见水，而是看见了一幅令人愉悦的风景，有分散生长着森林的小丘和山谷。但是这一幻象与其说是一幅真正的风景，不如说是一幅风景画；就像一位艺术大师的高超笔触那样，藻类单个的叶状体所描绘的并不是写实的树木，它们只是看起来像而已。但是这个小池的艺术效果，就像画家的作品一样，创造出了图像和印象。

看似平静幽美的小池对于海生动物来说却是条件残酷之地。

在任何这些高池中，都没有或很少有可见的动物生命存在——也许有很少几只滨螺，或者分散的琥珀色的小等足动物。在所有的海滨高池中，生存条件都非常艰苦，因为海水的离席被延长了。池水的温度可能会上升好几度，反映着白天的热度。池水在大雨之下变成淡水，或者在烈日炙烤之下变得更咸。它的酸碱性会在短时间内由于植物的化学活性而变化。在海滨低一些的地方，这些小池提供的条件稳定得多，于是植物和动物都可以生活在较高的水平，

高池与低池，反映了海滨生态在空间上的微妙分别。

好过生存在难以存水的岩石之上。于是，潮水潭就具有把海岸上的生物区带稍许上移的作用。但是它们也被海水离开时间的长短所影响，并且高池中的居民和低池中的居民很不一样，前者在长时段间隙中与海水分离，后者则很短暂地和海水分离。

鳃蚕，一种会建造小管的管栖多毛类

那些最高处的小池，基本上已不再属于大海；它们含蓄雨水，并且只能偶尔接收到一次海水的流入——来自风暴或者很高的潮汐。但是，海鸥从它们在大海边缘的狩猎中飞起，抓起 113
一只海胆或是螃蟹或贻贝扔到岩石上，以这种方式砸碎覆盖它们的坚硬外壳，露出里面柔软的部分。海胆硬壳、蟹爪和贻贝外壳的碎片找到了通往小池的路，并且随着它们的分解，它们的石灰质物质进入了池水的化学成分，池水于是就变成了碱性。一种单细胞的小植物，叫做红球藻，认为这些小池里的气候有益于生长——这种微小的球形小生命，一只只个体小得几乎看不见，但是数百万的它们会把这些高池中的水变得鲜红如血。看起来，碱性是一个必要条件；其他的小池外表看起来很相似，只是里面没有恰巧落入的碎壳，就没有任何一个小小的深红色小球。

有一些小池，容量不会大过一只茶杯，在这之中，仍有一些生命。通常是一小群几十只的海岸小昆虫——龙尾跳虫——“走向海洋的无翼者”。在池水不被打扰的时候，这些小昆虫在表层薄膜上奔跑，轻易地从小池的一个岸边越到另一个岸边。但是，即便是最轻微的涟漪，都会导致它们无助地漂流起来，所以它们的几十个或几百个是偶然地来到一起的，只有它们在水上形成稀薄的叶状斑块时，才变得明显起来。一只单独的龙尾跳虫小如蚊蚋。它身体上伸出许多毛刺或毛发，在显微镜下看，似乎是覆盖着蓝灰色的丝绒。在它进入水中的时候，这些毛刺在这种昆虫的身体周围维持一个空气薄膜，因此它不需要在涨潮的时候回到海滨的高层。它被包裹在它闪亮的空气毯子里，里面干燥并且提供了呼吸用的氧气，它等在缝隙里，直到潮水再次落下。然后它冒出来在岩石上漫游，寻找着为它提供食物的鱼类和蟹类的身体，以及死去的贻贝和藤壶，它作为对大海的构成成分起作用的食腐动物之一，保持有机物的循环流通。

114 我经常发现，海滨靠上的三分之一处的小池被棕色的丝绒质外衣镶着边。我的手指探索着，能把它从岩石上剥下来，成为表面光滑的薄片，就像羊皮纸。这是褐藻的一种，叫做褐壳藻；它出现在岩石上，样子就像生长的小地衣，或者，就像在这里，在广阔的区域铺散开它薄薄的外壳。在它生长的任何地方，它的出现都改变了小池的性质，因为它提供了许多小生物急切搜寻的庇护所。那些小得可以从它下面爬过去的动物——在覆盖的海藻和岩石之间的黑暗地块找到了可以避免激浪冲刷的安全居所。看着这些有丝绒镶边的小池，人们会说这里没有什么生命——只有一些分散的滨螺在吃草，它们的壳在它们搜刮棕色外壳的表面时轻微地摇晃，或者，也许有少数一些藤壶，它们的锥体突破薄片状的植物组织，开门纳客，扫水进食。但是，只要我把这种棕色海藻的样本带到我的显微镜之下，我就发现它上面充满了生命。那里总是有很多圆柱状的小管，纤细如针，由一种泥泞的物质建成。每一只小管的建筑师，都是一只小蠕虫，它的身体是由一连串11个极小的圆环或节片构成，就像棋盘游戏的11个筹码，一个垒在一个上面。从它的头上升起一种结构，使这个蠕虫美丽起来（若非如此，则会很单调）——这是一种扇子一样的冠或羽饰，由最精细的羽毛状细丝构成。这些细丝吸收氧气，在伸出小管时，也起到诱捕小型生物为食的作用。 115
在这片褐壳藻的微型动物群中，总是有尾巴呈叉子形的甲壳纲动物，长着红宝石色的闪亮眼睛。其他叫做“介形亚纲动物”的甲壳纲动物，被包裹在扁平的桃红色外壳里，由两部分组成，就像一个有盖子的箱子；从这些外壳中，可以伸出长长的附器，用来使这个生物在水中划行。但是，数量最多的则是在褐藻外壳上疾驰的微小蠕虫——有许多物种的分节的环节虫，还有身体光滑、蛇一样的纽虫或纽形动物门动物，它们的外表和迅速的动作，暴露了它们的捕猎任务。

一个小池不需要很大，就能在清澈的深处蕴含美景。我记得一个占据着最浅的凹陷处的小池；当我身体伸展着躺在岩石上时，我可以轻易地够到它的“彼岸”。这一个微型小池大约在潮线的中间，并且就我能看见的一切而言，它里面只居住着两种生命。它的底部铺满了贻贝，它们的外壳有着柔和的颜色，即远山的那种朦胧的蓝色，并且它们的存在增添了一种“小池很深”的错觉。它们所生活的水体是如此清澈，以至于我的眼睛都看不到水的存在，而只能通过我手指间的凉度，察觉到空气和水的分界。水晶一样的池水里溢满了阳光——被灌入的纯净光线延伸到水池下方，以其闪亮的光辉包围了每一个渺小但璀璨的贝类。

贻贝为**这个小池中仅有的另一种可见的生命**提供了一处可以依附的地点。像最纤细的丝线一样细的水螅虫群落的基部茎干，把它们细得几乎看不见的丝线的踪迹留在贻贝壳上。这些水螅虫属于桧叶螅属（Sertularians）的类群，这个群落中的每一只个体，以及所有支持和连接的枝杈都被包裹在透明的鞘里，就像冬天裹着一层冰的树。从基部的茎干上，直立的枝杈立了起来，每个枝杈

桧叶螅的螅体
小型杯体里面是摄食的个体
大型杯体里面是水母型世代

都负载着两排晶体杯状物，这个群落中的微小生命就居住在这里面。这一整体正是美丽和脆弱的化身，当我躺在小池旁边时，我的显微镜把水螅虫带到了更清晰的视野中，对我来说，没什么比它们更像被最精细地切割过的玻璃了——也许像是被精细加工的枝形吊灯的单独小段。每一只在其保护性的杯状物中的动物都是一种像很小的海葵一样的生物——一个管状小生物，顶上有一圈触须冠。每一个的中心腔都与一个有承载着它的枝杈那么长的腔连接着，这个腔又反过来连接着更大的枝杈的腔以及主茎干上的腔，所以每一只动物的捕食活动，都对为整个群落提供营养作出了贡献。

我很好奇，这些桧叶螅到底吃什么呢？因为它们数量繁多，所以我知道，不管它们以什么生物为食，这些食物的数量一定都远远多于这些食肉的水螅虫本身。但是，我还是什么都没有看见。很显然，它们的食物很微小，因为每一只捕食者都只有丝线一般的直径，它的触须就像最纤细的蛛丝。在这片水晶盘透彻的小池某一处，我的眼睛能够发现（或者似乎只是隐约可见）一片极小微粒的细雾，就像阳光中的尘埃。接

着，在我更近距离地观看时，这些尘埃已经消失了，这里似乎又只
有一片完美的澄澈，还有一种发生了视错觉的感觉。但是我知道，
我的人类视力的不完美，这才阻止了我看见那些微观的大群游牧动
物，它们是我几乎难以看到的那些触须所摸索、搜寻的食物。看不 117
见的生命开始主导着我的思想；比可见的生命更甚；最终，这些看不见的动物群对我来说，似乎成了小池中最强大的生物。水螅虫和贻贝都完全依赖着这些看不见的潮流中的漂浮物，贻贝是浮游植物的被动过滤者，水螅虫则是主动的捕食者，捕捉并引诱微小的水蚤、桡足动物还有蠕虫。但是，一旦浮游植物的数量变得不那么丰富，一旦到来的潮流中的这种生命流失了，那么这个小池就会变成死亡之池，对于具有湛蓝色外壳中的贻贝，以及水晶般透明的水螅虫群落来说，都是如此。

一些海岸上最美丽的小池，并不暴露在普通过路客的眼下。我们需要用心寻找，才能发现它们——可能会在很低的盆地，隐藏在似乎是被杂乱无章地乱叠起来的巨石中，也可能会在突出的岩架之下的黑暗缝隙里，还可能会藏在遮蔽的海藻厚帘之后。

我知道有这样的一个隐藏的小池。它位于一个海蚀洞里，在低潮的时候，可能它的小室空间的三分之一会被注满。小池随着涨潮的归来变大，体积胀大，直到所有洞穴都被水注满，那些**洞穴和岩石，最终淹没在满满的潮水之下成了水的世界**。但是，当潮水很低时，人们就可以从陆地一端接近这个洞穴。巨大的岩石形成了它的地板、墙壁和屋顶。它们之中只有几个穿透的缺口——两个在向海一面的底部附近，另一个在向陆地的一面的高墙上。在这里，人们可以躺在岩质的门槛上，通过低低的入口窥视洞穴和下面的小池。这个洞穴并不是真的很暗，事实上，在明亮的日子里，它闪着冷冷的绿光。这束柔和的光线，来源于从小池底部上低矮的缺口射入的阳光；但是在只有它进入小池之后，这束光本身才会被改变，

118 被装饰上一种最纯净、最浅淡的生命绿色——是从洞穴底部的海绵覆盖物上借过来的绿色光芒。

通过让光线进入的同一个缺口，鱼类从大海进入，探索着这个绿色的大厅，接着又离开这里，进入更远处的广阔水域。通过这些低矮的入口，潮汐涨涨落落。它们在无形之中带来矿物质——洞穴的植物和动物的化学活性原材料。它们又一次在无形之中带来许多海洋生物的幼虫——它们随波逐流，搜寻着安身之所。有一些可能留下并定居与此；其他的会在下一次潮水中离此而去。

小池中也能感受到海洋的呼吸。

俯视着这个被限制在洞穴墙壁内的小世界，人们会感到远处更强大的海洋世界的韵律。小池中的水，从来都不是静止的。它们的深度不仅随着潮汐的涨落逐渐变化，还随着海浪的搏动而剧烈变化着。随着波浪的回流把它向海拉去，池水迅速地离开；接着，随着一个突然的反转，涌来的水沫和急流就几乎漫到了人的脸上。

在池水向外的运动中，人们可以往下看到底部，它的细节在逐渐变浅的水中显现得更加清楚。绿色的面包屑软海绵覆盖了大部分的小池底部，形成了一个盖得厚厚的毯子，构成它的是一种小而坚硬的东西，摸起来像纤维，边上装饰着玻璃质的、有两个头的二氧化硅小针——骨针，或者叫**海绵的骨骼支持物**。这块毯子的绿色是纯粹的叶绿素颜色，这种植物色素被容纳在海藻的细胞里，这种海藻撒满了它动物宿主的组织。海绵紧紧依附着岩石，通过它自身光滑和扁平的生长，证明了大浪把东西塑造成流线型的力量。在静水中，同样的物种会长出许多突出的锥体；在这里，这些锥体则会给那些湍急的水流一个可以抓住和撕扯的表面，终被磨平。

海绵与海藻共生在一起，如同一种新的生物。

打乱这块绿色毯子的是一块块斑斑驳驳的其他颜色，一种是
119 深深的芥末黄色，很可能是一种生长的硫磺海绵。在大部分海水都已经流走的稍纵即逝的一刻，人们可以在洞穴的最深处瞥见几眼一种浓艳的淡紫色——那是外面长着硬壳的珊瑚藻的颜色。

蛤类壳上的硫磺海绵或穿孔海绵的幼虫钻入壳中并分散开来，直到壳变得和蜂窝一样

海绵和珊瑚一道，构成了更大型的潮水潭动物的背景。在退潮的静谧之中，很少有（或没有）可见的运动，即使作为捕猎者的海星，也很少运动——它们紧附墙壁，就像固定着的装饰物，涂着橘色、玫瑰色或紫色。一群大的海葵生活在洞穴的岩壁上，它们的杏色在绿色海绵的映衬下显得格外鲜明。现在，可能所有的海葵都依附在小池北部的墙壁上，似乎是固定不动的；在下一次大潮时，我又一次来参观这个小池，海葵中的一些可能移到了西边的墙壁上，并就在那里安定驻扎了，也是似乎固定不动的样子。

大量的迹象表明，这个海葵群落十分繁荣，并会持续繁荣。在洞穴的墙壁和顶上有几十只海葵幼体——一堆堆小小的闪光的软 120
组织，颜色是淡淡的半透明棕色。但是这个群落的真正育儿所似乎在一个通到洞穴中心的前厅。在那里，高耸的垂直岩壁围出一个不到1英尺的大约是圆柱状的空间，几百只幼体海葵依附在这里面。

洞穴的顶部，好像一篇简短、有力的声明，清楚地表明了海浪的力量。波浪进入一个有限空间，总是会集中它们的全部的巨大力量进行一次向上推涌的跳跃，以这种方式，洞穴的顶部被逐渐侵蚀。我所躺卧的开放入口，使这个洞穴的顶部免于承受这种雀跃波浪的全部力量；然而，生活在那里的生物是一种只存在于大浪中的

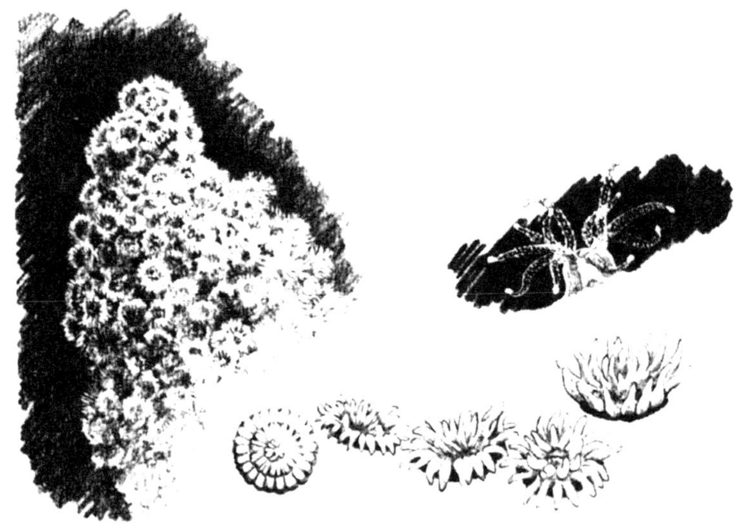

星珊瑚（star coral, *Astrangia*），北方唯一真正的珊瑚

动物群。这是一片简单的黑白马赛克——在这之上生长着贻贝的黑壳、藤壶的白色锥体。由于某种原因，这些藤壶虽然是海浪冲刷的岩石上技巧高超的殖民者，似乎不能直接在洞穴顶部找到立足之处。但是贻贝能够在这里立足。我不知道这是怎么发生的，但是我能猜到。我可以想象，在潮水退走的时候，贻贝幼体从潮湿的岩石上爬来，纺出把它们牢牢固定的丝线，在归来的水流中把自己锚定
121 住。接着，在合适的时候，增长的贻贝群落可能会为藤壶幼体提供一个立足之地，比光滑的岩石更站得住脚，这样藤壶幼体们就可以把自己胶合在贻贝的壳上。不管这些是怎么发生的，总之这就是现在我们所发现的它们的样子。

当我躺着向小池里张望的时候，会有一些相对安静的时刻，这就是一阵波浪退去后，另一阵波浪还未到来的间隙。于是，我能听见细小的声音：从顶部的贻贝上滴落的水声，或者从镶着墙边的

海藻上滴落的水声——小小的银色水花，把自己迷失在小池的广阔里，迷失在小池本身发出的混乱的低声暗语中——小池从来都不怎么平静。

接着，当我的手指在暗红色的带状红藻中探索，并拨开覆盖着我身下墙壁的角叉菜的叶状体时，我开始发现生物有着如此极致的精细，以至于我好奇——在暴风海浪的残酷力量释放在这个有限的空间内的时候，它们是怎样才能生存在这个洞穴之中？

依附着岩壁的，是一种苔藓虫的薄壳，在这个形态中，有几百个微小的细颈瓶状的细胞组成的易碎结构，像玻璃一样脆弱，一个挨着一个地躺卧着，有规律地排列起来，组成一个连续的外壳。它的颜色是一种淡淡的杏色；它的整体看起来像是一种短命的生物，会在一触之下破碎，就像阳光下的白霜。

一种蜘蛛一样的小生物有长而纤细的腿，在岩石表面跑来跑去。出于可能与它的食物有关的一些原因，它的杏色的身体和身下苔藓虫毯的颜色一致；还有海蜘蛛，它的身躯似乎也十分脆弱。

另一种更加简陋而且竖直生长的苔藓虫——织虫，从基部的垫子上射出棍状的小突起。浸染着石灰的小棒看起来同样易碎且具有玻璃质感。在它们之上和其中，无数的小蛔虫蜿蜒地爬行着，如丝线一般纤细。幼体贻贝爬行着，试探性地探索这个世界，这世界 122
对它们而言如此新鲜，以至于它们还没有找到一个能够把自己用纤细的丝线锚定的地方。

用我的放大镜探索时，我在海藻的叶状体中发现了许多非常小的螺仔。其中有一只显然刚来到这个世界不久，因为它纯白色的外壳只形成了第一圈螺旋——在从幼体长为成体的过程中，这种螺旋还会绕着它的身体长出很多圈。另一只个头并不比它大，但是龄期比它长。它闪亮的琥珀色外壳像乐器圆号（又称为法国号）一样卷曲着，并且就我观察，它里面的微小身体伸出牛一样的头，而且

它闪亮的琥珀色外壳像乐器圆号（又称为法国号）一样卷曲着。

红须海绵，呈现为潮水潭壁上的红色斑块

似乎在用一对像最小的针尖那么小的黑眼睛注视着它的周围。

但是，似乎一切之中最脆弱的，还是钙质的小海绵。它们分散出现在海藻之中，形成了一块块向上隆起的微型小管，形态就像花瓶，每一个都不超过1英寸高。每一个的壁都是一张丝线精细的网——被制成似乎仙界才有的精细的浆硬过的蕾丝网。

我可以用我的手指捏碎任何这些易碎的结构——但是，它们却能够设法在这里生活，生活在海水到来时必定会灌满小池的雷鸣般
123 冲击的海浪之中。也许海藻正是解开这个秘密的钥匙，它们富有弹力的叶状体，为它们之中所包含的所有“微小纤弱的生命”做了充分的缓冲。

但是，是海绵赋予了这个洞穴以及小池独特的品质——一种不断流逝的时间感。我在夏日里最低潮汐中参观小池的每一天里，它们好像都未曾改变——六月如此，八月依然，九月照旧。今年和去年是一样的，并且可以预见，在这之后的千百个夏季之后，它们也还会是这样。

海绵的结构简单，形态与祖先并无太大差别；它们世代不绝，传衍至今，架接起了无数的年代，远古的祖先就曾在古老的岩石上铺散开它们小垫，并从原生的大海吸取食物。覆盖着这个洞穴

之底部的绿色海绵，在这个海滨形成之前生长在其他的小池之中；在3亿年前遥远的古生代，最早有生命走出海洋的时代，它就已经很古老了；甚至在早于有化石记录的时代的更模糊的往昔，它就已存在，因为这些坚硬的小骨针（在活组织消失之后唯一剩下的东西）被发现于最早含有化石的岩石中，即寒武纪的那些岩石中。

所以，在那个小池隐秘的小室之中，时光从悠长的年代回响到现在，而“现在”也只是一瞬而已。

所以，在那个小池隐秘的小室之中，时光从悠长的年代回响到现在，而“现在”也只是一瞬而已。

在我观察时，有一只鱼游入，它成为一片绿光中的阴影，从小池向海的岩壁上一个低矮的缺口进入。与古老的海绵相比，这条鱼几乎是**现代**的象征，其鱼形的世系只能追溯到海绵历史的一半之久。但在我的眼中呢，这两者的形象就好像是同时代的事物，我只是一个初来者，我的祖先居住地球的时间如此短暂，以至于我存在于此，几乎像是一个时代错误、时空错乱。

当我躺在洞穴的入口想着这些事情的时候，海水的浪涌升起，漫过我休息于其上的岩石。潮水在上涨着。

万亿年的海绵，万亿年的鱼类，在小池中相遇，何等的时光穿越，平淡中宏大的诗意。

第4章　沙质海滨 125

沙质海滨给人以一种古老的感觉，这种感觉不见于新英格兰的岩质海岸；在宽广沙滩紧邻着无边的风积沙丘的海滩上，古老的感觉会更加强烈。这种古老的感觉，部分地来自于从容不迫的地质进程，它们以无限闲适的步伐来来去去，有无穷的时间可供驱遣。这里的海陆关系，是经过了千百万年的时间才建立起来的，不同于新英格兰海岸上，海水突然而来，淹没大地和山谷，海涛汹涌，冲向山地旁的月牙湾。

在这些漫长的地质时代里，沿着大西洋沿岸的大平原，海水起起落落。海水曾经缓慢地升涌向遥远的阿巴拉契亚山脉，暂停了一段时间，然后又缓慢地退去，有时候远远地退到大西洋的海盆中；而大海的每一次这种海进，都落下了它的沉积和其中生物的化石——落在了宽广平坦的平原上。因此，这片特殊的所在，在地球的历史中或在沙滩的存在中，只是短短的一刻。无论海平面再高几百英尺，还是再低几百英尺，大海仍然会从容不迫地在闪亮的沙滩上起起落落，正像它们今天一样。

而海滩上的物质本身，也可以追溯到时间的深处。沙子这种物质，既美丽，又神秘，而且无限地变化多端；海滩上的每一粒沙子，都能够将其产生过程追溯到生命朦胧的开端时代，或者追溯到地球本身的起源。

海岸沙滩的大部分沙子，来自于岩石的风化和分解，它们从 126

起源之地出发，随着雨水与河流，抵达大海。在从容不迫的侵蚀过程中，在朝向大海的运输中，这一旅程一再地被打断，又屡屡地重新启程，期间，矿物质遭受着不同的命运——有些被抛下来，有些被磨碎消失了。在群山中，岩石缓慢地降解着，通过水对岩石的磨蚀，沉积物质缓慢但不可阻遏地增长着、流动着；有时候发生山体滑坡，突然而剧烈地加速这种过程。所有的沙子，都起程赶往大海。但是，有些在水的溶解作用下消失了，有些在河床激流的摩擦下消失了。有些被洪水抛在了河岸上，然后在那里待一百年或者一千年，甚至被囚禁在平原的沉积中，再等待100万年左右，在此期间大海可能来过之后，又返回了它的海盆中。终于，这些沙子被各种持续不停的侵蚀手段（风、雨、冰霜）解放出来，继续它们朝向大海的旅程。沙子一旦被带到咸水中，一种全新的整饬、分选和运输就开始了。轻质的矿物，例如云母片，几乎被立即带走；而沉重的矿物质，例如钛铁矿和金红石的黑沙子，就被剧烈的风暴潮卷起来，抛到海滩的高处。

单粒的沙子，无法在任何地方长久地停留。沙子越小，它就越容易被进行长途运输——较大的沙粒被水运输，较小的沙粒被风运输。一粒中等大小的沙子，重量只有同等体积的水的重量的2.5倍，但却要比空气重2000倍，所以，只有最小粒的沙子，才能够被风进行运输。虽然沙子不断地受到水和风的作用，一片海滩每一天所发生的变化，都是微不可见的。这是因为一粒沙子被带走之后，通常会有另一粒沙子来填充它的位置。

大多数海滩的大部分沙子，都包含水晶；水晶是丰度最高的
127 矿物，几乎见于任何类型的石头中。不过，还有许多其他的矿物质，伴随着石英晶体颗粒，一小撮沙子的样品，就可能包含十几种以上的其他成分。通过风、水和重力的拣选作用，黑色的、较重的矿物质微粒，可能聚成斑驳的矿层，覆在苍白的石英层上面。于

是，在沙层上面，可能形成一层奇怪的紫色阴影，随风变动，聚集成深色的堆脊，就好像水的波纹——这几乎是纯石榴石的聚集。或者，还可能形成深绿色的斑块，这是由海绿石形成的沙层，是大海中生物和非生物互相作用，发生化学反应的产物。海绿石是一种包含有钾的硅酸铁；在所有的地质年代中，都有海绿石形成。根据一种理论，现在海绿石在海底的温暖的浅水中，正在形成，在这里，一种叫有孔虫的小生物的壳体，正在泥质海底聚集和分解。在许多夏威夷海滩上，沙粒中包含来自于黑色玄武岩火山石的橄榄石沙粒，反映了地球内部阴沉的黑色。而在佐治亚州的圣西蒙和萨佩罗群岛（St. Simons and Sapelo Islands），“黑沙”清晰地和淡色的石英分开。

不同颜色的沙子是不同矿物和不同生物遗体的产物。

在世界的某些地方，沙子反映了曾生有石灰质坚硬组织的植物的遗存，或者生有钙质壳体的海洋生物的残片。例如，在苏格兰海岸的某些地方，构成海滩的闪亮的白色“珊瑚藻沙子”，乃是生长在近岸海底的珊瑚藻的遗存，被打碎并搁浅在了沙滩上。在爱尔兰的戈尔韦（Galway）海岸，构成沙丘的多孔碳酸钙小球，乃
是曾经在海中漂浮的有孔虫的壳体。这些动物的生命短暂易逝， 128
但它们建造的壳体却保存下来。这些壳体漂流到海底，被压缩成为沉积物。后来，这些沉积物被抬高，形成悬崖，这些悬崖又被侵蚀，侵蚀形成的物质又一次返回大海。有孔虫壳体还出现在南佛罗里达礁岛群（Keys）的沙滩中，伴随着珊瑚的碎片和软体动物的壳体，都被打碎、搁

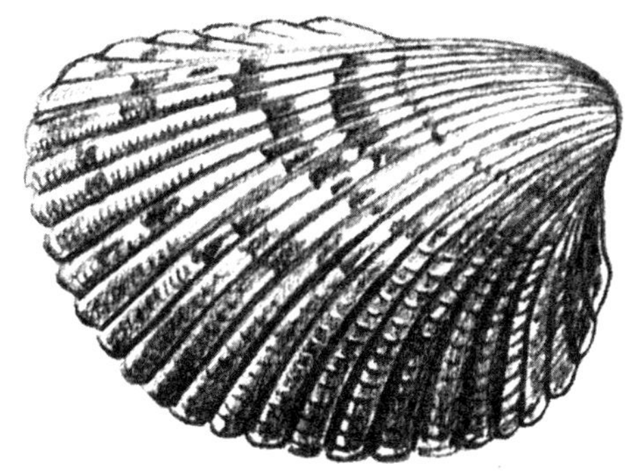

鸟蛤

浅，然后被海浪进行了打磨、抛光。

每一粒沙子都刻满了日志。

地心的岩浆喷出地表后形成的岩石粉碎后，形成了沙子。

从东港到基韦斯特，美国大西洋海岸各地的沙子，以其呈现的不断变化的性质，揭示了各种不同的起源。北方部分的海岸，以矿砂为主，它们来自于上万年以来冰川从北方带来的岩石碎片，海浪仍在分选和重新整理这些沙子，并且把它们从一个地方携带到另一个地方。新英格兰海滩上的每一粒沙子都刻满了日志，其历史绝不寻常。在它们成为沙子之前，它们曾是岩石——被冰霜的刻刀所切削，在冰川的推进中被碾碎，然后搁浅在海滩上，被“海浪磨坊”进行研磨、抛光。而在冰期推进之前的很久远的年代，有些岩石以我们所未见的（及大多未知的）方式，被地下的火烧成液体，沿着深沟裂缝，从黑暗的地球内部涌出来，来到光天化日之下。现在，在这个历史的具体时刻，它属于大海之滨——它们在海滩上随着潮水而上上下下，或者沿着海流而在沿岸漂动；随着无休无止的波浪，不停地筛分着、拣选着，被夯实、被冲走，或者再次陷入漂动。

在纽约长岛上，积累了许多冰山物质，那里的沙子包含大量的粉色或红色的石榴石、黑色的电气石，同许多磁铁矿颗粒共存。
129 新泽西，首先出现南方的海岸平原沉积，那里磁性物质和石榴石较少。烟水晶在巴奈加特（Barnegat）的海滩占据优势，海绿沙在蒙默斯县（Monmouth）海滩占据优势，而重矿物在五月角占据优势。在各地，都有绿柱石出现，这是熔化的岩浆把古代地球所深埋的物质带到了地表的结晶。

在弗吉尼亚北部的海滩，不到0.5%的沙子是碳酸钙，而南部则有约5%的沙子是碳酸钙。在北卡罗来纳，钙质的沙子（或者说壳质的沙子）突然增多，不过水晶质的沙子仍然占据沙滩物质的多数。哈特拉斯海角和卢考特角之间，多达10%的海滩沙子是钙质的。在北卡罗莱纳州，也有奇特的局部聚集的特殊物质，如硅化木——赫布里底群岛（Hebrides）的爱歌岛（Eigg）上著名的“鸣歌沙滩”中包含着同样的物质。

佛罗里达的矿物质沙子并不是起源于本地，而是起源于佐治亚和南卡罗来纳的皮蒙特（Piedmont）和阿拉巴契亚高地的岩石的风化。这些碎渣被南下的溪流和江河带到了大海。佛罗里达的海湾沿岸的沙滩，几乎都是纯水晶，是由从高山下降到大海的晶粒构成的，积累成雪白色的平坦地带。美国的威尼斯沙滩，有一种特殊的闪亮光彩，那是锆石的晶粒像一层钻石铺在沙滩上；而且在某些地方，还有闪亮的蓝色玻璃一样的蓝晶石颗粒。在佛罗里达的东海岸，水晶沙占据着长长海岸的大部分（水晶沙是构成著名的戴托纳海滩的那种充实的水晶颗粒），不过，在靠近南边的沙滩，晶体沙子就越来越和贝壳碎片相混合。在靠近迈阿密的海滩上，沙子只
有不到一半是水晶；塞布尔角（Cape Sable）和礁岛群的沙子，几 130
乎都来自于珊瑚、贝壳和有孔虫的遗存。而在佛罗里达的整个东海岸，沙滩得到了少量火山物质的贡献，因为浮石碎屑随着海流漂流了成千上万公里，搁浅在海岸上，形成了沙子。

一粒沙子虽然非常小，但是它的形状和纹理却能够反映出来它的历史。一般来说，被风吹送的沙子，要比被水运输的沙子更为圆润。并且，它们的表面呈现了一种磨砂效应，这是来自于在空气吹送中和其他沙粒的摩擦。在海边的玻璃片上，或者冲到海滩上的陈旧瓶子上，我们也可以看到同样的效果。古老的沙粒，通过它们的表面刻画，能够向我们提供古代气候的线索。在欧洲更新世沉积的沙

苹果芭蕉螺

子中，沙粒被冰期时吹拂冰川的大风，刻画出了磨砂的表面。

一粒沙子却几乎是无法毁灭的。它是海浪工作的最终产物——是多年摩擦、抛光之后，矿物质所剩下的微小坚硬的内核。

我们认为岩石代表着持久，但是在雨、霜、海浪的进攻下，即使最坚硬的岩石也会碎裂、磨损而去。但是，一粒沙子却几乎是无法毁灭的。它是海浪工作的最终产物——是多年摩擦、抛光之后，矿物质所剩下的微小坚硬的内核。小粒的湿润沙子，彼此之间只有很小的距离，因为虹吸作用，每一粒沙子都裹附着一层水膜；而因为这层液体缓冲膜，沙子之间就很少有进一步的磨损了。即使沉重海浪的打击，也无法让沙子彼此之间发生摩擦。

在潮间带，这个由沙子组成的微小世界也是不可思议的微小生物的世界，它们在覆盖一粒沙子的液体膜上面游泳而过，就好像鱼儿游过覆盖地球的海洋。在这滴毛细水中的动植物群落里面，有单细胞的动物和植物，有水螨、虾形甲壳类、昆虫和某些极小的蠕虫的幼虫——它们在生存着、在死亡着、在游动、在进食、在呼吸、在繁殖——都在我们人类感官无法察觉的微小世界中进行。在
131 这样的世界里，分开两粒沙子的一颗微小水滴，就好像一片宽广黑暗的大海。

一沙一世界。

并不是所有的沙子的旁边都寓居着这种“空隙间的生物群”。那些从结晶岩石风化而来的沙子中，通常居住着最丰富的生物。贝壳砂或珊瑚砂即使包含桡足类等微小生物，也会很少；这可能表明了碳酸钙颗粒为环绕自己的水膜制造了一种不适合、不利于生命生存的碱性环境。

在任何海滩上，沙粒之间的“小水池”都代表了在大海低潮时，可供沙中动物生活的水量。平均粒度大小的沙子，几乎可以滞留与其自身体积相当的水，所以在退潮时，温暖的太阳只能晒干最上层的沙子。下面的沙子仍然是湿冷的——所蕴含的水分令更深处沙子的温度几乎保持不变。即使盐度，也是相当稳定的，只有最表层的沙子受到降雨或淡水流入的影响。

海滩的表面只有波浪雕刻的波纹状痕迹，纹饰精细的沙粒最终被疲乏的海浪抛下来，死亡的软体动物的壳四处分布，海滩表面看来了无生机，似乎不仅没有居民，而且确实无法居住。在沙滩上，几乎一切都是隐藏起来的。在大多数海滩，察觉沙滩居民的唯一线索，是发现它们遗留下来的蜿蜒的足迹、扰乱上层的轻微运动、或者勉强伸出的管，以及通向隐藏的洞穴的隐蔽开口。

从这一次的潮水落下，到下一次潮水涌起的期间，海滩上与海岸线平行的深沟里至少保持了几英寸深度的浅水，在这里，即使看不到动物本身，也往往可以看见生命的迹象。一座缓慢移动的沙山，下面可能潜藏着一只外出狩猎的玉螺。一条V形的行迹，可能表明存在一只穴居蛤、一只鳞沙蚕或者一只心形海胆。扁平的带状 132
行迹，则可能会通向一只埋藏在沙里的沙钱或者海星。而被海水保护的沙滩或者滩涂，在两次潮汐之间一旦暴露在外的时候，它们往往会布满了成百上千的孔洞，这标志着其中居住有蝼蛄虾。而其他的沙面则可能布满了突出的小管道，小如铅笔杆，古怪地装饰着小小的贝壳或者海藻，这表明了有一大群带羽的蠕虫——巢沙蚕（diopatra），居住在下面。或者，那里可能有一片广大的区域，布满了沙蠋（lugworm）黑色的锥形土堆。再或者，在潮汐的边缘，有一系列的羊皮纸状的囊，它们一端是不受约束的，另一端则消失在沙中，这表明了有一只大型的掠食性蛾螺位于其下，正在从事辛苦的生产工作——产下并保护她的卵。

但是，生命的实质几乎总是存在——寻找食物、躲避敌人、捕获猎物、生产幼体，所有这一切，组成了沙质海滩生态群的生与死，令它永存不朽。但是，这些生机，逃过了某些人们的视线，他们匆匆看一眼沙滩表面，就宣布此地贫瘠。

我记得一个12月的寒冷早晨，在佛罗里达州的万岛群岛（Ten Thousands Islands）的一座岛屿上，沙滩刚刚被最近袭击的海浪打

一种沙蚕

湿，而清新干净的海风，沿着海岸吹来了一些飞沫。有几百码的海岸，向着海湾庇护所凹进来；就在水线以上，暗湿的沙子那里，有特有的标记。这些标记被排列成组，每一组，都有一系列的细小的
133 蜘蛛丝一样的细线从一个中心点辐射而出，仿佛是一根细棍颤抖着划过的一样。起初，看不到任何活物的迹象——说不出是什么样的生物在湿沙地上画出了这些看似漫不经心的涂鸦，我跪在湿沙地上，一个一个地观察这些奇怪的图章，我发现，在每一个中心点，都躺着一个海蛇尾的五角扁盘。沙面上的标志，就是由**它们的修长长臂**在沙滩上描画的，记录了它们的前进路线。

然后，我回想起在六月的一天，在博德浅滩涉水，这个浅滩位于北卡罗来纳的博福特镇（Beaufort），那里低潮的时候，沙质的海底之上只覆盖了几英寸的海水。在靠近海岸的地方，我发现了两行清晰的足印；我的食指就可以测出两行之间的宽度。在这两行之间，有一条模糊、不规则的线。一步一步地，我被这些轨迹带领着，穿过滩面；最终在这条轨迹的终点，我发现了一只幼年的鲎（亦称马蹄蟹）正在赶往大海。

鲎（马蹄蟹）

对于沙质海岸的大多数动物来说，求得生存的关键是能够钻入湿沙之中，并且在潜伏避开海浪的同时，拥有手段进行摄食、呼吸和繁殖。因此，沙子的故事，从某些方面来讲，也是居住于深沙之中的微小生命的故事，它们在深处的黑暗中、湿冷中，得以避开
乘潮来猎食的鱼类，以及潮水退去时在海滨捕猎的鸟儿。这些钻洞 134
者，一旦处于表面之下，就不但寻到了一个稳定的环境，而且找到了一个庇护所，于是就很少有天敌能威胁到它们了。这些少数的天敌，往往是从高处冲下来的——可能是一只生有长喙的鸟儿，刺入招潮蟹的洞穴；或者黄貂鱼游动着拍打海底，掀起沙粒，暴露出藏在沙子下边的软体动物；或者章鱼把探索、取食的触手伸入一个洞穴。

玉螺

只是偶尔地，才会有一只天敌深入沙中。玉螺（moon snail）这种捕食者，

玉螺在海底行进

就是用这种艰难的营生，求得了成功的生存。玉螺是一类盲目的动物，它们的眼睛没有用，因为它们总是在黑暗的沙中摸索，猎寻在沙面之下深达1英尺处生存的软体动物。玉螺用庞大的足部挖掘，它光滑的外壳，使它能够很容易地钻入沙中。在确定了猎物的位置之后，它用足部抓住猎物，然后在猎物的壳上钻一个孔。玉螺科动物非常贪吃；其年轻个体每周所吃掉的蛤类，超过它们体重的三分之一。有些蠕虫和少数的海星，也是穴居的捕食者。但是，对于大多数捕食者来说，不停地挖掘洞穴所消耗的能量太大，超过掘洞觅食所获取的能量。沙中的大多数穴居者，都是被动的食客，它们所挖掘的洞穴只能允许它们建立一个暂时的或者永久的居所，它们居住其间，从水中过滤食物，或者吮吸沉积在海底的食物碎屑。

上涨的潮水激活了一套活生生的过滤系统，过滤大量的海水。埋藏在下面的软体动物，穿过沙子伸出它们的虹吸管，吸入涌

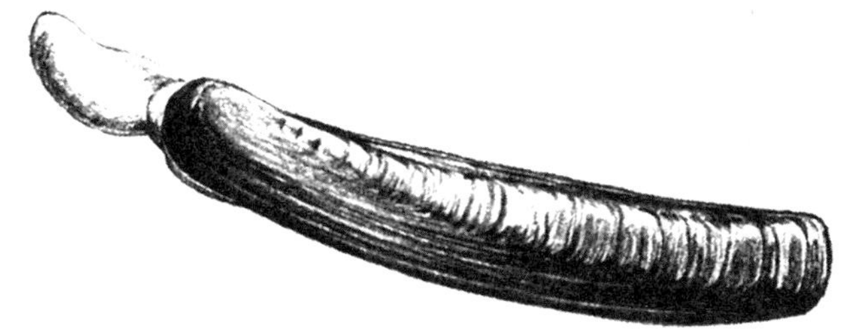

竹蛏（剃刀蛏）是有效率的掘洞动物

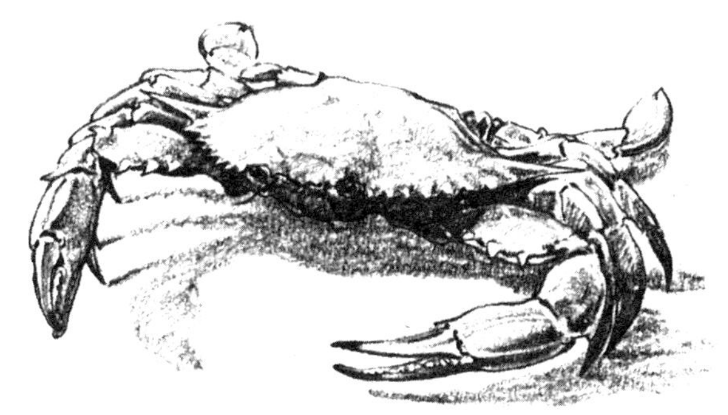

蓝蟹

来的海水，通过它们的身体。磷沙蚕，位于羊皮纸一般的U型管道中，开始泵吸汲水，它们从管道的一端吸入海水，从另一端排出海水。涌来的水流带来了食物和氧气；排出的水流则被消耗了大部分 135
的食物，并且带走了蠕虫的排泄物。小螃蟹伸展它们触须上的羽状捕捉器，摄入食物，就好像在快速地撒网、收网一样。

随着潮水，从近海涌入了捕食者。一只蓝蟹从海浪中冲出来，抓住了一只胖嘟嘟的鼹蟹（mole crab）——这只鼹蟹本来正要舒展触须，从消退的海潮中滤出食物。随着潮水到来的，还有咸水的米诺鱼（minnow），它们的鱼群像云朵一样涌来，寻找上层海滨的小型端足类生物。玉筋属鱼（launce），或者说玉筋鱼，疾速地穿行于浅水，寻找桡脚类动物或者小鱼苗；有时候，玉筋鱼被大型鱼类的朦胧身影所追逐。

随着潮水消退，这些不同寻常的活动，大多数消停下来。摄食与被摄食，都发生得少些了。不过，在湿沙之中，即使在潮水消退之后，某些动物仍然能够摄食。沙蠋（lugworm）为了摄入沙子中含有的食物碎屑，能够继续地让沙子经过它们身体的消化道。心形海胆和沙钱（sand dollar）躺在包含海水的沙子中，继续拣选出来食物碎屑。但是，覆盖大部分沙滩的，是一种饱食之后的平静——等待潮流的逆转。

虽然有很多地方，在安静的海滨和受保护的滩涂，可以发现这样丰富的生物，但有一些生物则最清楚地活在我的回忆中。在佐治亚州的一座海岛，有一片海滩，虽然此地远望非洲，但它只吸引
136 来最温柔的海浪。风暴通常会绕过这里，因为它位于恐怖角和卡纳维拉尔角的海角之间内弯的海岸上，而盛行风又不会为这里带来沉重的涌浪。海滩本身的质地，因为泥土和黏土与沙子的混合而异常坚实，可以挖出永久性的洞穴，而且潮流所雕刻的沙纹涟漪，在潮水退去的时候仍然能保留下来，恰似海之波的微缩模型。这些沙纹保留了水流释放下来的微小食物颗粒，为碎屑取食者们提供了一片粮仓。海滩的坡度是那么地舒缓，所以当潮落至最低的时候，有400米的沙滩暴露在高低潮线之间。但这种宽广的沙坪不是一个完美均匀的平原，因为上面贯穿沟壑，就好像大地上的小溪，残留着最后一次高潮时的潮水，为一会儿都离不开水的动物们，提供了一处续命之地。

正是在这个地方，在潮水到达的最边缘处，我曾经发现布满海肾（sea pansy）的“大片海床”。这一天，天阴沉沉的，这一事实正是这么多海肾暴露在外的原因。在阳光明媚的日子里，我从来没有见过海肾出现在那里，但是，毫无疑问它们正藏身在沙面

之下，保护自己不被烈日晒干。

但那天我看到它们的时候，那些粉红色和淡紫色的花一样的面孔，它们从沙中升起，只是略微地暴露在沙面之上，从旁边经过的人们，仍然很容易忽视它们的存在。即使看到它们，甚至认出它们是什么，仍然让人们感到很不协调——因为就在这样的大海边缘，发现了这么明确的像是花一样的东西。

这些扁平的心形海肾，将它们的短柄伸出了沙面，它们不是植物，而是动物。它们所属的类群，包含的是一些简单的生物，例如水母、海葵、珊瑚等，但是，要找到离它们最近的亲缘种类，我们必须离开海滨，来到深深的海底，那里生长着一些像蕨类一样的 137
生物，构成陌生的动物森林——这是海笔（海鳃）将它们的长茎干伸出软泥之外。

在这浪潮边缘生长的每一只海肾，都是海流抛到这个海滨的微小幼虫发育而来的。但是，随着它不同寻常的发育过程，它们放弃了本初的个体生活，而是变成了一个由许多个体构成的聚群，互相联系在一起，形成了一整个花一样的结构。不同的个体或水螅珊瑚形状都有嵌入肉质聚群的小管。但是，有些小管生有触手，看上

同样的个体聚群生活之后能自发分化分工，真是令人赞叹。

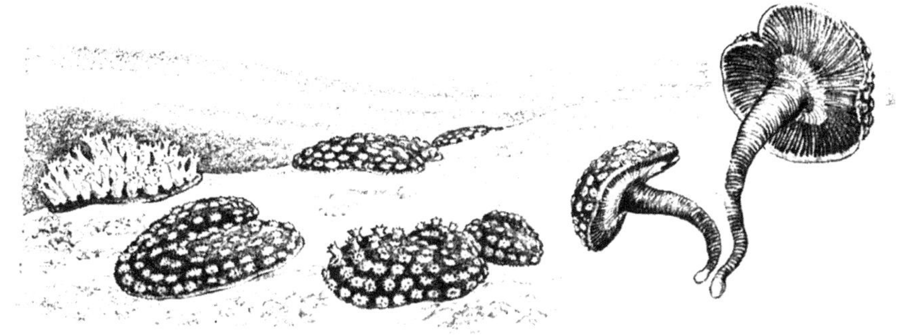

海肾

沙钱（sand dollar，钥孔海胆）

去像很小的海葵，它们为整个聚群捕获食物，并且在合适的季节形成生殖细胞。其他的小管缺少触手；它们是整个聚群的工程师，负责摄入与控制海水的工作。一种通过改变水压进行控制的液压系统，控制着整个聚群的运动；随着整个茎变得膨大，它会插入沙中，把整个聚群也带入沙中。

随着上升的潮水漫过扁平形状的海肾，摄食的珊瑚虫的触角都伸展出来，捕捉那些在海水中舞蹈的生命尘埃——桡足类动物、硅藻类、精小如丝的鱼类幼虫。

138 而在晚上，浅浅的海水在滩面上轻轻地泛起涟漪，一定会轻柔地发出光亮，这些成百上千的光点，描绘出海肾生存的区域；这些光点蜿蜒着构成曲线，就好像人们从夜航飞机上俯瞰大地，发现下面黑暗地景上穿插蔓延的光光点点，表明着沿着一条公路定居的人们。海肾像它们的深海亲戚一样，也发出美丽的荧光。

繁殖季节到来的时候，海潮扫过这些滩面，携带着许多微小的、梨状的游泳幼虫，这些幼虫将发育成新的海肾聚团。在古老的年代里，海浪曾经穿流通过分开南美洲和北美洲的海峡；海水携带着这些幼虫，在太平洋海滨争得立足之地——北到墨西哥，南到智利。再后来的地质时代，两块美洲大陆之间，隆起了一条陆桥，关闭了大西洋和太平洋之间的水路。现在，生存在大西洋海滨和太平洋海滨的海肾，就是活生生的证据，提醒我们在古老的地质年代里，北美洲和南美洲是分开的，当时海洋生物能够自由地从大西洋运动到太平洋。

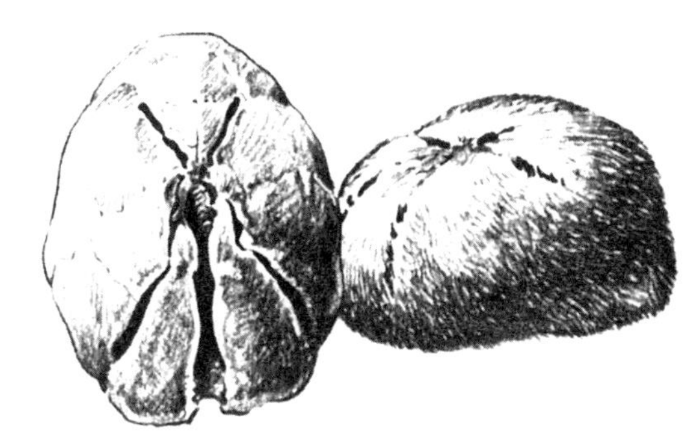

心形海胆（heart urchin）

在大海低潮线的边缘，湿软的沙子中，我经常看到微小的冒泡，而在这表面之下，沸腾活跃的，是各种沙中居民，在进入、或者离开它们所藏身的世界。

这里有一种生物叫做“沙钱”，又被称为钥孔海胆，它们薄如圆片。当一只沙钱用沙子掩埋自己的时候，它前部的边缘倾斜着插入沙中，轻而易举地从阳光、海水的世界，进入人类感官一无所知的黑暗领域。沙钱的壳在内部被从盘中心附近辐射而出的花瓣状支 139
撑物所加强，这便于它钻入沙中，并且抵抗海浪的力量。这种动物的表面覆盖着细小的针状物，摸上去很柔软。这些针状物在阳光下闪闪发光，它们的摆动激起了水流，使得沙粒发生运动，从而有利于这只动物从水中进入泥沙中。在这只扁盘的背部，隐隐地刻画出了五瓣花一样的结构。“5”这个数字是棘皮动物的标志，沙钱重复着这个标志——扁盘上面有5个孔洞。随着这只动物在表面沙子的水膜之下前进，下面的沙粒通过这些孔洞移上来，这有助于沙钱的前进运动，并且为它的身体覆盖上了一层隐蔽性的覆盖物。

沙钱和其他棘皮类动物，共享这一黑暗的世界。心形海胆生存在湿湿的沙子下面。人们在滩面上从来都看不到它们，直到曾经包含它们的薄薄的“小盒子”被海浪所携带着，抛到海滩上，它们被风吹拂着，终于被搁在了高潮线的垃圾中。心形海胆形状古怪，

140

械海星
一种沙中穴居的海星

沙海星
见于南方海滨的、一种表面光滑的灰色海星

隐身于沙面之下至少6英寸的洞穴斗室之中，它们的几条隧道用黏液作衬里，保持开口畅通，通过隧道，它们可以抵达浅海的底部，在沙粒中寻找硅藻和其他的食物颗粒。

有时候，在沙地的表层，突然有星形图案闪烁，表明下面有海星居住在沙中；海星用小小的水流标志出自己的形象，这是因为这种动物用身体吸取海水进行呼吸，然后通过身体的上表面上的许多小孔排出海水。如果沙子被搅动打扰了，星形的图案就颤抖着，消失了，就像一颗明星消失在薄雾中——这只动物迅速滑走，用扁平的管足划过沙中。

在穿越佐治亚海滩上的归途中，我总是意识到——我正踩在一座地下城市的顶部。至于这座城市的居民，则很难看到，或者根本看不到。这里有的是各种“烟囱”和地下住宅的通风管道，以及通向地下黑暗之地的各种通道和跑道。有小堆的垃圾被抛到表面上来，似乎是在厉行某种公共卫生行为。但居民仍然隐而不彰，住在它们黑暗的世界中，令我们无法领会、难以理解。

这个地道之城最众多的居民是蝼蛄虾。滩涂上，到处都是它们的洞

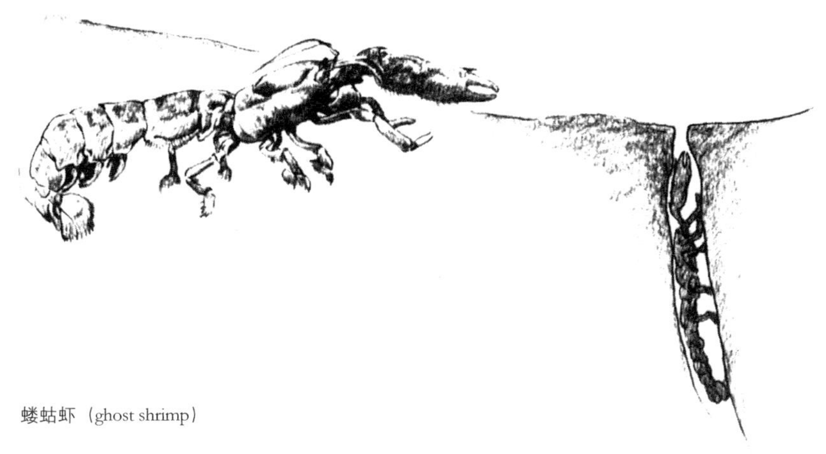

蝼蛄虾（ghost shrimp）

穴，洞穴比铅笔细，并且洞口环绕着小堆的粪便颗粒。这里堆积了 141
大量的粪便，是因为虾的生活方式——它必须摄入大量的沙泥，才能获得和泥沙混在一起的食物。这些窟窿是可见的洞穴的入口，它向下延伸到沙中——这是长长的几乎垂直于地面的通道，联系着其他的通道，有些继续进入黑暗潮湿的“虾城”的地下室，有些则通到沙子的表面，似乎是要提供紧急逃生通道。

洞穴的“业主”平时不爱抛头露面、表现自己，只有当我把沙粒一点一点地洒向它们的“门厅”的时候，它们才被我的伎俩所骗，现出身来。蝼蛄虾是一种奇怪的生物，身体修长。蝼蛄虾很少出门，所以不需要坚硬的保护性骨骼；相反，它身上覆盖的，是柔韧的甲片，适合在狭窄隧道中来往，它必须能在这隧道中进行挖掘和转身。在其身体下侧，是几对扁平的附肢，不断拍击着，令水流进入它的洞穴，因为在这深沙层中，氧气供应不足，它必须从上层取得富含氧气的海水。潮水来时，蝼蛄虾上行到它们的洞穴口，开始行动，从沙中过滤出来细菌、硅藻，也许还有更大的有机碎屑颗粒。它们用附肢上的小细毛从沙中刷出食物，然后送入嘴中。

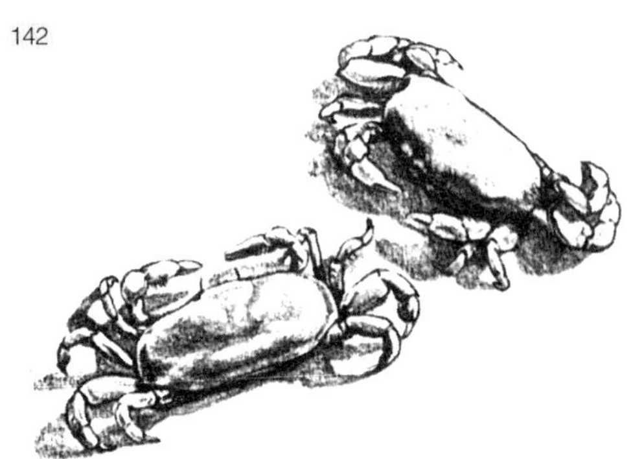

豆蟹（pea crabs）

142 在这个地下沙城建立永久家园的生物，很少是悄然独居的。在大西洋沿岸，蝼蛄虾经常为圆嘟嘟的豆蟹（pinnixa）提供住宿，豆蟹和常常见于牡蛎中的蟹类物种是近亲。小小的豆蟹在通风良好的蝼蛄虾洞穴中，找到了住房和稳定的食品供应。水流从洞穴中穿流而过，豆蟹从水流中滤出食物，使用身体上生长的羽状物作为捕食网。在加利福尼亚海岸，蝼蛄虾为多达10个不同种类的动物提供庇护。其中之一是一种鱼——小小的鰕虎鱼。在退潮后，它们把这洞穴当作是一个临时的避难所，它们悍然游荡在蝼蛄虾家的廊道，如果必要的话，会把房主推到一边。另一种动物，是一种蛤，居住在洞穴的外面，但是把自己的吸管通过洞壁伸入洞穴之中，从流经洞穴的海水中摄取食物。这种蛤的吸管很短，在通常状况下，它只能生活在沙滨的浅表面下，以取得海水和食物供应；但是，通过接通蝼蛄虾的洞穴，它就可以安享更深处沙滩的庇护。

在这同一片佐治亚的沙滩上的更加泥泞的地带，生活着沙蠋。它们居住的地方有标志性的圆圆的黑色鼓丘，就好像低矮的火山锥。在沙蠋生存的地方，无论是美洲还是欧洲的沙滩，它们都用辛勤的劳动肥沃了沙滩、不断更新滩涂，使得沙滩中腐败有机物的量保持适当的平衡。在大量沙蠋生存的地方，它们每年能在1英亩（4047平方米）的沙滩上重塑2000吨的泥土。就像它们在陆地上的同行（蚯蚓）一样，沙蠋让大量的泥土通过自己的身体。沙蠋的消

沙蠋（lug worm）

化道吸收腐败有机物中的食物，排泄出来沙子，排泄物整齐的、曲蜷的形状，暴露了沙蠋的踪迹。在每一堆暗色的小锥体附近，出现 143
了一个小小的漏斗状凹陷。沙蠋位于沙子中，身体摆成U形，尾部在锥体之下，头部则在凹陷的下面。当海潮升上来的时候，头部就伸出来摄食。

仲夏，沙蠋的其他生存迹象也出现了——巨大的、透明的粉色囊袋，漂浮在海水上，一端仍系在沙中，就好像小孩玩的气球。这些果冻状物质构成的致密团块，是沙蠋的卵块，每一块中都有多达3万只幼体正在发育。

宽广的沙面不断地被这些沙蠋和其他海洋蠕虫加工、处理着。其中之一——笔帽虫（trumpet worm），使用包含其食物的沙子，制成了一个锥形管，这样在挖掘隧洞的时候，它就可以保护自己柔软的身体。可能有时候，人们会看到活的笔帽虫在工作——因为它会让自己的锥形管突出，略高于表面。但是，更常见的是在潮汐垃圾中，找到空管。尽管这些空管的表面上看很脆弱，但在它们的建筑师死后很久，它们仍然保持完好——这是由沙子构成的天然的镶嵌作品，只有一粒沙子那么厚，无微不至地装配起了每一块“建筑石料”。

苏格兰人沃森（A. T. Watson）曾花费多年时间，来研究这种蠕虫的生活习性。由于锥形管的建设是在地下进行的，所以，他发现自己几乎不可能观察到小号虫如何把沙粒放入合适的位置并且胶连在一起，直到他想出了一个主意——采集刚刚孵化出来的幼虫，它们可以生存在实验室玻璃培养皿的底部，上覆一层薄沙即可，然后就可以观察它们了。在幼虫们停止游泳之后不久，它们就固定在培养皿的底部，开始建造锥管。首先，每一只个体随身分泌了一层膜质的管。这将成为锥管的内衬，也是沙粒镶嵌作品的基础。这些低龄幼虫只有两个触手，用来收集沙粒，并把它们送入嘴中。这些沙
144 粒被卷起来，进行尝试，如果发现沙粒合适，就被嵌入锥管边缘的某一选定的位置。这时，笔帽虫从胶腺中分泌一小滴液体，然后笔帽虫在管上揉抹某种盾状结构，好像是在打磨它。

沃森写到：“每一只锥管，都是其房主的终身工作成就，用一颗颗沙粒很漂亮地构建而成，每一粒沙粒的放置，都堪比人类建筑家最精湛的手艺……何时才达到了准确的切入，很明显是由一种敏锐的触觉所确定的。有一次，我看到笔帽虫把一粒沙安放下来，在胶定其位置之前，进行细微的调整。”

笔帽虫像沙蠋一样，在表层之下的沙子中寻得食物；锥管在

笔帽虫和它的锥管

房主从事地下挖掘工作的一生中，提供了终生的居所。它们的挖掘器官，就好像锥管一样，看似脆弱，其实却很强大。它们是细长、尖锐的刷毛，排列成两组，或者说构成两个鸡冠状的器官，看起来完全不是实用的物件。我们可以很容易认为——有人异想天开，用金箔纸剪成了这种形状，又用剪刀反复修剪，造成毛边，做成了一件圣诞树的装饰品。 145

我曾经在自己的实验室里，为笔帽虫们创造过一片小小的海洋和沙地，这样我就可以观察工作中的笔帽虫。我发现，即使在玻璃碗里的一层薄薄的沙子中，笔帽虫仍能很有效率地运用它的鸡冠状头部，让人联想到一台推土机。虫体从锥管中略微地伸出来，把鸡冠状的头部伸入沙中，挖出沙土，并且扔到后面，然后它们把“铲刀”缩回来，似乎在用锥管的边缘进行清洁。左右交替摇摆推进，整个事情做得非常有激情、速度很快。金铲松动沙子，让摄食的触角可以在沙粒间进行探索，并且把发现的食物送到口中。

在大陆与海洋之间，顺着屏障一般的岛屿构成的一线，海浪打开了缺口，潮汐从这里涌入岛屿后面的海湾和海峡。岛屿面向大海之一侧的岸边，充溢着沿岸流，携带着沙子和淤泥，绵延许多英里。潮汐竞相从峡湾涌入，一片混乱之中，海流懈怠下来，卸放了它们所携有的一些沉积物。因此，峡湾的许多入口处，带有纹路的浅滩取代了大海，这就是沉积的沙子形成的“钻石浅滩”和“煎锅浅滩”，以及几十个有名的或无名的浅滩。但是，并非所有的沉积物都是这样沉积的。许多被潮汐所裹挟，席卷进入峡湾，被海水抛到较宁静的内部水域。在海角和峡湾口之间、在海湾和深水之中，浅滩积累起来。在存在浅滩的地方，海洋生物的幼虫或幼体寻觅着，找上门来——这些生物的生存，需要安静的浅水。

在卢考特角（Cape Lookout，了望岬）的庇护之下，有的沙洲向海面隆起，在低潮时段，短暂地暴露在太阳和空气中，然后再次

斑纹蟹，浅色蟹壳上分布着红色的斑点和暗色的纹路

沉入海水以下。它们很少被重浪扫过，而在它们上面或周边打转的潮流，可能会逐渐改变它
146 们的形状和范围——这些潮流，今天借走沙洲们的一些物质，明天又用来自其他地区的泥沙偿还这些沙洲——总的来说，它们对于沙滩动物，是一个稳定与平和的世界。

一些浅滩以空中或海洋中拜访它们的生物命名——鲨鱼沙洲、羊头沙洲、鸟洲。要参观鸟洲，就需要坐船出海，通过蜿蜒的波弗特海岸沙丘沼泽的渠道，然后登上被扎根的沙滩草紧紧固定着的砂质边缘——这是沙洲面向陆地一侧的边界。成千上万的招潮蟹构筑的洞穴，把面向沼泽的泥泞海滩装点得好像一面粗筛。入侵者进入沙洲，招潮蟹跑过沙洲的表面，难以计数的几丁质小腿足奔跑的声音，就像纸张撕裂发出的响声。穿越沙脊，一个个目光越过整个沙洲。如果潮水仍然有一个或两个小时才会降到低潮，人们只能看到一片水在阳光下闪闪发光。

在沙滩上，随着潮水的消退，湿沙的边界逐渐向着大海撤退。在近岸的海滨，水面闪耀犹如丝绸，上面浮起了一片暗天鹅绒颜色的斑块，就好像一只巨大的鱼浮出了水面——那是一条长长的沙脊开始进入我们的视野。

在大潮退潮的时候，这个庞大沙洲的高处更高地露出水面，暴露在空气中；在小潮退潮的时候，潮汐的脉冲软弱，水的运动低迷无力，沙洲几乎保持隐藏于水下的状态，即使在最低潮的低点，沙洲表面也覆盖着一层薄薄的水，其上涟漪盈盈。但是，在任何一 147
个月的低潮，在平静的天气，人们都能涉水从沙丘的边缘到达沙洲的广阔地带；水这么浅、这么清净，水底的每一丝细节都昭然若揭。

即使在中潮的时候，我也已经走到很远，以至于看上去远离了干沙滩。这时，深深的水道开始突入海滨的外围。走近它们，我能看到水道的底部倾斜下来，从晶莹澄澈变成了一种沉闷和不透明的绿色。一群小鱼，闪烁着掠过浅水，犹如闪亮的银色小瀑布一样，扎入深水，这凸显了水滨斜坡的陡峭程度。较大的鱼通过这些滨岸之间的狭窄水道，从海上徘徊而来。我知道，在深水的地方，有日光蛤（sun ray clams）的栖息地；而蛾螺向下移动，深入其中，取食这些蛤。螃蟹在水中游泳，或者把它们自己埋入沙底只露出眼睛，然后，在每一只埋身的螃蟹上面的沙子中，出现了两个小小的漩涡，那是螃蟹在用鳃摄入水流，进行呼吸。

在海水覆盖沙洲的地方，生命从隐匿中出来。一只幼年鲎（马蹄蟹）匆忙地爬出，进入深水中；一只小小的蟾鱼缩成一团，落入了一丛鳗草中，嘶哑地发出可以听到的抗议——抗议有拜访者立足

圆趾蟹

（lady crab, *Ovalipes ocellatus*）

148 于在它的这个人类极少涉足的世界。一只海螺螺壳上有整洁的黑色螺旋，配以黑足和黑色的吸管。这是一只黑线旋螺（banded tulip shell），它迅速地滑过水底，在水底沙上描画出一条清晰的行迹。

水底到处生长着海草，它们是开花植物中的先行者，它们进入咸水是生命史上的冒险之举。它们扁平的叶片伸出沙面，它们交织的根须让沙质水底具有了坚固性和稳定性。在这样的沼泽中，我发现了一种古怪的、在沙中居住的海葵，在这里有一片居住地。海葵因其结构和习性，在深入水中取食的时候，需要紧紧地抓住一处坚固的支撑物。在北方，它们抓住岩石；这里，它们通过深入沙中，直到仅留下触手的花冠露出沙的表面，从而实现了同样的目的。这一沙中的海葵，通过收缩它的吸管的向下的一端，然后向下扎，这时，通体传来一阵缓慢的扩张性的波动，于是这一生物就沉入了沙中。因为海葵似乎应该总是属于岩石，所以，在这里看到沙子中生出一簇柔软的触手花丛，总是让人感到奇怪；然而，埋身于这一坚固的底部，它们无疑就像在缅因州的岩水潭中绽放的羽状海葵一样，立足稳固。

在长满海藻的浅滩，随处可见的是磷沙蚕略微露出沙面的一双双的“烟囱”。这种蠕虫本身总是生活在沙面之下，它的居所是

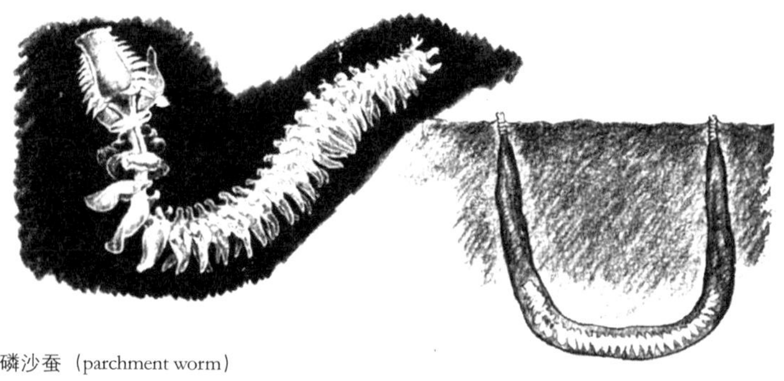

磷沙蚕（parchment worm）

一个U形管道，其狭小的两头是这种动物与大海接触的途径。磷沙 149
蚕躺在管道里，它抖动身体上像扇子一样的突起，扇动水流通过它家的黑暗隧道，从而为它带来微小的单细胞植物，作为其主要食物，并且带走它所产生的废物，以及在繁殖季节产下的新一代。

除了其幼虫在海水中漂流的短暂时期，这种沙蚕的整个生命就是这样度过的。幼虫很快就不再游泳了，变得呆滞慵懒，沉降到浅滩底部。它开始爬行，也许在沙纹的凹槽里寻找硅藻作为食物。它爬行的时候，会遗留下一条黏液构成的行迹。大概经过几天之后，幼年磷沙蚕开始营建短短的、黏液内衬的隧道，挖掘洞穴硅藻与沙子混合的厚团块。从这样一个简单的坑道，幼虫开始将它延长、扩建到数倍于其身体的长度，扩展到沙面之上，创造出一只U形管道。它随后所有的管道，都仅仅是反复地改建和扩展这一管道的结果，以适应磷沙蚕越长越大。磷沙蚕死亡之后，这种柔软的空管道，就被海水冲出沙滩，时常见于海滩上的零碎漂浮物中。

在一段时间内，几乎所有的磷沙蚕开始接待住客——小豆蟹（小豆蟹的亲缘种则居住在鬼虾的洞穴）。这种联合，通常会持续一生。豆蟹，在年轻的时候，被源源不断的富含食物的水流的吸引，进入磷沙蚕的管道中，但很快就长得太大，无法通过狭窄的出口离开。事实上，磷沙蚕本身也不离开管道，虽然说偶尔会见到某些个体有再生的头部或尾部，这种无声的证据表明，它可能曾经充分地露头露尾，以至于吸引了路过的鱼或蟹的攻击。磷沙蚕没有手
段来防御这种攻击：唯有它受到惊扰，通体发出怪异的蓝白色的光 150
时，可能会对敌人构成一种警告。

浅滩表面上伸出的其他小烟囱，属于多毛纲的巢沙蚕（diopatra）。这些“小烟囱”都是单独出现的，而不是成对出现的。它们装饰着贝壳碎片和海藻，能够有效地骗过人类的眼睛，非常令人好奇；而它们只有一端露出沙面的管道，有时可以向下延伸进沙

多毛纲的巢沙蚕（plummed worm, Diopatra）

中深达3英尺。也许这一伪装也能够有效地对抗天敌，但是，为了收集建筑其管道外露部分所需要的建筑材料，巢沙蚕必须要暴露几英寸的身体。巢沙蚕像羊皮纸虫一样，也能够再生失去的组织，以防御饥饿、寻食的鱼类。

潮水退去，在这里可以看到巨大的蛾螺，到处滑行着，寻找
151 它们的猎物——埋在沙滩之下的蛤类，这些蛤让一股海水通过自己的身体，从中滤食微型植物。不过，蛾螺的搜索并不是漫无目的，它们敏锐的味觉引导着它们，寻到从文蛤的虹吸管出口那里流出的隐形水流。这种味道线索可能会把蛾螺带向一只粗壮的竹蛏（剃刀蛤），其肉体饱满突出，外壳只能覆盖肉体很少的一部分；也可能把蛾螺带向一只硬壳蛤，贝壳紧闭。但即使这样，蛾螺仍然能够打开这些看似棘手的猎物。蛾螺用它的腹足紧握硬壳蛤，通过肌肉收缩，利用其本身厚重的螺壳，发出了一阵阵的敲打锤击。

生命的循环（一个物种对另一个物种的错综复杂的依赖关系）到这里仍没有结束。在海底黑暗的巢穴里，居住着蛾螺的天

敌——具有厚重身体的紫色石蟹，色彩鲜艳，它们有力的脚钳，能够一块一块地，剥开蛾螺的外壳。石蟹潜伏在码头和防波堤的石头之间的洞穴之中，潜伏在贝壳岩被侵蚀出的孔洞中，或者潜伏在为人所造的废旧汽车轮胎之中。它们的巢穴，就好像传说中巨人的住所一样，堆弃着它们（吃过）的猎物的遗骸。

科诺比螺（Knobbed whelk）

石蟹（stone crab）

152

即使海螺能逃离这个敌人，还有另一个敌人来自空中——海鸥成群地造访浅滩。它们没有很大的爪子来粉碎其猎物的贝壳，但是，有些遗传下来的智慧告诉它们另一种取食方法。发现一只暴露的海螺之后，海鸥就抓住它带到高处。然后，海鸥就寻找一条柏油路、码头，甚至就是海滩本身，腾飞到高空中，然后抛下它的猎物；接着，海鸥立即扑

很多海鸟都会充分利用重力来破解贝类的硬壳。

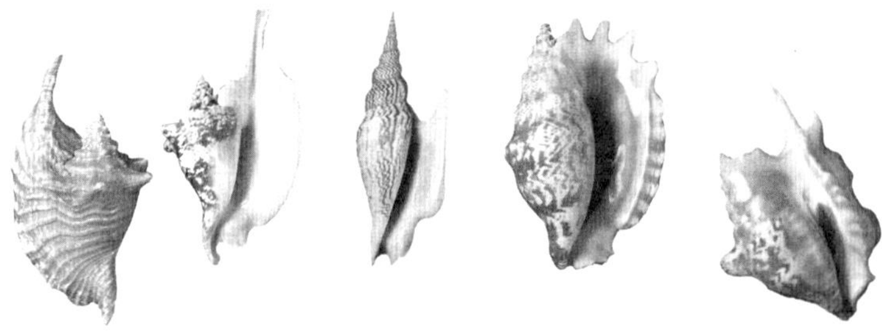

科诺比螺

竹蛏

向地面的猎物，以取食摔碎的贝壳中的美食。

我回到浅滩，看见一只扭曲的环状物，螺旋着伸出沙中，位于一团绿色海底植物的边缘，像一条羊皮纸编成的粗制绳索，上面编串着几十个小钱包一样形状的囊鞘。这是一只雌性海螺的卵鞘串，现在是6月，正是这一物种产卵的时间。我知道，在所有的囊鞘中，造物的神秘力量正在发挥作用，其中可能会孵化出成千上万

沟槽香螺（右），其卵鞘边缘尖锐；
科诺比螺（左）的卵鞘边缘则很宽

的海螺宝宝；而这之中可能有成千上百只海螺宝宝可以生存下来，涌出每只卵鞘的壁上的圆形的门户，每一只小宝宝，都生有像它们父母那样的一只螺壳，只是非常之小，犹如一个缩影。

海浪，从开阔的大西洋奔卷而来，抵达不受离岛或臂弯型半岛所保护的海滩，把它们的力量拍打在海滩上。对于生物来说，在高低潮线之间的区域，是一处艰难的世界。这个世界充满了强力、
变化和不断的运动，甚至在那里的沙子，也获得了某种水一般的流 153
动性。这些暴露的海滩上，生物很少，因为只有最特化的生物，才可以居住在重浪拍击的沙中。

生存在开阔海滩的动物，通常个头很小、并且行动迅速。它们的生活方式很奇怪。在海滩上拍碎的每一片波浪，都既是它们的朋友，又是它们的敌人；虽然波浪会为它们带来食物，但是，波浪在旋转着回流时，也威胁着这些动物的立足——要把它们卷回大海。任何动物，如果想“开发”这涌动的海浪和流动的海沙、摄食海浪带来的充足食物，就必须成为令人惊讶的挖洞能手，能够快速并且持续地挖掘。

鼹蟹

鼹蟹（mole crab）位列“最成功的海滩开发者”之一。鼹蟹可谓是“浪里渔夫”，能够非常高效地使用自己的“渔网”——以至于能抓捕到漂浮在水中的微形生物。鼹蟹巢穴构成的整个“城市”，位于海浪拍打之处。大潮来的时候，它们随潮流涌向海岸；海潮退的时候，它们随潮流退向大海。在涨潮的时候，它们会有几次整群地改变位置，在更高处的海滩上挖掘，这些位置的海水深度可能更有利于摄食。在这壮观的“群众运动”中，沙区似乎突然沸腾起来，因为它们采取了奇怪的“一致行动”，就好像一大群鸟或者一大群鱼一样，所有的鼹蟹从沙中涌出，就好像一阵波浪扫过沙滩。它们被湍急的水流，带上更高的海滩；然后，随着波浪的力量减弱，它们用魔术般的迅速行动，快速地挖掘、进入沙中；挖掘方法正是利用其尾部附肢的回旋运动。随着潮水的退潮，鼹蟹回到低水线，这一旅程同样分为几个阶段。如果有几只鼹蟹流连忘返，错过了逐海的潮流，潮水已经降落到它们位置的下方，这些鼹蟹就往下挖几英寸，抵达潮湿的沙子，然后等待海水的归来。

正如它们的名字所暗示的，这些小甲壳类动物同鼹鼠有一些相似之处——它有平平的、爪子状的附肢。它们的眼睛很小，几乎
154 是无用的。就像所有的沙中居民一样，鼹蟹更依赖于触觉，而不是依赖于视觉；它们生有许多传感刚毛，令触觉变得非常有效，堪称

神奇。但是，如果没有**长且卷曲的羽状触须**造化得如此有效，甚至让微小的细菌都纠缠进了触须之中，那么鼹蟹是无法作为“浪里渔夫”而生存的。鼹蟹在准备摄食的时候，潜入湿沙之中，仅留口器和触角暴露在外。虽然它面向大海，但是它并不在波浪袭来时摄取食物，恰恰相反，它会等待一个浪潮把力量消耗在海滩上，回流向大海的时候，进行摄食。当疲乏的海浪变浅为一两英寸的深度，鼹蟹就把触角探入水流中。钓了一会儿鱼之后，它把触角通过围绕其口器的附器，采摘捕获的食物。并且，在这一次活动中，同样表现为一种奇怪的群体性行为，因为当一只蟹伸高了它的触角，聚群里的所有其他鼹蟹都迅速地效仿它的行为。

在沙滩上跋涉的时候，如果碰巧当地有一个大的鼹蟹群落，那么，你将目睹一件非同寻常的奇妙事情——“海滩变活了”。刚才，这里还看似全然没有生物居住。然后，当回流的海水像一层液体玻璃一样流向大海的时候，突然之间，出现了数以百计的地精一般的面孔，目光锐利、通过沙面窥望，它们身体上嵌有生着鳃须的面孔，几乎与背景浑然一色，令人难以察觉。而当，几乎一瞬间，
这些面孔褪回隐形状态，仿佛许多奇怪的小穴居人曾经通过他们的 155
隐世的窗帘，短暂地向外张望，而后又突然地退隐其中，这种错觉十分强烈——就好像刚才的一切只存在于人们的想象中——似乎只是这流沙溢水的魔幻世界所造成的奇怪幻影。

“海滩变活了”，作者不但观察精细，而且比喻巧妙。

因为鼹蟹的食物采集活动让它们保持在海浪的边缘，所以鼹蟹所面临的敌人，既有来自陆地的，又有来自海洋的——探查湿沙的水鸟、潮流中在涨潮时摄食的游鱼、蓝蟹从海浪中冲出来，去抓取它们。因此，鼹蟹作为“大海生计体”中的一个重要的环节，联系着水中的微小食物和大型掠食性食肉动物。

即使个别鼹蟹可能逃脱在潮汐线处捕猎的大型生物，它们的生命也是短暂的——包括一个夏季、一个冬季和再一个夏季。鼹蟹

的生命开始于其母亲——其母蟹体内牢固地储藏着橙色蟹卵构成的团块，时间长达数月，然后小鼹蟹宝宝孵化出来，刚开始仅仅是一只微小的幼虫。随着孵化时间临近，母亲放弃了和同群的其他个体同步的爬上爬下的摄食行为，而是保持在低潮带附近，从而避免令**后代搁浅在沙滩上部**的危险。

脱离了卵囊保护的鼹蟹幼虫是透明的，生着大脑袋、大眼睛，就像所有的甲壳类幼虫一样，身体上装饰着古怪的刺。这时，它是一种浮游动物，完全不知道将在沙滩上开展的新生活。随着它的生长，它发生换皮——脱落幼虫时的外皮。于是，它达到另一个阶段，这时虽然它仍然像幼虫那样挥舞毛肢进行游泳运动，但是已经开始在动荡的碎波带的底部谋生活，在这里，沙子因海浪的激扬而变得松动。夏末，它还将发生另一次蜕皮，这个时候它将变形为成体，具有成体鼹蟹的摄食行为。

156 在其漫长的幼虫时期，许多幼稚鼹蟹都乘着海流，做长途的沿岸旅行，因此，（如果它们在远航中幸存下来）它们最终上岸的地点，可能已远离了它们父母生活的海滩。在太平洋沿岸，强大的表面海流流向大海的地方，马丁·约翰逊（Martin Johnson）发现，大量的鼹蟹幼体，被带入了海洋深处，将注定在那里毁灭——除非它们有机会迷途知返，搭上一条返回的海流。因为幼虫阶段很长，一些仔稚鼹蟹被海水携带到200英里（320多千米）处的近海。如果搭乘上大西洋海岸的沿岸盛行海流，也许它们能够旅行得更远。

随着冬季的来临，鼹蟹保持活跃。在其分布范围内的北部，寒霜已经深深地咬入沙滩，海滩上结了冰；鼹蟹们迁移到比低潮区更远的海中，去度过寒冷的月份——在这里，它们待在大约1英浔（1.8米）的海水之下，让它们免受寒冷空气的伤害。

春天是交配季节，而到了7月份，去年夏天孵化出来的大部分或所有雄性鼹蟹，已经死亡。雌鼹蟹携带着卵块，时间长达数月，

斧蛤

直到幼蟹孵化出来；在入冬之前，所有这些雌鬼蟹也都死亡了，这时候只有一个世代的鬼蟹仍然生存在沙滩上。

在高低潮线之间，大西洋海滩波浪席卷，另一种“视此地为平常之处的生物”是小小的斧蛤（coquina clam）。斧蛤的生活非常不平凡，几乎处在不断的动荡活动之中。当它们被波浪冲下来，它们必须再一次地挖下去，用粗壮、尖锐如铲的足部，来插入沙中，求得一个坚固的立足之地。在此之后，它那光滑的外壳被迅速拉进
了沙子。一旦根深蒂固之后，斧蛤就伸高其虹吸管。进水吸管大约 157
与壳体等长，在其口部大肆地摇曳、舞动。送入口中的硅藻类和其他食料，或者被波浪激起的食料，就被吸入了吸管中。

就像鬼蟹一样，几十几百的斧蛤个体，在海岸上下移动，可能是要寻找、利用最适宜的水深。于是，在斧蛤从它们的洞穴中涌出，让波浪携带它们的时候，我们就看到沙滩闪耀着鲜艳的贝壳的颜色。有时候，有其他小型的掘沙动物，随着斧蛤在波浪中一起运动——它们是取食斧蛤的肉食性锥螺（terebra）的小伙伴。其他的敌人还有海鸟——环嘴鸥不停地猎食这些斧蛤，把它们从浅水中翻拣出来。

在任何一片具体的海滩，斧蛤都是暂住居民；它们的营生是

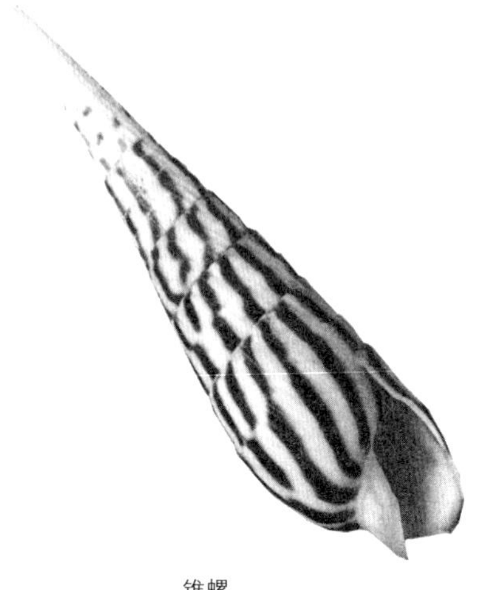
锥螺

寻求某一地区所能提供的食物，然后继续前进。如果一片海滩上，呈现了成千上万色彩斑驳的精美贝壳，形如蝴蝶的辐射状色带穿过壳体，那么这一片海滩，可能是一片它们从前的取食地点。

只有在潮水涨落最大的那段时间内，大潮的高潮线才会短暂而周期性地被海水所拥有，于是，任何海岸的**高潮区**，其性质都既具有一

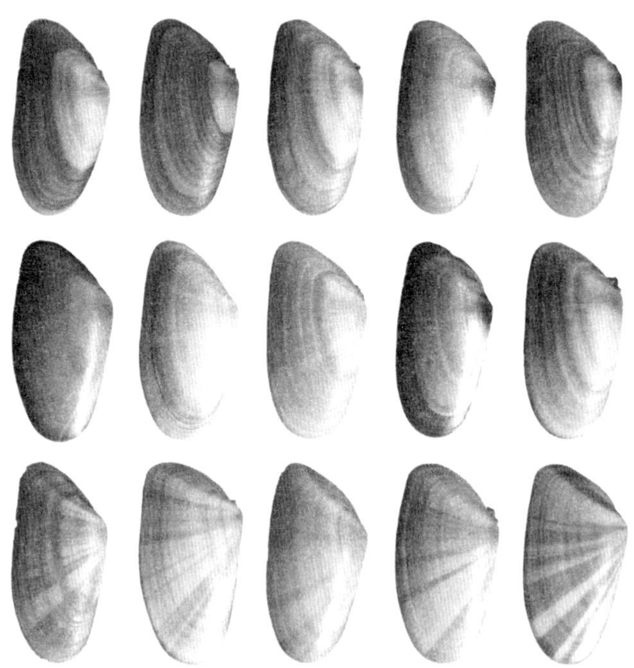
斧蛤

定的陆地性、又具有一定的海洋性。这种中间性、过渡性的性质，不但渗透进上部海滩的物理性构成，而且渗透进了这里生长的生物之中。也许潮起潮落已经潜移默化地影响了某些潮间带动物；让它们逐渐地可以离水而居；或许就是因为这个原因，所以在这个地带有一些居民，它们所处的历史阶段，既不属于陆地，也不完全属于海洋。

沙蟹，苍白暗淡，犹如它所栖居的上部海滩的的干沙。它似乎是一种陆地动物。在海边开始隆起沙丘的地方，沙蟹的洞穴通常会折回陆地方向。然而，沙蟹并不是能够呼吸空气的生物。沙蟹在 158
围绕其鳃的鳃室中，携带着一小片海洋；而这种动物，必须不时地访问大海，以补充海水。此外，它还有另一种访问——一种几乎是象征性的访问：每一只沙蟹，在个体生命开始的时候，都是一只小小的浮游生物；在它们成熟之后的产卵季节，每一只雌蟹都必须再次进入大海，来释放其幼体。

除了这些**必须接触大海**的时候，成年蟹的生活几乎已经无异于**真正的陆生动物**。只是它们在每一天中的一段时间，就必须探到海水中进行湿鳃，以同大海最少接触的方式，实现它们的目的。它们不是直接地投身海中，而是站在某时刻大部分的海浪刚刚能达到

沙蟹

的地方的略上方。它们侧身站在水边，腿在陆地一侧攥紧沙地。人类泳客知道，在任何海浪中，都偶尔会有一小波卷得比别的浪花高，达到更上部的海滩。而沙蟹等待着，仿佛也知道这一点，而当这样一朵波浪卷起它们的身体，它们就返回到上部海滩。

面对海洋，沙蟹并不总是戒慎恐惧。我头脑中能够想起，在弗吉尼亚州的一片海滩上，一只沙蟹伏在一只海燕麦（sea-oats）的茎干上；这是10月的一天，暴雨席卷海陆。沙蟹忙碌地往口中送入食物碎屑，好像是从茎秆上取得的一样。它大力地咀嚼着，十分专注于它所占据的有利位置，忽略了背后咆哮的茫茫大海。突
159 然，一阵破碎的波浪携带着泡沫，淹没了它，把沙蟹冲下茎秆。沙蟹和茎秆都被冲上了湿漉漉的海滩。

而几乎任何一只沙蟹，如果被人追捕，被逼到走投无路，它就会一头扎入海浪之中，仿佛“两害相权取其轻”。在这种时候，它们并不是在海水中游泳，而是在海水底部爬行，直到警报解除，它们才会斗胆爬出来。

虽然在阴天的时候，甚至在充满阳光的日子，偶尔都会有少量的沙蟹外出，但是，它们主要是夜间海滩上的捕猎手。它们因为黑夜的斗篷降临，于是平添了白天所不具备的勇气。它们一窝蜂似地掠过沙面；有时，它们在靠近水线的地方，挖下暂时的洞穴、藏身其中，观察大海可能会带给它们什么。

沙蟹短暂的一生，体现了一部旷日持久的物种传奇、体现了一种海洋动物在进化过程中的“登陆”。沙蟹的幼虫，像鼹蟹的幼虫一样，是海洋性的，它们从母亲生成的充气的蟹卵中孵化出来，就成为一种浮游生物。幼蟹在海流中漂移的时候，会蜕几次皮，以适应日益长大的身体；每一次蜕皮的时候，它都进行某种轻微程度的变形。最后，达到了其最后的幼虫阶段，被称为“大眼幼虫期”。

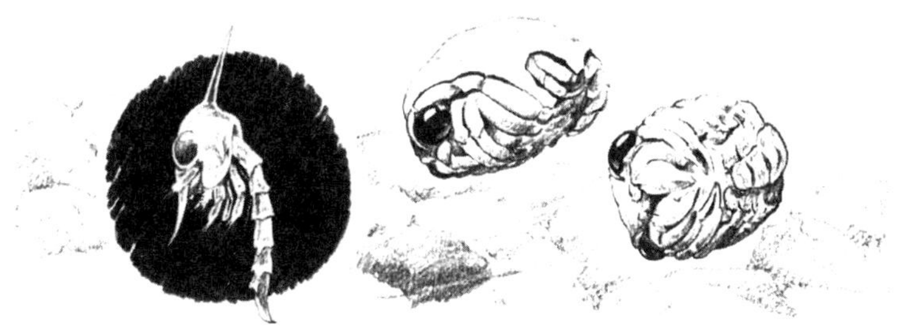

沙蟹幼虫：早期（左）、大眼幼虫期（右）

就是这样一种形态，作为一种象征，反映了这种动物的命运；因为它是一只大海中孤独漂流的小生灵，必须遵循无论怎样的本能，飘向岸滨，而且必须在海滨成功地登陆。进化的漫长过程，已经改变了它，让它配合自己的命运。和近缘螃蟹的对应阶段相比，它的结构很不寻常。乔斯林·克兰（Jocelyn Crane）研究了不同物种的沙蟹的幼虫，发现它们的角质层始终是厚重的、而身体是圆形的。其附肢带有沟槽纹理，以便它们能够紧密地折叠到身体下面，每一处都精确地符合相邻的附肢。在执行“登岸”这一危险行动的时候，这种结构适应于保护幼蟹，不受波浪的拍打和沙子的磨刮。

登岸之后，沙蟹幼虫挖掘一个小洞，可能用来躲避波浪的伤 160
害，也可能是作为一个庇护所，进行变形，变成成体的模样。从这时起，幼蟹的生活，就是逐渐地走向更高的海岸。在它小的时候，沙蟹幼体在湿沙之中挖掘的洞穴，其所在会被涨起的潮水所覆盖。当沙蟹长到半大，它就在高于高潮线的地方掘洞；而当它完全长成了，它就完全地进入上部沙滩，甚至在进入沙丘之中，这时，它达到了这一物种的“登陆运动”所及的最远的地方。

在沙蟹占据的任何一处海滩，它们的巢穴，以一种周天的和季节性的节奏，时隐时现，端端依据着洞主们的习惯。在夜间，洞口敞开，沙蟹们外出到海滩上觅食。大约在黎明的时候，沙蟹们回来了。至于每一只沙蟹是否都遵循着规矩，返回到它以前占据的巢穴，还是图方便地返回到随便某个巢穴？这种事殊难确定。它们的习惯可能随着地点而不同，也可能随着沙蟹的龄期而不同，或者随着其他各种变换的条件而不同。

大多数的坑道是简单的斜井，以大约45°的角度，通入沙中，其末端是一个扩大了的窝巢。少数洞穴，还有一个辅助性坑道，从窝巢通向地表。这可以用做一个紧急逃生通道——如果一位敌人从主坑道钻进，打进了门（例如另一只个头大的、有敌意的螃蟹），洞主就可以紧急逃生。这第二条坑道，往往以几乎垂直的角度，通
161 向地表。它距离海水，要比主坑道更为遥远，有的会通向沙滩的表面，有的不会。

清晨的几个小时时光，沙蟹们用来修缮、扩大或者改善它们今天所选定的洞穴。爬上倾斜的坑道、运输沙子的沙蟹，通常横行而出，它所携带的沙子载荷，就好像一包行李一样，夹在它身体后部的腿足之内。有时候，它们一抵达洞穴的开口处，就会猛烈地抛出沙子，然后立即闪身进洞；有时候，它们把沙子携带到稍远的地方，再卸下沙子。沙蟹往往把它们的洞穴储满食物，然后退居其中；到了中午，几乎所有的沙蟹都封闭了洞穴的入口。

在整个夏天，海滩上洞口显现的情况，就遵循这种日复一日的模式。到了秋天，大多数螃蟹都已经转移到了海浪无法抵达的干沙滩；它们的洞穴更加深入沙中，似乎是业主们感受到了十月的寒冷。然后，洞穴的沙质大门关闭了，要直到春天才再次打开。冬天，海滩上既没有螃蟹，也没有它们的洞口——既没有铜钱大小的幼蟹，也没有完全长成的成体蟹。但是，如果在四月天阳光明媚的日子里，在一片海滩上散步，你将看到这边或者那边有开

沙跳虾（滩蚤）

口的洞穴。不久，就有一只沙蟹，穿着闪亮的春季大氅，出现在门户那里；在这春日的阳光里，暂时地倚着蟹腿晒一下太阳。如果空气中有一丝寒意徘徊而来，沙蟹就会很快地退回洞内，关上大门。但是，等时来运转、季节到了，在高处的整片沙滩上，沙蟹们就都在从冬眠中醒来。

就像沙蟹一样，小小的片脚类动物沙跳虾（sand hopper）或者说滩蚤（beach flea），也展现了进化中戏剧性的一刻——一种生物放弃了一种古老的生存方式，选择了一种新的生存方式。它的祖先们完全是海洋动物；而如果我们没有看走眼的话，它遥远未来的后裔将是陆地动物。而现在，它正处于从海洋中生存到陆地上生存的过渡阶段——中途。

在这种过渡性的生存状态中，**它们的生活方式**内涵着奇怪的 162
小矛盾和小讽刺。沙跳虾已经前进到远至上部海滩的位置；它的窘境在于——它被束缚在距离大海不远的地方，而恰恰是那些赋予它生命的因素，也在威胁着它。很明显，它从不主动地进入海水。它游泳技术很差，如果长时间潜入水中，有可能被淹死。但是，它又需要湿润，可能也需要海滩沙子中的盐分，所以，它仍然被海洋世界所束缚。

沙跳虾的运动，遵循着海潮的节奏以及昼夜交替的节奏。在黑夜中，潮水消退的低潮时候，它们大肆游荡在潮间带地区，寻找食物。它们啮咬海白菜、鳗草或者巨藻，它们的小身体随着它们充满活力的咀嚼而摇动着。在潮线抛下的垃圾地带，它们寻找死鱼、死蟹壳体残存的肉屑；于是，海滩得以清扫干净，磷、氮等矿物质被从死尸中回收出来，被生者所利用。

如果在夜间低水位退得比较迟，这些端足目动物，将继续它们的狩猎，直到接近黎明破晓的时分。在曙光冲淡夜空之前，所有的沙跳虾，开始移动前往沙滩上部高水位线的地带。在那里，每一只沙跳虾开始挖掘洞穴，供它们在白天和涨潮时退居其中。它们的工作进程很快，它们的一对足向后面的一对足传递沙壤，直到它们用第三对胸足把沙壤堆在后面。这只小小的挖掘家，不时地啪地一下挺直自己的身体，于是被积累的沙子，就被抛出了洞穴。它在洞
163 穴的一面墙壁上猛烈地工作，本身则以第四对和第五对足为支撑，然后，它转身，在对面的一面墙壁上工作。

这种动物很小，它们的腿足看似脆弱；但是，它们在短短的10分钟内就有可能挖掘完成自己的坑道，而且把洞穴的末端掏空，构成一间密室。在它们挖到最大深度的时候，这一坑道就代表了巨大的工作量——就相当于一个人，不用工具，徒手为自己挖掘了一个深约60英尺的坑道！

沙跳虾完成挖掘工作之后，往往返回到洞穴的入口处，去测试入口门户的安全性。这些门户是由坑道深处的沙子堆积而成的。沙跳虾可能从洞穴的入口处伸出它长长的触角，感受这些沙子，牵引这些沙子，把更多沙粒带入洞穴。然后，它蜷起身来藏身于黑暗而舒适的密室中。

随着海潮涨起，碎波碎浪拍打造成的震动，以及迫向海岸的潮水，可能向下触及这些在洞穴中的小动物，为它们带来警告——警告它们必须待在室内，才能避免海水和海水带来的危险。我们比较难于理解，**是什么**引起了沙跳虾躲避日光的保护性本能——日光

意味有鸟儿在海滨寻食捕猎，这对沙跳虾是一大危险。而事实上，在深深的洞穴里，白天与黑夜是没有什么区别的。

然而，沙跳虾以某种神秘的方式，知道白天应该待在安全的密室之内——直到沙滩上出现两大最基本的条件：黑暗和落潮。这时，沙跳虾从睡眠中醒来，爬上长长的坑道，推开沙质的门户。黑暗的海滩，再一次展现在它的面前，而海潮边缘的白色泡沫退却着、构成一道阵线，则标示出沙跳虾的狩猎场的界限。每一孔这样费功夫挖掘成的洞穴，都只供一夜庇护之用，或者只供一次潮间时间之用。在低潮摄食期结束之后，每一只沙跳虾都将为自己挖掘一个新的庇护所。我们在上部海滩上所看到的一眼一眼的小洞，而下边则是空空的洞穴，这些都是以前的“业主”离开之后留下的空巢。而被沙跳虾所占据的洞穴，其门户是关闭的，所以我们不能轻易地侦察到它们的位置。

于是，在大海的沙质边缘，受屏蔽的海岸和浅滩上，生存着 164
丰富的生物；而在浪潮席卷的沙滩上，则只生存着零星的生物；此外，还有抵达高潮线的“先驱性生物”，在空间和时间上都摆好了架势，要侵入陆地。

不过，沙滩还囊括、记录着其他的生命形式。海滩上散落着一层薄薄的漂流物——是海洋把这些漂浮物带到了海滨，停留下来。这一层编制得像网一样的漂浮物，包含着许多奇怪的成分，它们被风浪、海潮用不疲不倦的精力，编织在了一起。材料的供应，是无穷无尽的。干枯的海滨草类和海藻，羁縻了很多螃蟹的残爪和小片的海绵，以及散落的、破碎的软体动物的贝壳，覆满海洋生长物的木棍，鱼类的骨头，鸟的羽毛等。大海的编织者运用触手可及的材料，编织着这张网，它们的设计从北向南，发生着变化。它反映了近海海底的状况——是起伏的沙丘，还是岩礁；或者巧妙地暗示出附近存在一股温暖的热带洋流，或者告诉我们有冷水从北方入

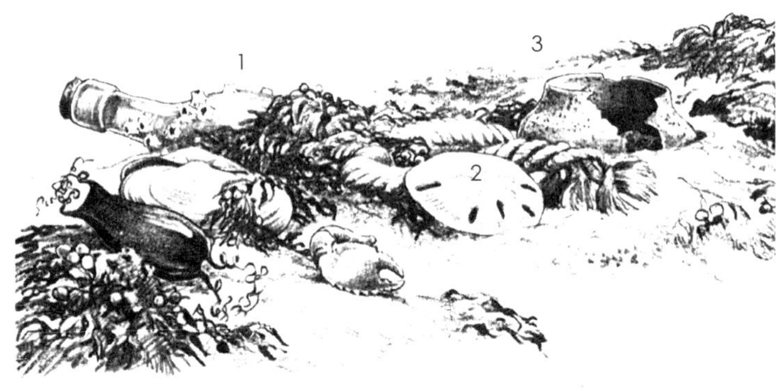

1. 鳐科鱼类的卵夹；2. 沙钱；3. 玉螺领状的卵鞘

侵这片海洋。在海滩上的垃圾和碎片中，有可能存在少量生物；但是，有迹象表明或者暗示——数以百万的生命存在于附近的沙底、沙面之下，或者从远方的海洋辐辏而来。

经常有开放大洋的表层水发生偏离，流向此地；这提醒我们
165 注意一项事实——大多数的海洋生物，都是它们所居住的特定水体的“囚犯”。

大海意味着自由，也意味着囚禁。

这些生物所原生的水团中，有一些水流在风力的驱动下，或者变化的温度或盐度模式的掌握之下，迷航来到陌生的海洋领域，这些漂流的生物就被迫着随这些水流而来。

在最近这几百年，好奇求知的人们，行走在世界各地的海滨，观察海潮线从开放大洋带来的漂浮物；他们发现了许多迷途的、未知的海洋动物。旋壳乌贼（spirula）就是这样一种动物，它构成了开放大海和海滨之间的一种神秘的联系。许多年以来，人们只知道旋壳乌贼的壳——小小的白色螺旋，形成两个或三个旋圈。把这样的壳儿拿在手中对准光线，就可以看到，它里面分为隔离的腔室，但是里面很少遗留线索表明是某种动物建造了这个外壳并且居住其中。到了1912年，已发现了大约十来只活的标本。但是，仍然没有人知道，这种动物居住在海洋中的哪个部分。然后，约翰内

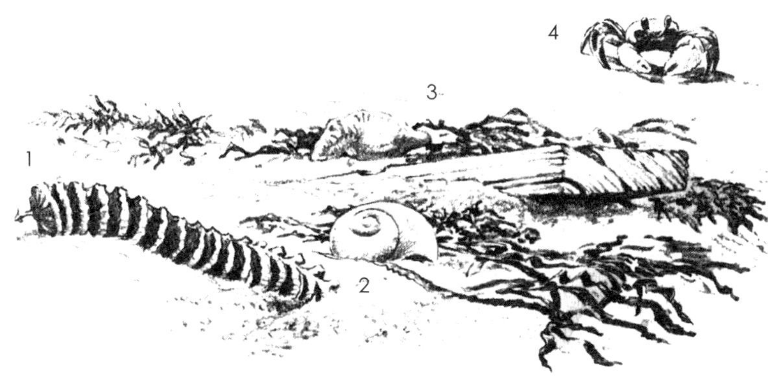

1. 蛾螺的卵夹；2. 玉螺；3. 僧帽水母（又称葡萄牙军舰水母）；4. 沙蟹

斯·施密特（Johannes Schmidt）开展了他的经典实验——他研究的是另一种动物"鳗鲡"的生活史；他反反复复地游弋于大西洋中，在不同的深度，拖拽浮游生物网，从海洋的表面直到永久的黑暗深海。他捞上来了许多如同玻璃般透明的鳗鲡幼体，这是他的研究对象；不过，同时他也捕捞上来许多其他动物，其中就有许多旋壳乌贼的标本。它们来自于不同的深度，最深达到1英里（约1609米）。

旋壳乌贼分布最集中的水域，看来是位于900～1500英尺这一
段深度的海洋中，它们大概表现为密集的群体。它们是小型的类似 166
章鱼的动物，有10只腕臂，身体呈管状，在身体的一端生有鳍，好像螺旋桨一样，如果把它们放到一只水族箱中，它们就会发生不稳定的、以喷射水流为驱动方式的反冲运动。

看起来可能很神秘的是——这样一种深海动物的遗体，会被发现安息在海滩积累物之中；不过，这其中的原因毕竟不难理解：这种动物的外壳，非常之轻；当这种动物死亡之后，开始腐烂，大概是腐烂产生的气体将它上浮，带向海洋的表面。这些易碎的外壳，于是就开始了一个缓慢的随波逐流之旅，成为了一个大自然的"漂流瓶"，而其最终的归宿，将不再反映这一物种的分布，而是

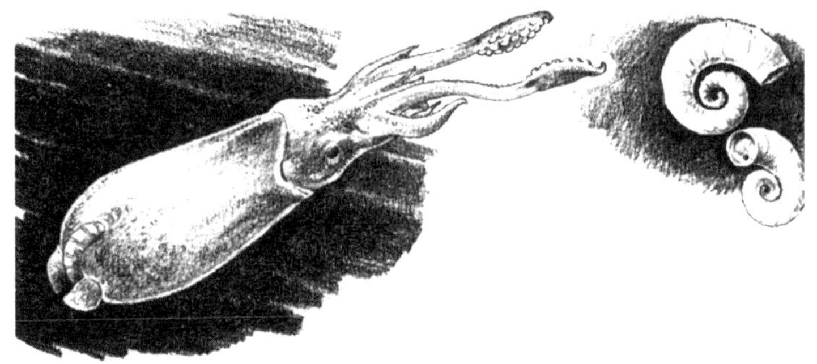

旋壳乌贼

反映携带着其外壳的水流的路线。这种动物本身生活在深海之中，其个体最丰富的地方，大概位于大陆边缘通向深海的陡坡上。在这种深度，它们似乎占领了世界各地的热带和亚热带海区水域。生有卷壳的巨大“乌贼”曾经繁荣于侏罗纪早期的海洋。现在，通过这种狭小的卷曲如羊角的外壳，我们可以窥见它们在侏罗纪早期的盛况。所有的其他头足类动物，除了太平洋和印度洋的鹦鹉螺，都已经不见了外壳——它们或者已经完全退化、抛弃了它们的外壳，或者已经把它们转化成了体内的残余之物。

167 有时候，在潮流垃圾之中，会出现一只薄薄的、纸一样的壳；它白色的表面，生有带棱纹的花样，就好像海滨潮流刻画到沙滩上的棱纹。

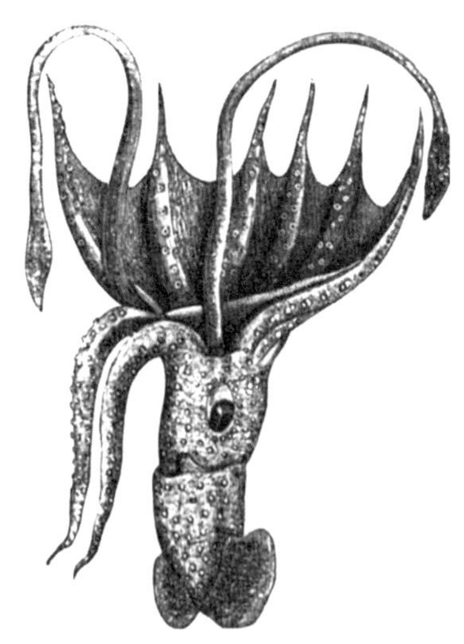

章鱼

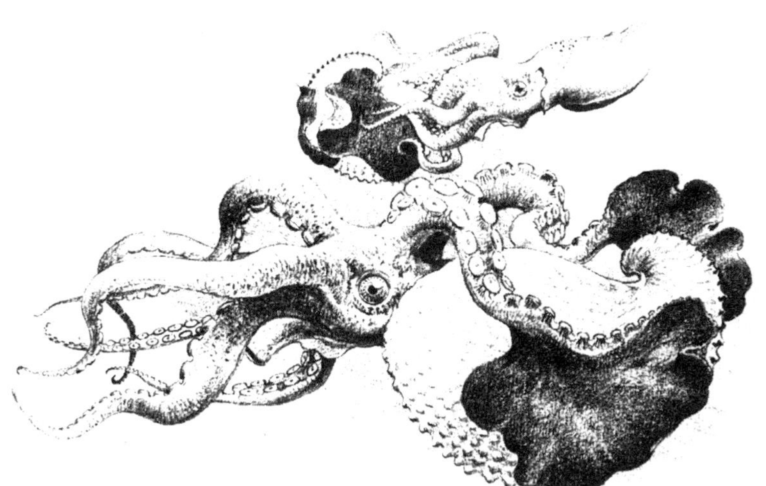

船蛸及其卵鞘

这是船蛸的外壳。船蛸（paper nautihus，argonaut）这种动物，是章
鱼的远亲，也像章鱼一样具有8只腕足。它们生活在远海，大西洋
和太平洋都有分布。这个纸样的壳，其实是一只精巧的卵鞘，或者
说——是雌性船蛸分泌出来的、保护其后代的“摇篮”。这是一只
和身体分离的结构，雌性船蛸可以随意进出这一结构。而比之小得
多的雄性船蛸（大约是其配偶的十分之一）并不分泌外壳。它以其
他头足类的奇怪方式，令雌性受精——它将一只腕臂断下，携带着
精原细胞，进入雌性的外套腔中。长久以来，人们没有认出这就是
船蛸的雄体。19世纪早期，法国动物学家居维叶很熟悉这些分离出
来的腕臂；不过，他认为这是一种独立的动物，可能是一种寄生
虫。船蛸并不是霍姆斯（Holmes）的著名诗篇中的珍珠鹦鹉螺或者
鹦鹉螺。珍珠鹦鹉螺虽然也是一种头足类，但是，它属于另一个不 168
同的分类群体，并且具有外套膜所分泌的真正的贝壳。它生存在热
带海洋，并且像紫螺一样，传衍自**统治中生代海洋的巨大的旋壳软
体动物**。

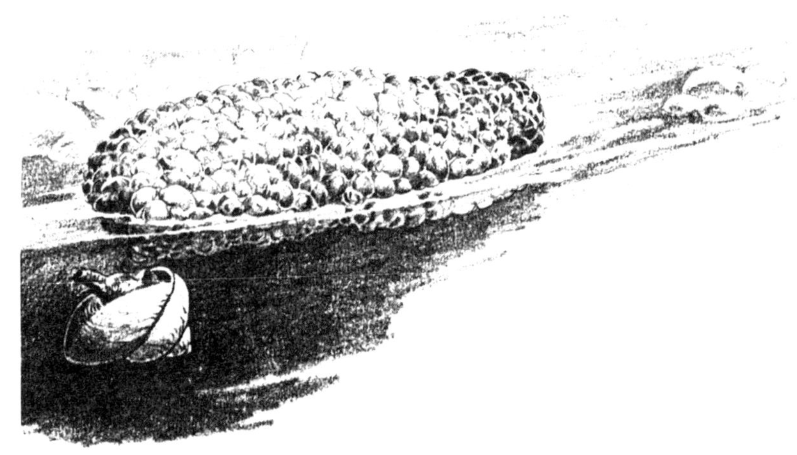

紫螺悬浮在其泡沫漂浮物上

风暴带来了许多来自热带海洋的迷途者。在北卡罗来纳州，纳格斯海德（Nags Head）的一间贝壳商店里，我曾经试图买下一只美丽的紫螺。商店老板拒绝出售她唯一的标本。我能够理解她为什么不愿意卖——她告诉了我，自己如何在一场飓风结束之后，在海滩上发现了这只活的紫螺，当时，它的浮囊令人惊异地完整无缺；但它周围的沙子则被染上了紫色，因为这只小动物在努力地、竭尽全力地，运用它唯一可以利用的手段来抵抗灾害。后来，我发现了一只空空的螺壳，轻如羽毛，静静地躺在基拉戈（Key Largo）的珊瑚礁的一处洼地，是一波轻柔的潮水把它放到了这里。我从来没有像我在纳格斯海德碰到的店老板那样地幸运，因为我从来没有见过活的紫螺。

169 紫螺是一种在海面上浮游的海螺，它们生有黏液泡沫构成的浮囊，身体悬挂在上面。浮囊是由这种动物分泌的黏液构成的；这些粘液内含有气泡，然后它们硬化成为坚硬、洁净的物质，就好像硬玻璃纸。在产卵的季节，紫螺将其卵夹固定于浮囊的下部。浮囊在整个一年都让这只小动物保持漂浮状态。

像大多数海螺一样，紫螺也是肉食性的。它的食物是其他浮游动物，包括小水母、甲壳类，甚至小的鹅颈藤壶。不时地，一只鸥鸟从天空中猛冲下来，叼走一只紫螺——不过，在大多数时候，紫螺的浮囊都是一套出色的伪装，几乎和海洋中漂浮的泡沫没有什么区别。紫螺一定还有从下面进攻上来的其他敌人，因为它们的螺壳是蓝色到紫色的（悬挂在浮囊之下），许多生活在海面附近的生物，都具有这些颜色，用途是伪装自己，防止被从下往上看的敌人发现。

墨西哥湾流强大的北进水流，在其表面具有一支支的活的“帆船舰队”——它们是管水母，是生活在开放大海的奇怪的腔肠动物。因为不利的风和海流的影响，这些小小的漂浮生物有时候会进入浅海，搁浅在海滩上。这种事情多发生于南方，不过，新英格兰的南部海岸有时候也从墨西哥湾流中接受到这些迷途者，这是因为南塔克特岛西边的浅海，就像一个陷阱一样，会收集它们。在这些迷途者中，美丽的蔚蓝色的僧帽水母（Physalia）几乎是众所周知的，这样一只显著的物件，总是会引起沙滩漫步者的注意。小小的紫色的帆水母（Velella），则只有很少人知道，这可能是因为它的身体要远远小于僧帽水母，而且它们一旦搁浅在海滩上，就会迅速地变干成为一种难以辨识的物件。两者都是热带海域的典型生物，但是在温暖的墨西哥湾流之中，它们有的时候会一路前进抵达大不列颠海滨。曾有几年，它们在这里大量出现。

紫螺　170

活着的帆水母，其椭球形的浮

刺水母（sea nettle），
南方海域的一种常见水母

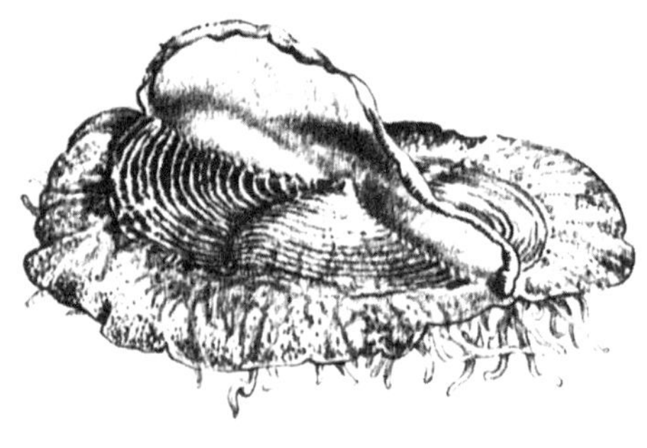

帆水母

囊具有非常美丽的蓝色，有一个高耸的帆蓬，在浮囊上部对角线的位置生长着。它的圆盘大约长1.5英寸，宽是长的一半。这不是一只动物个体，而是许多个体的结合体，是一个大型社区，这些个体结合在一起，不可分割，它们都是某一只受精卵发育而来的许多同胞。这些不同的个体，执行不同的功能。摄食个体，从浮囊的中部垂下来。小小的生殖个体聚集在它们周围。在浮囊的边缘，摄食的个体垂荡下来，好像长长的触手，以抓捕海洋中的小生物。有时候，墨西哥湾流中一些特定的风与流的的模式，会汇集起大量的僧帽水母，穿越墨西哥湾流的船只，能够看到一只庞大的僧帽水母舰队。这时，人们在几小时或者几天的航程中，其视野中总是能够看到这些管水母。它们的浮囊或者帆蓬和基体呈对角线，斜置于其上，水母迎风而上；观察清洁的海水，我们可以看到它们的触手远远地拖在浮囊之下。僧帽水母，就好像一只小小的捕鱼船，拖曳着一只漂流刺网。但是，它的网眼更小，其触手上面的毒刺非常致命，就好像一组高压线，触及它们的鱼或者其他倒霉的小动物，难免一死。

僧帽水母的真正性质，令我们难以掌握。事实上，关于僧帽水母的生物学，在很多方面是未知的。不过关于帆水母的**核心事实**是——它虽然看起来是一只动物个体，但其实是许多不同个体构成的一个群落，尽管其中每一只动物个体，都不能单独生存。

僧帽水母

浮囊和基体被认为是一只个体，每一只拖曳的长长的触手，是另一只个体。在大型个体中，这些摄食的触手可能长达40～50英尺，上面长满了密密的刺细胞（即刺胞）。因为这些刺细胞会射出毒素，所以僧帽水母是腔肠动物中最危险的动物。

在海中游泳洗浴的人，即使轻微地接触水母的触手，也会造成一种炽热的伤痕；如果被水母严重地蜇到，就很难活下来了。这种毒素的确切性质，尚不为人知。有些人认为，这其中涉

花帽水母

及了三种毒素：一种毒素造成神经系统瘫痪；另一种影响呼吸；而大剂量地接受到第三种毒素，会造成极度衰竭和死亡。在僧帽水母繁盛的地方，游泳洗浴的人，已经学会要对它们敬而远之。在佛罗里达海岸的某些地方，墨西哥湾流从岸外近距离流过，许多的这种腔肠动物被岸向风吹动、向海滩漂来。

172 佛罗里达的海滨劳德戴尔（Lauderdale-by-the-Sea）以及其他地方的海岸警卫队，在公布潮汐和水温状况时，往往会同时预报近岸预计的僧帽水母的数量。

鉴于其刺细胞的高毒性，令人惊奇的是，居然有一种生物不会受它们的伤害。这就是小小的鱼儿——双鳍鲳（nomeus）；它总是在僧帽水母的身影中生活；从未见于其他的环境中。它在僧帽水母的触手之间来回进退，看来并不受毒素的影响，想必是把这里当作躲避敌人的庇护所。

作为回报，双鳍鲳可能把其他的鱼儿，引入了僧帽水母的摄食范围。但是，双鳍鲳自己的安全怎么办呢？它果然是对这些毒素免疫吗？或者说，它是忍受着一种极其危险的生活？一位日本研究者在很多年前报告，双鳍鲳事实上轻轻地咬食了一些刺细胞触手，可能以此途径，使自己终生置身于微小剂量的毒素之中，于是获得了免疫力。但是，某些最近的研究者主张：这种鱼儿，并没有什么免疫力；每一只存活着的双鳍鲳，都仅仅是因为非常幸运罢了。

僧帽水母的帆蓬或者说浮囊，里面充满了由所谓的气腺分泌出来的气体。这些气体主要是氮气（占85%～91%）还有一小部分氧气和痕量的氩气。虽然（如果海面情况恶劣）有一些管水母可以缩小气囊，沉入深水；但是僧帽水母看来是不能的。然而，僧帽水母也能够对浮囊的位置和扩张程度施以某种控制。我曾有一次，见证了形象的一幕——我在南卡罗来纳州的沙滩上，发现了一只中等大小的僧帽水母，搁浅在海滩上。我在一只充满咸水的桶里，保存了它一晚上。然后，我试图让它返回大海。当时潮水正在回落，我把僧帽水母保存在一桶水中（这是因为害怕它的蜇刺能力），涉水进入冰冷的三月海水中，然后，我尽量地把它抛向远处的海水。一次又一次地，袭来的水流抓住这只水母，把它推回浅海。而它总是努力地再次出发——有时候在我的帮助之下，有时候没有我的帮助。当时，风从南吹向北，正对海滩吹来。可以看到它变换帆蓬的形状和位置，在风中疾驰。有时候，它可以成功地驾驭一波袭来的海 173
浪；有时候它被海浪卷住猛推着、颠簸着穿过浅浅的海水。但是，不管是处在困境之中，还是享有暂时的成功，这只生灵的态度，都没有负面、消极之处，而是让人感受到有一种强大的意志力——它并不是一团无助的漂浮物，而是一只活的生灵，动用了可以动用的每一种手段，来控制自己的命运。我最后看到它的时候，它是一只蓝色的帆蓬搁浅在海滩上部，对准着大海，等待着能够再次起航的时刻。

它并不是一团无助的漂浮物，而是一只活的生灵，动用了可以动用的每一种手段，来控制自己的命运。

虽然很多海滩遗弃物反映了表层海水的模式，但仍有一些遗

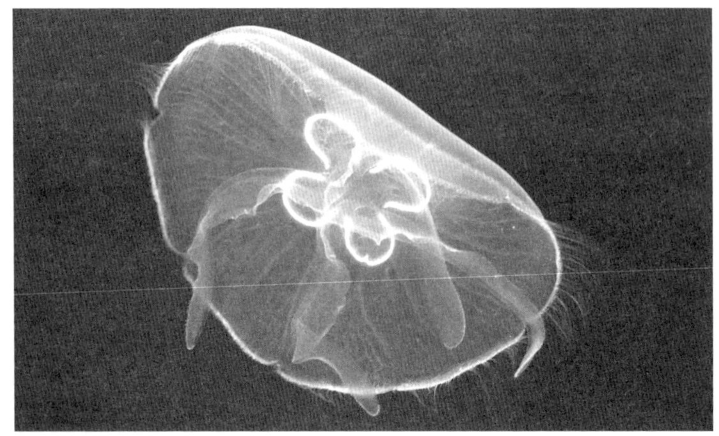

海月水母

弃物同样清楚地反映了近海海底的状况。从新英格兰南部到佛罗里达的海角，这数千英里的大陆，具有一个连续的、沙质的边缘；其宽度从远离海岸的干燥砂质山丘，直延伸到被海水覆盖的大陆架。然而，在这个沙子的世界里，到处都有隐藏的岩石地带。其中之一是分散而破碎的暗礁链，淹没在远离两个卡罗莱纳州的绿色海域中，有些在近海，有些远在墨西哥湾流的西部边缘。渔民称之为“黑岩”，因为其周围常有“黑鱼”聚集。尽管最近的造礁珊瑚也远在千里之外的佛罗里达州南部，海图上仍指其为“珊瑚礁”。

1940年代，杜克大学的生物学家潜水员探测了其中的一些暗礁，发现它们并不是珊瑚礁，而是一种叫做“泥灰土”的软黏土状岩石的裸露部分。这些灰泥形成于成千上万年前的第三纪中新世（Miocene），然后被埋在层层沉积物之下，又被不断上升的海洋淹没。正如这些潜水员所描述的，这些水下暗礁是低置的岩块，这些岩块有时上升至沙子以上几英尺高，有时被侵蚀成平台面，在上
174 面，褐色的马尾藻生长成森林的状貌，随波摇摆。其他藻类则在深

缝中找到赖以附着之处。

许多岩石都被稀奇的海洋动植物所覆盖。石珊瑚藻（其近亲把新英格兰的低潮岩石“漆”成了深沉的、略带紫的玫瑰色）在开阔礁石的高处结了一层壳，并填充了其空隙。暗礁的大部被扭曲缠绕的石灰质管子所覆盖——这是活着的海螺和造管蠕虫的杰作，它们在古老的化石岩石的表面形成了一个石灰质层。年复一年，海藻的积累、海螺以及蠕虫管的生长，一点点地增添到珊瑚礁的结构上。

在没有藻类和蠕虫管结壳的礁岩，会钻孔的软体动物（海枣贝、海笋以及小小的钻孔蛤）已经钻了进去，挖出洞来，供它们寄居其中，依靠水中的微小生物存活。由于礁石提供的坚实倚靠，单调乏味的流沙和淤泥中，盛放出缤纷的花园：或橙、或红、或赭的海绵，将它们的分枝伸入漂过礁石的洋流中。脆弱而精致的水螅分枝从岩石上，从它们苍白的“花朵”中升起，到了某个季节，小水母就纷纷游走。柳珊瑚（Gorgonians）就像高高的细草，黄橙相间。一种稀奇的灌木状苔藓动物或叫“苔藓虫”的生活在这里，它们的分枝艰硬的、凝胶状的结构包含着成千上万的小水螅，伸出有触手的头捕捉食物。通常，这种苔藓虫围绕着一株柳珊瑚生长，然后，看起来就像灰色绝缘体包裹着黑而细的线芯。

如果没有这些暗礁，这些生命不可能存在于沙质海岸上。然 175
而，由于环境地质史的不断变化，第三纪中新世晚期的岩石如今在这浅海床上露出。这些动物的浮游幼虫，随波逐流，可能在礁石的某些地方结束了它们对于“固着”的永恒追求。

在几乎所有的风暴之后，在南卡罗来纳州的美特尔海滩（Myrtle）等地，暗礁上的生物开始出现在潮间带滩涂上。它们的出现是离岸海域深处动荡的可见后果，海浪侵入海底，猛烈地扫过那些自几千年前浸入海底便不知海浪冲击为何物的古老石头。狂风

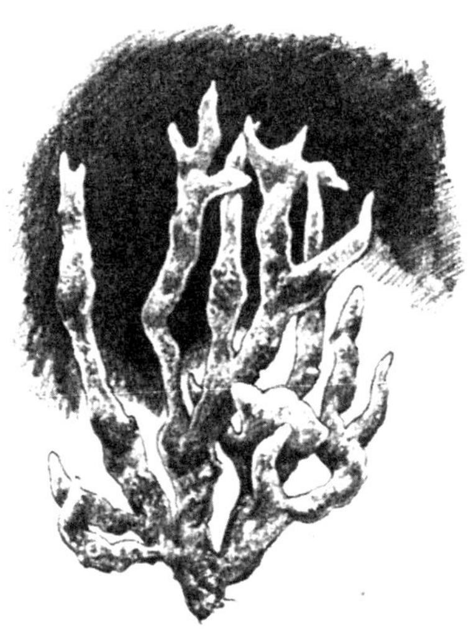

一种苔藓虫：软苔虫

巨浪带走了许多固着动物，扫下一些独立生存的生命形态，带着它们进入了一个完全陌生的沙质底部的世界，水越来越浅，直到身下再没有水，只剩海滩的沙。

我曾在东北风暴过后，顶着遗留的刺骨寒风，走过这些海滩，因为这里的景色，心中激奋不已——那时地平面上仍风云汹涌，大海呈现出寒冷沉闷的色调，沙滩上横陈着的巨大的亮橙色树海绵、其他海绵或绿或红或黄的的小块、半透明的橙色或红色或浅灰白色的闪闪发光的海鞘块、疙疙瘩瘩的老土豆般的海鞘、以及活着的珍珠贝——仍然紧握着柳珊瑚的分枝。

176

有时候，沙滩上有活的海星——暗红色南部形态的岩栖海盘车。有一次，一只章鱼被海浪抛在了潮湿

被称为海猪肉的一种海鞘的聚群

的沙滩上。但是它还活着；当我帮助它挪到浪花中，它飞也似地逃走了。

美特尔海滩上也通常能找到古老的礁块，想必在近海有暗礁的地方都有这种古老礁块。泥灰岩是一种深灰色的水泥般的岩石，其间充满了钻孔软体动物，有时只生下空壳。钻孔动物的总数是如此之大，足以让人们想象竞争何等激烈——在海底的岩石平台上，在每英寸可利用的固体表面上，然而，仍有多少幼虫找不到立足点啊！

沙滩上还有另一种不同不一的块状“岩石”，它们甚至比泥灰岩更丰富。它几乎有着蜂窝太妃糖的结构，其中到处充斥着小而扭曲的通道。如果有人第一次在海滩上看到这个，尤其是当它半埋在沙子中，几乎就会把它当成海绵，直到进一步的探查证实它硬如石块。然而，它并不是矿石——它是由生有黑色身体、头部具触手的小型海洋蠕虫形成的。这些虫子以许多个体聚集生活，它们自我分泌石灰质基质，将岩石变得愈发坚硬。它可能给暗礁结上 177
厚壳，或是在石质海底堆建结实的团块。直到奥尔加·哈特曼博士（Dr. Olga Hartman）确认我在美特尔海滩上采集的样本是“钙珊虫（dodecaceria）的一种营建基质物种”（其最近缘的形态生活在太平洋和印度洋），这种来自大西洋沿岸的特殊的“蠕虫石”才为人所知。

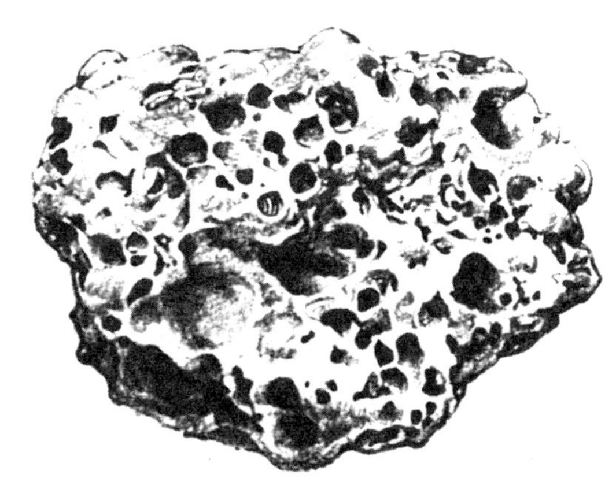
近海礁石的灰泥岩

这个特殊物种是在

卡罗莱纳沙滩的“蠕虫石”

什么时间，以什么方式到达大西洋的呢？它在那里的生存范围有多大？这些问题和其他许多的问题仍有待解答；它们只是一个小例子，说明了我们的知识有限，而求知的窗户则面向无限的未知空间。

在高处的沙滩上，即潮水每天两次涨落的区间之外，沙子干燥下来。于是，它们承受了过多的热量；它们干旱的深处很贫瘠，无以吸引生命，甚至不可能让生命生存。干燥的沙粒彼此摩擦。风抓住它们，裹挟成薄薄的雾将其带到沙滩上，由风驱动的沙的刀刃将浮木刷上了银色的光泽，打磨抛光了被废弃的古老树木的树干，抽打着在海滩上筑巢的鸟类。

但即使说这个区域内很少有生命，它也充满了其他生命的遗存。在高潮线之外的此处，所有软体动物的空壳都停止了移动。到北卡罗来纳州的沙克福特浅滩（Shackleford）或是佛罗里达的萨尼贝尔岛（Sanibel Island）边界的海滩上参观一下，几乎任何人都会认为软体动物是大海之滨唯一的居民，因为当更加脆弱的螃蟹、

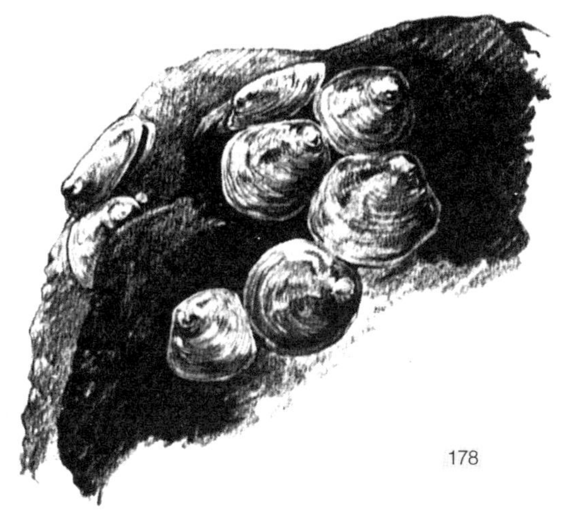

不等蛤
（英语称为jingle shell——“铃贝”）

海胆和海星回归尘土之后很久，它们的残留物仍然持久地存在着，成为海滩碎片的主导。首先，贝壳被海浪遗留在较低的沙滩上；接着，随着潮涨潮落，它们被推过整个沙滩，到达最高潮汐的那条线。在这里，它们残存下来，直 178
到被埋进流沙或被带到风浪狂野的狂欢中。

从北到南，贝壳风积丘的组成一直在变化，这反映了软体动物群体的变化。在新英格兰北部的岩石中间的有利地带，积累成了砾质沙，每一把沙子都布满了贻贝和滨螺。每当我想起科德角的受到庇护的海滩，我都在记忆中，看到不等蛤风积丘被潮水轻轻推动，它们纤细有如鳞片的壳瓣（它们怎么能装下一只生物呢？）闪烁着缎面的光泽。在海滩遗骸中，拱形向上的壳瓣的比扁平向下的壳瓣更经常出现，扁平向下的壳瓣上有穿孔，孔洞成为连接不等蛤与岩石或与另一个贝壳的坚韧足丝的通道。铃贝是银色、金色、杏色的，与主宰北部海岸的贻贝构成的深蓝相映衬。扇贝有棱纹的扇面分散在各处，小而白的单桅帆船船体一样的舟螺在沙滩上搁浅。舟螺是一种有着奇怪变异之壳的海螺，壳的低表面上有一个“半甲板”。它经常吸附到它的同伴身上，形成半打或更多个体组成的长链。每一只舟螺在一生中都是先成为雄性，然后变成雌性。在相连的贝壳链中，在长链底部的总是雌性，上面的 179

则为雄性。

在新泽西海滩以及马里兰州和维吉尼亚州的沿海岛屿上，贝壳的厚重结构以及装饰性突刺的缺乏都意味着——流沙的近海世界被海浪卷上海滩的无尽宝物深深地搅动了。蛤蜊的厚壳是其抵御海浪冲击的防卫工具。这些海岸上也散落着蛾螺（whelk）的厚重装甲以及玉螺（moon snail）的光滑球壳。

从卡罗来纳南端起，海滩世界似乎只属于几种毛蚶，它们的贝壳数量远远超过其他类别。它们虽然形状各异，但外壳均十分结实，有着又长又直的“铰链”。三角毛蚶（ponderous ark）长着黑色的、胡须样的生长物或角质层，活着的标本长着很多这种东西，而饱受海滩磨损的旧贝壳上却很少或几乎没有。火鸡翅是一种颜色缤纷的毛蚶，黄壳上有红色条纹。它也有一层厚厚的角质层，生活在深海的裂缝中，它通过粗壮的足丝将自己粘缚在岩石或其他支持

舟螺

江珧

物上。然而，有几种毛蚶将它们的分布范围扩大到了新英格兰，例如，小横蚶（transverse ark）以及所谓的“血蚶”——为数不多的有着红色血液的软体动物之一。在南部海滩上，这些群体占据了主导地位。在佛罗里达州著名的萨尼贝尔岛（Sanibel Island）西海岸， 180
各种各样的贝壳的多样性可能超过了大西洋海岸的任何地方，不过，毛蚶仍然大约占了海滩贝壳堆的95%。

江珧从哈特拉斯角（Capes Hatteras）和卢考特（Lookout）的海滩开始出现，但也许它们在佛罗里达的墨西哥湾海滨的数量最为惊人。

我曾在萨尼贝尔岛的沙滩上看见江珧，即使是在平静的冬日，它们的数量依旧汗牛充栋，十分众多。一次猛烈的热带飓风，会给这种轻贝壳软体动物带来几乎难以置信的破坏。萨尼贝尔岛与墨西哥湾中间大约有15英里的海滩。就在这一带，据估计，仅一次风暴就大约抛下了100万只江珧，它们被抵达30英尺海底的海浪撕扯开来。江珧脆弱的贝壳被风浪的猛冲碾磨在一起；很多贝壳破碎了，但即使那些没有被毁坏的，也没有办法回到大海了，所以注定丧命。与它们共生的豆蟹好像知道了这一点，偷偷溜出贝壳，就

181 像谚语中“老鼠抛弃将沉之船”；人们可能会看到，成千上万的豆蟹，似乎惊慌失错地在风浪中四散乱游。

江珧能够吐出锚定足丝，它们是有光泽的金线，带有非凡的质感；古人用地中海江珧的足丝纺织金色的布，其布匹面料精细而柔软，可以穿过一只指环。

在意大利爱奥尼亚海（Ionian Sea）海滨的塔兰托（Taranto）这种工业延续至今，用这种天然纤维编织的手套和其他小件服装，作为仿古玩或旅游纪念品。

高处海滩杂物中能幸存下来未遭损坏的“天使之翼”似乎是不可思议的，毕竟它看起来是如此得脆弱。然而，这些纯白的壳瓣如果穿在活体身上，却能够穿透泥炭或坚实的黏土。天使之翼是最有力的钻孔蛤蜊之一，它凭借与海水保持相通的极长虹吸管，能够钻得很深。我曾在巴泽兹湾

大西洋舟螺

三角毛蚶

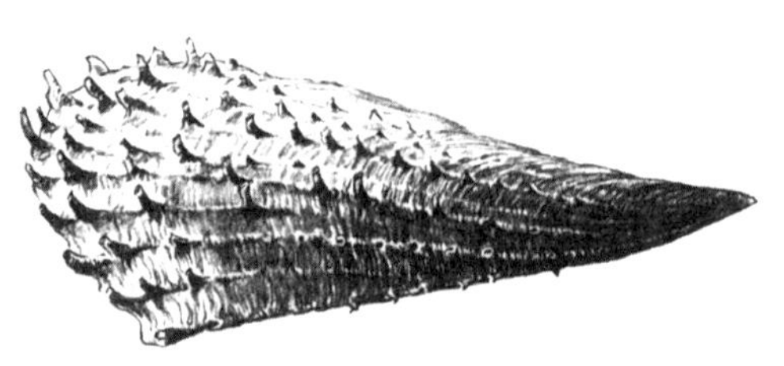

江珧

天使之翼（海笋科的一种）

（Buzzards Bay）的泥炭层中找天使之翼，也曾在新泽西海岸有泥炭暴露的海滩上发现了它们，但在弗吉尼亚北部，它们仅在局部出现，十分罕见。

这种纯净的颜色、这种精致的结构，终其一生都被埋在一带黏土中，天使之翼的美丽，似乎注定要隐匿在人们的视野之外——直到这种动物死后，贝壳被海浪卷走，带上海滩。事实上，在它黑暗的监牢里，天使之翼还另外隐藏着更加神秘的美丽——如果没有天敌的侵害，以及所有其他生物的打搅，这种动物自己会发出一种奇怪的绿光。这是为了什么？为了悦谁的眼？

除了贝壳之外，海滩残骸中还有其他形状和纹理都十分神秘
的物体。各种形状、各种大小的圆盘（扁平的、角状的、或贝壳状
的等）是海螺的厣板——当这种动物缩回它的壳时，防护门挡住出
口。有一些厣板是圆形的，有些是叶状的，有些则像一把细长弯
曲的匕首（南太平洋的“猫眼”是一种海螺的厣板，其中一面是圆 182
的，打磨得就像男孩们玩儿的玻璃球）。不同物种厣板的特征在形
状、材料、结构方面各异，这是用于识别某些物种的一个有效手段
（从其他方面识别，将十分困难）。

潮汐漂浮物中也富含许多小小的空卵囊，各种海洋生物在其中度过它们生命的第一天。卵囊有各种各样的形状和材料。黑色的“美人鱼的钱包”是一种鳐鱼的角质卵囊，它们是扁平的角质矩形，两端各自伸出两条长而卷曲的“卷须”。利用这些结构，亲代鳐鱼将内含受精卵的“包裹”系到海洋底部的海藻上。

小鳐鱼发育成熟并孵出后，其“废弃的摇篮”往往被冲上海滩。黑线旋螺（banded tulip shell）的卵囊让人想起一种开花植物的干瘪的种荚，一簇结在中央柄上的羊皮纸般的纤细容器。那些槽型的或者有节的蛾螺的卵囊，长而螺旋，同样有着羊皮纸般的纹理。每一套（卵圆形胶囊）“公寓”中都有大量的小蛾螺，待在令人难以置信的小巧完美的壳里。有时，海滩上可以找到几只小蛾螺被遗留在卵串中；它们尤如干豆荚中的豌豆一样，在胶囊的硬壁上发出声响。

也许海滩上最令人困惑的物体就是玉螺（又叫沙领螺，sand collar snail）的卵囊了。如果有人用砂纸裁剪出一个洋娃娃的披肩，其模样大概就是这样。

玉螺（沙领螺）和它们奇怪的衣领状卵囊

玉螺科的不同物种产生的“沙领”大小不同、形状上也有细 183
微的差别。有一些的边缘是光滑的，有些则是圆齿形的。不同物种卵的排布，所遵循的模式也略有不同。玉螺的这种奇怪的装卵容器是足下分泌出的黏液在壳外模制而成的。这决定了沙领的形状。卵被连到沙领的下侧，然后完全沾满沙粒。

与海洋生物的残渣和碎片相夹杂的，是人类入侵海洋的物证——帆桅杆、绳子、瓶子、机筒、各种形状和大小的箱子、盒子。如果这些物体已经在海上待了很长的时间，它们会拥有自己的海洋生物集合——因为在它们随波逐流的时代，它们为**四处搜寻的浮游生物幼虫**提供了坚实的附着基质。

在大西洋沿岸，东北风或热带风暴过境后的几天，是寻找海上漂流物的好时机。我还记得飓风在夜晚通过纳格斯赫德（Nags Head）海滩的一天。大风依旧在吹，海上有小而狂野的浪。那天，沙滩撒满了漂浮木的碎片、树的枝干、沉重的木板和桅杆。其中许

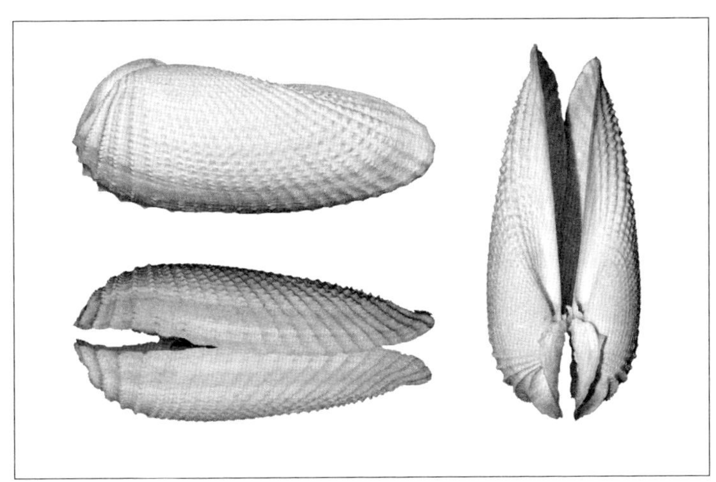

天使之翼

多桅杆上寄居了茗荷介，即开放大海中的鹅颈藤壶。一条长木板上镶着老鼠耳朵大小的小藤壶；在其他的一些漂流木上，藤壶已经长到1英寸或更大，独占了整条树干。浮木上覆盖之藤壶的大小，是浮木在海上漂流时长的一个粗略指标。它们大量地生长在几乎每一片浮木上，令人们可以想象到：大海中漂流着难以计数的藤壶幼虫。它们随时准备抓住流体世界中任何坚实的物体，没有一只藤壶能够仅仅在海水中完成它们的发育——这真是堪称诡异的讽刺（strange irony）。

鹅颈藤壶（又称茗荷儿）

每一只靠羽状附肢在水中划动的怪异小生灵，在长成成熟形式之前，都必须找到一个可以附着的坚硬表面。

这些有柄藤壶（stalked barnacles）的生命历程与依附岩石上的致密藤壶（acorn barnacles）非常相似。坚硬的外壳内是一只小型甲壳类动物，身体上长有羽状附肢，用来将食物扫进嘴里。主要区别在于，壳是附于肉质茎上的，而不是产生于牢牢接合于扁平下层底部。当这些动物不进食时，壳可以紧密地关闭。比如岩石藤壶；当它们打开外壳进食时，附肢做出相同的有节奏的横扫动作。

看到海岸上那些明显在海上漂了很久，如今布满了大量藤壶的棕色肉质柄以及红蓝色边缘的象牙色的外壳的树干，如果我们不苛责古人，就能理解古老的中世纪授予这些奇怪的甲壳类动物“鹅颈藤壶”之名称这种谬见。17世纪英国植物学家约翰·杰拉德（John Gerard）根据下述的经历将其描述为“鹅树”（goose tree）或“藤壶树”：“在多佛和如美（Rummey）之间的英国海岸上行走，我发现了一节腐烂的树干，我们将其从海水中拉到干的沙地上；我
发现，这节腐烂的树干上，生长着成千上万深红色的囊状物……在 185
另一端长着一只贝类动物，形状有点像小面具……打开之后……我发现了赤裸的生物，形状像一只鸟；在其他壳里，鸟身上覆盖着柔软的绒毛，壳是半开着的，它即将掉下，这毫无疑问是叫作‘藤壶’的污损生物。”

显然，在杰拉德富有想象力的眼中，藤壶的附肢化作了鸟的羽毛。在这不足的基础之下，他又做了以下的加工：“它们仿佛在3月或4月产卵；5月和6月就变成鹅，在接下来的几个月，羽毛日渐丰满。”所以，这一时期后的许多**“非自然史”旧著**中，我们看到一些图画中树上结着藤壶形状的果实，鹅从贝壳中长出飞走。

弃置在沙滩上的旧桅杆和浸透水的木料上，布满了船蛆活动的痕迹——长长的圆柱形空洞穿透了整块木头。通常，这种生物本身不会遗留下什么，除了偶尔有一些钙质壳碎片；这些迹象表明船蛆是真正的软体动物，尽管它有着长且纤细的如蠕虫般的身体。

船蛆一生生活在汪洋中，但却又依赖从陆地来的浮木。

早在人类存在的很久之前，就有了船蛆；然而，在人类存在的短暂时期内，就极大地增加船蛆的数量。船蛆只能生活在木头里；如果船蛆幼虫在**发育的关键时期**找不到木本物质，它们就会死

亡。这种**海洋生物绝对依赖来自大陆的物体**，似乎是奇怪且不协调的。在陆地上进化出木本植物之前，船蛆可能不存在。它们的祖先可能具有蚌蛤般的形态，寄居在泥或黏土中，仅以它们挖的洞为基地，滤食海洋浮游生物。树木进化出来之后，这些船蛆的先驱使自己适应于新的栖息地——数量相对较少的、被河流带入海洋的林木。

但即使在全球范围内，它们的数量也必定很少。直到数千年
186 前，人类开始将木制船舶送入大海，在大海之滨建造码头；在所有这样的木质结构中，船蛆让人类大受其害，而大大扩展了自己的生存范围。

船蛆在历史上具有稳固的地位。它们曾祸害罗马人的桨帆船，祸害擅长航海的希腊人和腓尼基人，乃至全世界的探险者。18世纪初，它们在荷兰人建来阻挡大海的堤坝上泛滥成灾，也因此威胁到了荷兰的国运（船蛆的肆虐造就了学术副产品——荷兰科学家完成了对船蛆的首次广泛研究，当时对荷兰而言，有关船蛆的生物学知识已变得攸关国家的生死存亡。1733年，斯内利厄斯[Snellius]首次指出，这种动物是如蚌蛤般的软体动物，而不是一种蠕虫）。大约在1917年，船蛆入侵了美国旧金山的港口。在人们怀疑其存在之前，渡船已然开始崩解，码头和载重货车掉进了海港。二战期间，尤其是在热带水域中，船蛆是一个看不见的、但强大的敌人。

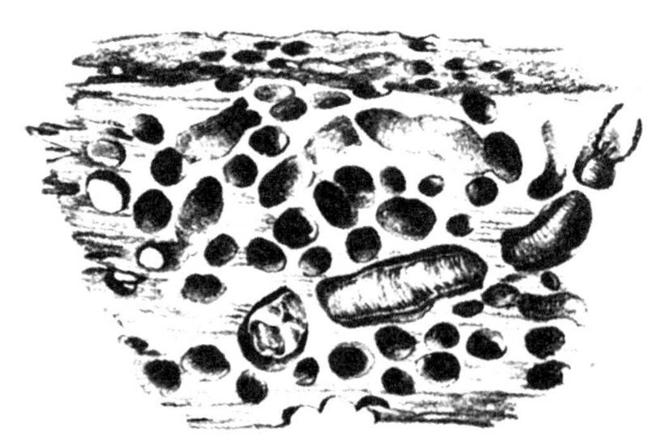

船蛆在浮木上钻孔

雌性船蛆会将她们

的后代留在她们挖掘的洞穴中，直到它们达到幼虫阶段。然后它们进入大海——每一只小生物都被包在两个保护壳内，看起来就像其他双壳类动物的幼虫。如果它在达到成年之际遇到木头，则一切顺利。它将伸出纤细的足丝作为锚，然后发育出足，接着，贝壳的外表面出现了对排锋利的齿，贝壳转变为高效的切割刀具。然后穴居生活开始了。在有力的肌肉的驱动下，这种动物用它们有齿的外壳 187
摩擦木材，同时进行旋转，钻出光滑的圆柱形洞穴。

通常，船蛆挖出洞穴之后，依靠木头碎屑，得以生长。船蛆身体的一端仍然附着在靠近微小入口的壁上。这一端有虹吸管，借此与海水保持接触。钻孔的一端则背着小贝壳。船蛆的身体细如铅笔，但可能会达到18英寸的长度。尽管木材中可能出没着数以百计的幼虫，但它们的洞穴永远不会相互干扰。如果某一只船蛆发现自己正在接近另一只船蛆的洞穴，它总会做出转向。在钻孔时，它们通过消化道把木头分解为碎片。一些木头会被消化并转化成葡萄糖。这种消化纤维素能力在动物世界中是罕见的——只有某些螺类、某些昆虫，以及极少数其他动物，拥有这种能力。但是，船蛆并没有好好利用这一门艰难的技艺，它的主要营生是滤食丰富的浮游生物。

尽管木材中可能出没着数以百计的幼虫，但它们的洞穴永远不会相互干扰。如果某一只船蛆发现自己正在接近另一只船蛆的洞穴，它总会做出转向。

海滩上的其他木头，被打上了穿石贝（wood piddock）的痕迹——那些仅仅穿透树皮以下外层部分的浅洞，但尺寸较宽，且呈标准圆柱形。穿石贝钻孔只是为了寻求庇护。与船蛆不同，它们并不消化木头，只通过虹吸滤食浮游生物。

空的穿石贝洞穴有时会吸引来其他“房客”，正如被弃置的鸟巢成为昆虫的家园。在卡罗来纳南部熊崖（Bears Bluff）的盐溪泥岸上，我曾捡过一块千疮百孔的木头。有着小白壳的穿石贝曾经寄居其中。而穿石贝早就死亡了，连壳也消失了，但是每一个孔中都有一个黑色的闪光的身体，就像嵌在蛋糕上的葡萄干。它们是小海葵收缩的组织，在这个水中泥沙淤积、泥浆松软的世界中找到这一基业——海葵必须倚靠的一点点坚硬的基础。

188 在如此不可思议的地方看到海葵，任何人都会感到好奇：海葵幼虫是如何碰巧在那里，又随时准备抓住机会，进驻到木材中挖掘整齐的“公寓”里？任何人也都会再一次感叹于生命的巨大浪费。请记住，在每一只成功找到家园的海葵身后，都有数以千计失败而死亡的海葵。

所以，潮汐线的残骸碎片总是在提醒我们，近海存在着一个奇怪而不同寻常的世界。虽然我们在这里所看到的，只是生命的茧皮和碎片，然而透过它们，我们意识到——洋流、潮汐以及狂风卷起的巨浪，带来海洋生物的迁移，引起生或死、运动或改变。其中一些非自愿移民是成年生物，它们可能在中途死亡；很少的一些，被辗转运送到一个新家，发现那里的条件很有利，可能会存活下来，甚至可能继续繁殖出幼体、扩展该物种的范围。但是，其中许多仍是幼虫，它们能否成功着陆取决于许多因素——取决于幼虫生活的时间长度（它们能否在以成虫形态生活的阶段前等到一个

草苔虫，又被称为苔藓虫，是一种动物；
它们残留到海滩上的遗存，形如一簇植物

遥远的登陆地）；取决于它们遇到的水的温度、洋流的走向（洋流可能会把它们送有利于它们的浅滩，也可能把它们送到深水中丧命）。

所以，在海滩上散步时，我们想到一个令人着迷的问题—— 189
生物对海滨的“殖民”，尤其是对茫茫海沙中的岩石“岛屿”（或类似岩石的“岛屿”）的殖民。因为每当为了建造海堤，或为了建造码头和大桥而把防波堤或桩材浸入海水中；或是许久不见日光、甚至埋在海底之下的岩石，重新露出海底时——这些硬质表面很快就住满了岩石的代表性动物。但是，殖民岩石的动物群怎么就会碰巧在附近？——就在从北到南延伸千里的沙质海滩之间？

默想其中的答案，我们开始意识到：这种永不停歇的迁移，在大多数时候，注定都是枉然徒劳的，但它却总是确保了当机会来临的时候，已经有生物做好了准备，将抓住机会、夺取优势。因为洋流并不仅仅是水的运动，它还是一支生命的溪流，总是携带着无数海洋生物的卵和幼体。它们已经携带着能够吃苦耐劳的个体，跨越了海洋；或者一步一步地“循岸梯航”，开展了沿着海岸的旅程。它们已经为新近耸出海面的岛屿，带来了生物，充斥其上。我们必须认为，自从大海中有了生命，它们就一直在做这种事情。只要洋流沿着它们的路线运动，就会有某些具体生命形式扩展其分布范围、占领新领地——这是可能的、很可能的，甚至是必然的。

这种永不停歇的迁移，在大多数时候，是注定枉然徒劳的，但它却总是确保了当机会来临的时候，已经有生物做好了准备。

洋流并不仅仅是水的运动，它还是一支生命的溪流。

这在我看来，这几乎独一无二地向我表达了生命力的压力——强烈的、盲目的、无意识的要生存下去、努力向前、大力扩展的那种意志。这在生命的历程中蔚然成谜——这种世界大迁徙的大部分参加者，都注定会失败；同样蔚然成迷的是，当在百万之中有少数几个成功了之后，它们的失败转化为了成功。

当在百万之中有少数几个成功了之后，它们的失败转化为了成功。

190

第5章　珊瑚海滨 191

我感觉每个沿佛罗里达礁岛群（Florida Keys）全程旅行的人，恐怕都无法忽视这水天世界的独特：这里水天相接，散落着红树覆盖的岛屿。这片礁岛群有其自身强烈而独特的气息。与大多数其他地方相比，也许在这里，过去的记忆和未来的暗示都与当下的现实更紧密地联系在一起。光秃秃的、侵蚀得坑坑洼洼的岩石上雕刻着珊瑚的样式，昭示着已死的过去的荒凉。而当人们泛舟海面，俯看五颜六色的海底花园时，又能感受到热带生命的充溢和神秘，迎面而来的是一种生命的悸动；在珊瑚礁和红树林沼泽里，未来的预兆依稀可见。

这样的礁岛群在美国仅此一处，这样的海滨事实上在整个地球上都很少见。在近海，活珊瑚礁围绕着岛链的边缘，而有些礁岛本身就是已死的旧珊瑚礁的残余，这些珊瑚礁的建造者也许在一千年前繁荣于一片温暖的海中。这里的海滨并不是由无生命的岩石和沙子构成的，而是由生物的活动创造的，这些生物像我们一样，身体也由原生质组成，只不过它们能把海水中的物质转变成礁石。

这里的海滨并不是由无生命的岩石和沙子构成的，而是由生物的活动创造的。

全世界的活珊瑚礁都只能生活在温度通常高于70华氏度（21摄氏度）的水域（即使偶尔达到该温度以下，也不能持续很长时
间），因为只有在温暖的水域中，珊瑚动物才能分泌出钙质的骨 192
架，形成珊瑚礁的宏伟结构。因此，珊瑚礁以及所有与珊瑚礁海滨有关的结构，都局限于南北回归线之间的区域。此外，它们只出现

在大陆东岸，在这里温暖的海水按照由地球自转和风向决定的洋流模式，自热带向极地流动。大陆西岸则不适宜珊瑚生存，因为在西岸，来自深海的冷水形成上升流，还有寒冷的沿岸海流流向赤道。

大陆西岸则不适宜珊瑚生存，因为在西岸，来自深海的冷水形成上升流，还有寒冷的沿岸海流流向赤道。

因此在北美，加利福尼亚和墨西哥的太平洋沿岸缺少珊瑚，而西印度群岛海域供养着大量的珊瑚。在南美的巴西海滨和热带东非海滨珊瑚也生长旺盛，还有澳大利亚东北海滨，那里的大堡礁筑成了一道绵延千余英里的有生命的长城。

美国境内唯一的珊瑚礁海滨就位于佛罗里达礁岛群。这些岛屿向西南的热带海域延伸近200英里。先是位于自迈阿密向南一点比斯坎湾（Biscayne Bay）入口处的桑兹岛（Sands）、埃利奥特岛（Elliot）、旧罗德岛（Old Rhodes）；然后其他岛屿继续向西南方向延伸，隔着佛罗里达湾（Florida Bay）围绕着佛罗里达陆地的末端；最后礁岛群的一端远离大陆，形成墨西哥湾与佛罗里达海峡（Florida Strait）的一道狭长分界，靛蓝色的墨西哥湾流从这里穿过。

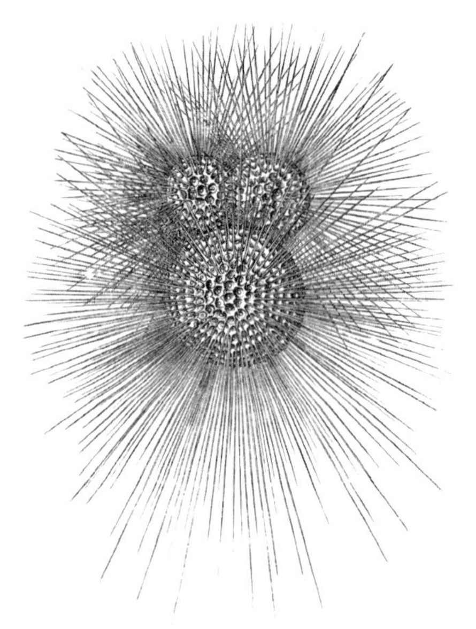

有孔虫

礁岛群面海的一侧有一片3～7英里（4.8～11.3千米）宽的浅海区域，这里的海底形成一片坡度平缓的台地，深度通常不到5英浔（9米）。一条深达10英浔（18米）的不规则海峡（霍克海峡[Hawk Channel]）横

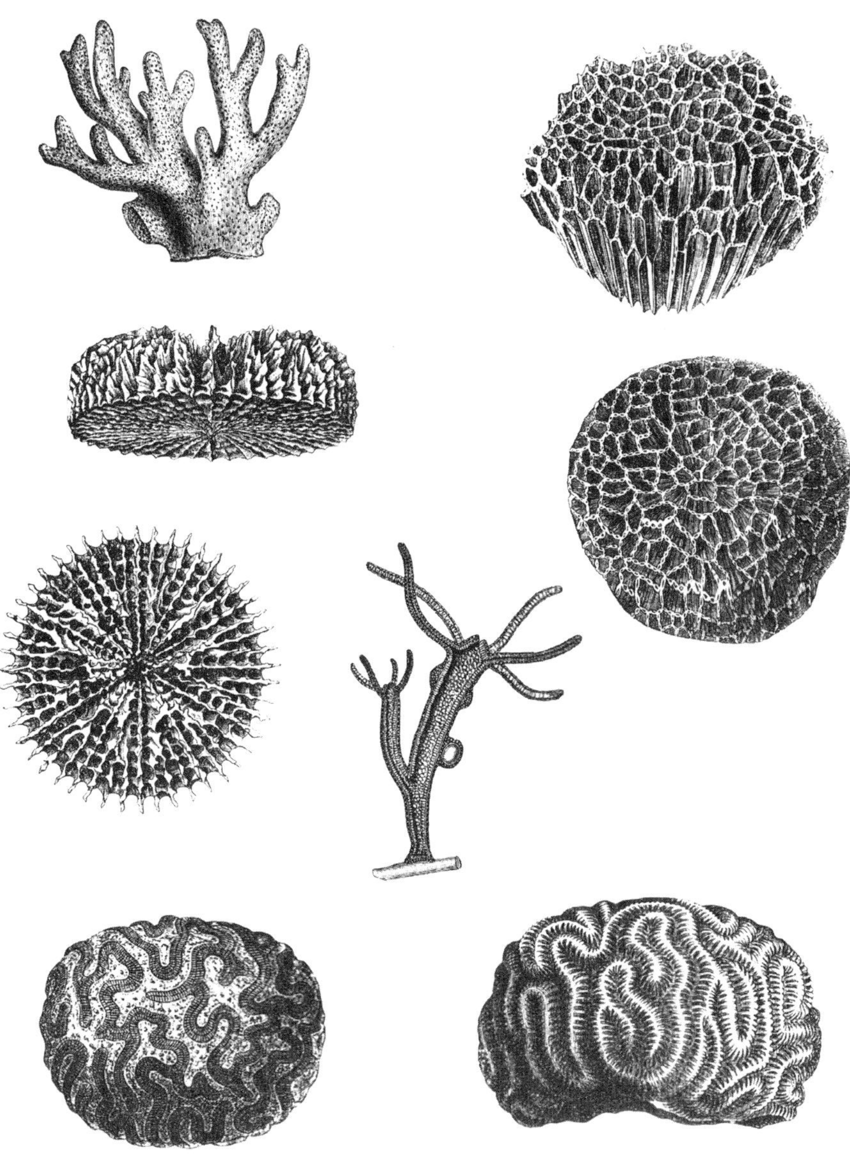

各种珊瑚

穿这片浅海，小船可以在其间航行。一道由活珊瑚礁形成的壁垒构成了礁坪在面海一侧的边界，矗立在更深海域的边缘。

193 这些礁岛可分为性质和成因不同的两组。东部的岛屿从桑兹岛到红海龟礁岛（Loggerhead Key）摆出一道110英里长的平滑弧线，它们是更新世珊瑚礁暴露的残余。最近一次冰期之前，这珊瑚礁的建造者在温暖的海水中生长繁茂，但现在这些珊瑚，或者说它们的遗迹，已成为一片干地。礁岛群的东部形状狭长，覆盖着矮树林和灌丛，暴露于外海一侧的是珊瑚灰岩构成的边界，内侧是红树林沼泽的迷宫，穿过红树林再向内侧则是佛罗里达湾的浅海。礁岛群的西部被称为派恩群岛（Pine Islands），它们与东部岛屿不同，构成它们的石灰岩起源于间冰期浅海的海底，现在抬升到只是稍微高于海面的高度。然而在整个礁岛群中，不论是珊瑚动物建造的礁岛，还是海洋漂流物沉积固化形成的岛屿，都是由大海的“手”塑造而成的。

194 这处海滨，从它的存在和意义两方面来说，不仅体现了陆地和水体之间的不稳定平衡，而且有力地说明了一种至今仍在持续发生的、由生物体的生命过程带来的变化。当人们站在礁岛群间的桥上，放眼数英里，可见水面上点缀着红树覆盖的岛屿，直至数英里外的地平线，此时也许能够更清晰地体会到这一点。这里像是沉浸在过去中的梦幻之地。但是，只见桥下漂浮着一株绿色的红树幼苗，又细又长，一端已开始发育生根，开始在海水中向下延伸，准备抓住途中遇到的任何一处泥泞的浅滩，牢牢地扎根其中。一年又一年，红树林在岛屿之间搭起桥梁，它们还扩大陆地，也形成新的岛屿。海水从岛屿之间流过，带着红树的幼苗，也为建造近海珊瑚礁的珊瑚动物带来浮游生物，这些珊瑚筑起坚如磐石的壁垒，也许有朝一日这壁垒也会成为陆地的一部分。珊瑚礁海滨就是这样建成的。

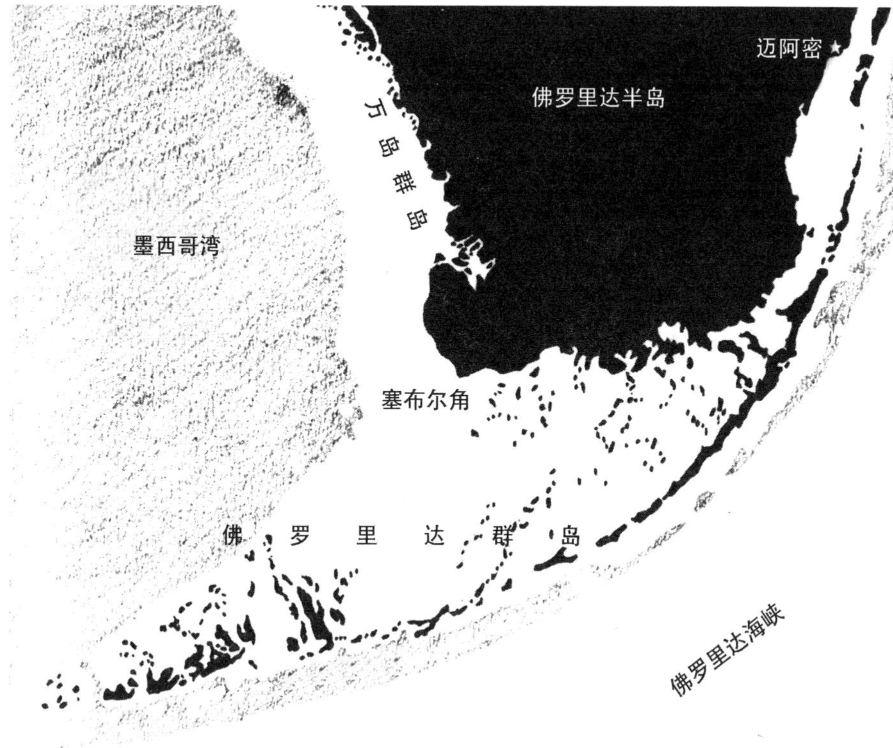

为了认识鲜活的现在和未来的前景，就有必要铭记过去。在更新世，地球至少经历过四次冰期，当时到处是严苛的气候，巨大的冰盖向南方蔓延。每到冰期，地球上都有大量的水冻结成冰，全球海平面下降。每两次冰期之间是气候温和的间冰期，此时冰川融化，水回到大海，全球海平面又回升。自最近一次冰期——威斯康辛冰期（Wisconsin）以来，地球气候的总体趋势是逐渐变暖的（尽管不是始终如一地持续变暖）。威斯康辛冰期之前的间冰期称为桑加蒙间冰期（Sangamon），佛罗里达礁岛群的历史就和这段时期有很大关系。

桑加蒙间冰期时，大陆东南的海岸线，当时佛罗里达礁岛群正以近海珊瑚礁的形式形成

195 如今形成东部礁岛群材料的那些珊瑚，就是在桑加蒙间冰期筑起珊瑚礁的，也许距今只有几万年。当时海平面或许比现在高100英尺（约30米），并淹没整个佛罗里达台地的南部。在台地东南倾斜的边缘之外，珊瑚开始在稍深于100英尺的温暖海水中生长。后来，海平面大约下降了30英尺（约9米）（这是在一个新冰期的早期阶段，从海上蒸发的水在极北地区形成降雪的时候）；然后海平面又下降了30英尺。在这变浅的水中，珊瑚更加繁茂地生长起来，于是珊瑚礁长高了，其结构渐渐接近海平面。海平面下降一开始对珊瑚礁生长有利，然而到后来却造成了它的毁灭，因为在威斯康辛冰期，随着冰层在北方的增长，海平面下降得太低，以至于礁石暴

露在海面上，于是生活其上的珊瑚动物全部死亡。接着，这些珊瑚礁曾经又一次被海水短暂地淹没过，但这并不足以使那些建造它的动物恢复生机。后来，礁石又露出海面并保持至今，除了较低的 196
部分还淹没在水中，如今成为不同礁岛之间的水下通道。古老的礁石暴露在外的地方，在雨水的溶解作用和海水飞溅的拍击之下，受到侵蚀，分崩离析；许多地方古老的礁岩块清晰地暴露出来，甚至能够从中辨认出珊瑚的种类。

这些珊瑚礁曾经是活的，形成于桑加蒙间冰期的海中；在比较晚近的时代，积累形成了西部礁岛群的石灰岩，在桑加蒙间冰期的时候，珊瑚礁靠陆地的一侧正在发生累积。当时，距礁岛群最近的陆地位于其北150英里处，因为现今佛罗里达半岛的南端在当时是全部浸没水中的。许多海洋生物的残骸、石灰岩的溶解和海水中的化学反应，这些因素促进了覆盖浅海底部的软泥的形成。随着其后海平面的改变，这些软泥聚结固化成为一种白色的质地细腻的石灰岩，其中含有许多形似鱼卵的碳酸钙小球；由于它的这种特征，它有时被称为“鲕状灰岩”（oölitic limestone），或“迈阿密鲕状岩”（Miami oölite）。紧挨着佛罗里达陆地南侧的就是这种岩石。它形成了佛罗里达湾的海底，位于近期沉积物之下，然后在大派恩礁岛（Big Pine Key）到基韦斯特（Key West）之间的派恩群岛或西部礁岛群，这种岩石位置升高，露出大海表面。在大陆上，棕榈滩（Palm Beach）、劳德代尔堡（Fort Lauderdale）和迈阿密这几座城市就建在这种石灰岩的山脊，当海流扫过半岛旧时的海岸线、将软泥塑造成弯曲的长条状时，便形成了这种地形。迈阿密鲕状岩暴露在大沼泽地（Everglades）的地面上，呈现为具有奇怪不平坦表面的岩石，有些地方升高形成尖峰，有些地方又凹陷为溶孔。太米阿米小道（Tamiami Trail）和迈阿密至基拉戈（Key Largo）公路的建造者沿路挖掘出这些石灰石，并用它建造了这些公路的路基。

碟贝（disk shell）

知道了这些过去的事情，我们就能从今日的情况看出这种模式的重复，看到早先地球过程的重演。现在，和当时一样，活珊瑚在近海逐渐增长；沉积物在浅海中累积；而海平面，虽然肉眼看起来几乎不变，但肯定是在变化着。

珊瑚海滨之外围的海水，在浅滩处呈现绿色，远处呈现蓝色。一次飓风过后，或者甚至是一次长时间的东南风过后，就会出现“白色海水”
197 的现象。这时，一种浓稠的、奶白色的、富含钙质的沉积物从珊瑚礁中被冲刷出来，或者从礁坪表面的深海床中被搅动起来。在这些日子，潜水面罩（或许还有氧气罩）可要被弃置不用了，因为水下的能见度比伦敦大雾中好不了多少。

“白色海水”是由非常高的沉积物比例间接导致的，这样的情况在礁岛群周围浅滩中普遍存在。人们只要从岸边涉水向外，哪怕只走出几步，就一定会注意到白色的泥沙状物质漂浮水中，并沉积在水底。肉眼就能看出它像雨一样落在每一处表面。它那微细的尘土落在海绵、柳珊瑚和海葵身上；它填塞掩埋了长得较矮的藻类，并在暗色块状的大型蜂孔海绵（loggerhead sponges，*Spheciospongia*）上覆盖一层白色。涉水者搅起一团团云雾般的沉积物；风和强劲的水流使它移动。这些物质的积累以惊人的速度进行着；有时在一次飓风过后，两次涨潮之间就能积起两三英寸厚的沉积物。这些沉积物有几个不同的来源：有些是物理来源的，是动植物遗骸解体的结果，来自贝壳、沉积石灰质的藻类、珊瑚骨架、蠕

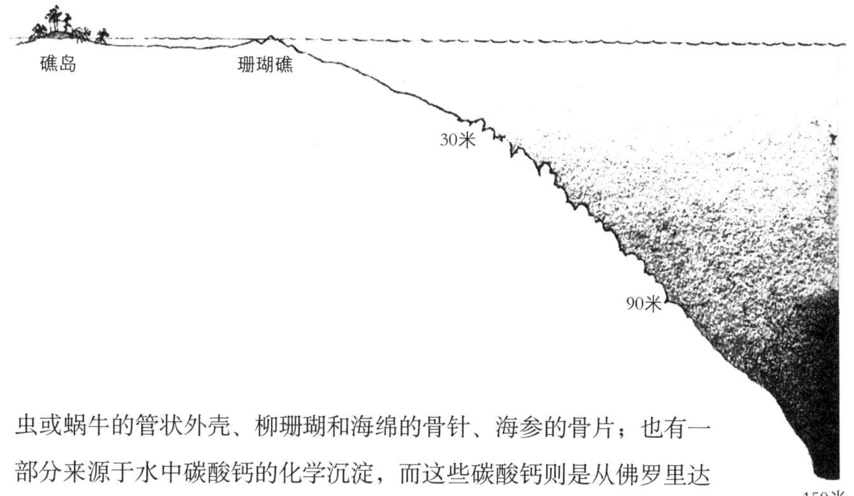

虫或蜗牛的管状外壳、柳珊瑚和海绵的骨针、海参的骨片；也有一部分来源于水中碳酸钙的化学沉淀，而这些碳酸钙则是从佛罗里达
南部地表大量广泛分布的石灰岩中浸出的，由河流和大沼泽地的平 198
缓径流带入大海。

现今的礁岛群链向外数英里处，是活的珊瑚礁，形成了浅滩在朝海一侧的边缘，俯瞰着一道陡峭的斜坡通向佛罗里达海峡的深渊。珊瑚礁从迈阿密南侧的福伊礁岛（Fowey Rocks）延伸到马克萨斯岛（Marquesas）和海龟岛（Tortugas）等礁岛，整体来说，它们勾勒出了10英浔（18米）的等深线。不过，在这条线上常有些地方升高，比这个深度浅一些；也不时有几处露出海面，成为小型近海岛屿，许多这样的地方都标有灯塔。

当人们泛舟珊瑚礁之间，透过一个玻璃底小舱向下凝视，会发现很难勾勒出整个地形，因为视野所及的范围太小了。就算是更近距离探索的潜水者，也很难意识到自己正处于高山之巅，水流像山风一样掠过，柳珊瑚就像山顶的灌丛，林立的鹿角珊瑚像嶙峋的石块。朝着陆地方向，海底平缓地从这山顶向下倾斜，进入宽阔的、充满水的山谷——霍克海峡；然后再次爬升，突破水面，形成一连串地势低洼的岛屿——佛罗里达礁岛群。但在这珊瑚礁面海的一侧，海底迅速降低（到达足以使海水呈蓝色的深度），形成蓝色的深海。到大约水下10英浔（18米）深处，还有活珊瑚在生长。再往下，也许是因为光线太暗，或者沉积物太多，便不再有活珊瑚，
199 而是一个死珊瑚礁的底座，形成于海平面低于现在的某个时期。外面水深100英浔（180米）的地方，有一块干净的岩石海底，称为波达尔斯海台（Pourtalès Plateau）；这里动物群落丰富，不过这里生长的珊瑚并不形成珊瑚礁。在300～500英浔（540～900米）的深度之间，沉积物再次在斜坡上累积起来，这道斜坡向下延伸到佛罗里达海峡的沟槽——那正是墨西哥湾流的通道。

至于珊瑚礁本身，则有千百万的生物都成了它的一部分——其中有植物也有动物，有活的也有死的。珊瑚礁的基础是许多不同物种的珊瑚，它们把石灰质塑造成小杯子模样，又用这些小杯子搭建出许多奇怪而美丽的形状。但除了珊瑚，还有其他生物也参与了建造，珊瑚礁的空隙中都填满了它们的壳或石灰质的管，或者是珊瑚岩，由来源极其多样的石块黏结在一起。有一群群的蠕虫构筑着管状外壳；还有螺类的软体动物，它们扭曲的管状壳可以缠结成庞大的构造。钙质藻类能在活体内沉积石灰质，本身形成珊瑚礁的一部分；或者在靠陆地的一侧海域大量生长，死去时它们的成分进入珊瑚沙，然后再由珊瑚沙形成石灰岩。还有角珊瑚或称柳珊瑚，其中有海扇（sea fans）和海鞭（sea whips），它们的软组织中都含有石灰石骨针。这些石灰质，与来自海星、海胆、海绵和大量更小的生物所含的石灰质一道，最终会随着时间的推移和海水中的化学反应，成为珊瑚礁的一部分。

有的生物建造珊瑚礁，也有的生物破坏珊瑚礁。隐居穿贝海绵会溶解石灰石。会钻洞的软体动物会令石灰石密布洞穴，尤如筛子。蠕虫则会用尖利的颚啃食岩石，削弱其结构，以此让这样一天提早到来：到那时，一块珊瑚礁将屈服于波浪的力量而脱落，或许

会沿着面向外海那一侧，滚落到更深的水域。

这整个复杂群落的基础是一种看似简单的小生物：珊瑚虫。这种珊瑚动物长得跟海葵大体相似，它有一个圆柱形的双层管，基部闭合，顶端敞开，触手像王冠一样围绕在口部。重要的区别——珊瑚礁能够存在的原因在于：珊瑚虫能分泌石灰质，在自己周围形成坚硬的杯状物。这件事是由外层的细胞来做的，就像软体动物的壳是由软组织的外层——外套膜分泌的。这样一来，长得像海葵的珊瑚虫就住进了由坚硬如石的物质形成的隔间。珊瑚虫的"皮肤"向内弯折形成纵向皱褶，而这整个皮肤都在活跃地分泌石灰质，因此这些杯状物的边沿并不光滑，而是有向内突出的隔板，形成星形或花形图案，观察过珊瑚的人们对这种图案都很熟悉。

200

狐蛤（lima clams / file shells）用珊瑚碎片和其他碎屑筑巢。有时候珊瑚礁会在巢周围长起来，把狐蛤关在里面。

大多数珊瑚都是由许多个体组成群体的。而每一个群体中的所有个体，都来自同一个受精卵，这个受精卵发育成熟后，开

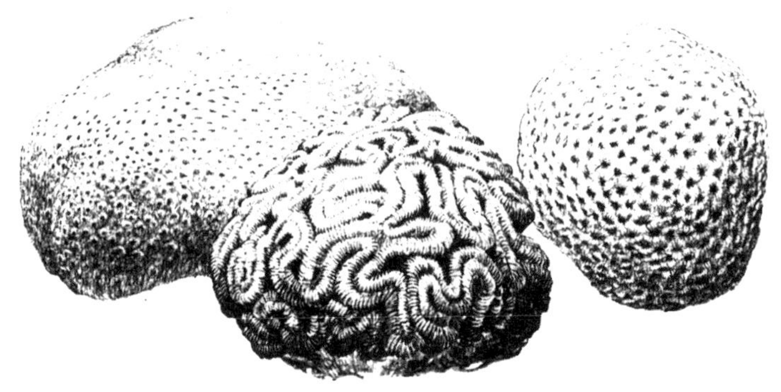

构成外礁的大量珊瑚物种：星珊瑚（左）；脑珊瑚（中）；星珊瑚（右）

201 始通过出芽生殖形成新的珊瑚虫。这种群体的形状是该物种的特征——枝状的、巨石状的、扁平的、壳状的、还有杯子形的。珊瑚群体中间是实心的，因为活珊瑚虫只是占据群体表面，依物种不同，分布或密或疏。越是巨大的珊瑚群体，组成它的个体常常越小；比一人还高的枝状珊瑚，组成它的珊瑚虫可能只有1/8英寸（约3毫米）高。

珊瑚集群中坚硬的部分通常是白色的，但也可能会有微小的植物细胞为它们染上色彩，这些植物住在珊瑚的软组织中，形成互利共生关系。在这类关系中，有一种很常见的交易：植物获得二氧化碳，而动物则利用植物释放的氧气。然而，珊瑚与植物的共生关系也许有更深刻的意义。这些藻类植物中黄色、绿色或棕色的色素属于一类叫做类胡萝卜素的物质。最近的研究表明，共生藻类的这些色素也许会对珊瑚的繁殖过程有影响，起到“内在关联因子”的作用。通常情况下，藻类的存在看来对珊瑚有益，不过在光线昏暗的时候，珊瑚动物也会将这些藻类排出体外，来摆脱它们。这也许意味着，在光线微弱或黑暗时，植物的整个生理过程有所改变，

导致代谢产物变成了有害物质，于是动物只好把它们的植物客人 202
赶出家门。

隐螯蟹给自己建造了一个囚牢，同时也是一个堡垒。

珊瑚礁群落中还有别的奇怪的关联。在佛罗里达礁岛群，以及西印度群岛地区的其他地方，一种隐螯蟹（gall crab）会在活着的脑珊瑚群体表面弄出一个炉子形状的空洞。随着珊瑚的生长，这种蟹设法留出一个半圆形的通道，这样它在幼年时期可以从这里进出巢穴。但是，人们认为隐螯蟹一旦长大成年，就被困在珊瑚里面了。对于这种佛罗里达隐螯蟹生存的细节，人们还了解得很少，不过在大堡礁珊瑚群的相近物种中，只有雌性会形成这样的“虫瘿”（galls）。雄性隐螯蟹很小，显然它们会拜访被困于洞穴之中的雌性。这个物种的雌性以**从流进洞穴的海水里滤食生物**为生，它的消化器官和附肢都是高度特化的。

在珊瑚礁及近岸区域，遍布着大量的角珊瑚（horny corals）或者叫柳珊瑚（gorgonians），有时比普通的珊瑚还要多。紫罗兰色的海扇向着水流铺展它的花边，在海扇的整个构架上，有无数张嘴从小孔探出，触须伸进水里捕捉食物。有一种被称为火烈鸟舌蜗牛，裹着坚固而极光滑的壳，常常生活在海扇上。柔软的外套膜延伸出来覆盖着外壳，这层膜是一种苍白的肉色，上面有许多大致呈三角形的黑色花纹。叫做海鞭的那种柳珊瑚则更加常见，形成茂密的海底灌丛，通常高及腰际，有时能有一人高。珊瑚

火烈鸟舌蜗牛 203

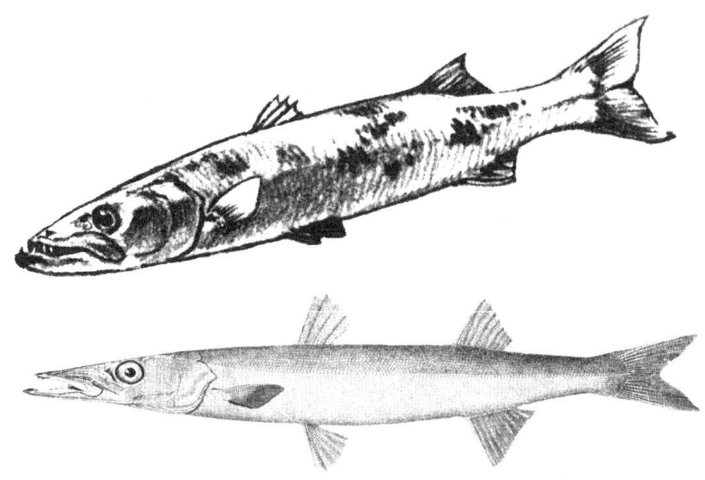

梭鱼

礁的这些柳珊瑚有紫丁香色、紫色、黄色、橙色、棕色，还有米黄色。

结壳海绵（encrusting sponge）在珊瑚礁壁上铺开它们那黄色、绿色、紫色和红色的垫子；偏口蛤（jewel box）和海菊蛤（spiny oyster）之类奇异的软体动物附着其上；长着长棘刺的海胆给洞穴和裂缝打上了毛扎扎的深色补丁；一群群浅色的鱼在珊瑚礁壁前轻快地游动，独行的捕食者——灰笛鲷和梭鱼，正在那儿等着抓住它们。

到了晚上，珊瑚礁就活起来了。夜幕降临之前，小小的珊瑚虫躲着阳光，缩在它们的保护壳里；而这时，从每一处石质的枝桠、尖塔和穹顶外壁上，都探出它们长着触手的头来，取食浮向海面的浮游生物。小型甲壳动物和许多种其他微型浮游动物，一旦在漂流或游动中撞上珊瑚的一枝，马上就会成为珊瑚虫的武器——无数的刺细胞的受害者。尽管浮游动物个体很小，但要想安全穿过一丛鹿角珊瑚那纵横交错的枝条，看起来仍是机会渺茫。

珊瑚中的其他生物也对夜晚和黑暗做出了反应，许多生物从它们白天作为藏身之所的石窟和裂缝中钻了出来。就连那藏在大型海绵中的神秘动物群——小虾、端足类和其他海绵孔道深处的不速之客——到了晚上也都沿着幽暗狭窄的坑道爬上来，聚集在入口边缘，仿佛在朝外打量着珊瑚礁的世界。

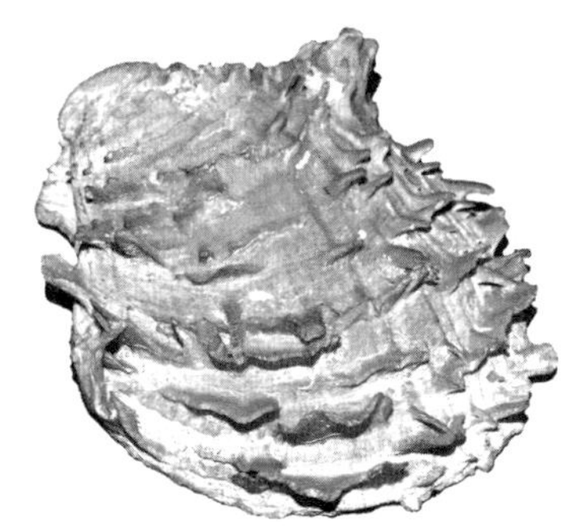

偏口蛤

204

海菊蛤

虾蛄

每年有那么几个夜晚，珊瑚礁上会发生不同寻常的事情。南太平洋有一种著名的矶沙蚕，只有当某个特定月份的某个特定月相出现时，才会聚集成惊人的产卵群体；矶沙蚕还有一种不那么著名的近缘种，是一种相近的蠕虫，分布在西印度群岛地区的珊瑚礁群，或者至少局部分布在佛罗里达礁岛群。在干龟群礁（Dry Tortugas Reefs）、佛罗里达角（Cape Florida）和西印度群岛的几个地方，多次有人观察到这种大西洋矶沙蚕的产卵行为。在海龟岛（Tortugas），这种行为总是出现在七月，通常是下弦月的时候，有时也会在上弦月。矶沙蚕从来不在新月时产卵。

矶沙蚕栖息在死珊瑚礁上的洞穴里，有时占用其他生物挖出的隧道，有时自己咬下岩石碎块，开凿孔洞。这种奇怪小生命的生活似乎被光照统治着。小时候，矶沙蚕拒斥光照——拒斥阳光，拒
205 斥满月的光甚至很黯淡的月光。只有在夜晚最黑暗的几个小时，这光线造成的强大抑制解除后，它才会冒险离开洞穴，爬出几英寸，啃食岩石上的植物。然后，当产卵季临近时，矶沙蚕的身体发生了显著的变化。随着性细胞成熟，每只动物的后三分之一的体节都会改变颜色，雄性变成深粉红色，雌性变成灰绿色。此外，身体的这部分被卵或精子撑大，壁变得十分薄而脆弱，且在这部分和身体前部之间发育出一条明显的束带。

终于，这些身体大变的矶沙蚕迎来了这个夜晚，它们对月光

作出一种新的反应——它们不再排斥月光，不再把自己囚禁在洞穴中，相反，月光把它们引出来，以上演一种奇怪的仪式。矶沙蚕们退出洞穴，推挤出膨胀的、薄壁的后端，身体后端马上开始一系列扭曲的运动，呈螺旋状扭动着，直到身体突然从薄弱的地方断成两截。这两截身体面临不同的命运——一截留在洞穴中，继续过着畏畏缩缩寻寻觅觅的黑暗生活；另一截向上浮到海面，成为这一大群成千上万只矶沙蚕的一员，加入到这个物种的产卵活动中。

在夜晚的最后几小时，蜂拥而上的矶沙蚕数量迅速增加，到黎明时，珊瑚礁海域几乎是被它们真正地“填满”了。当第一缕阳光出现，这些虫子受到光线的强烈刺激，开始剧烈地扭曲、收缩，它们薄壁的身体爆裂开来，把卵或精子释放到海水中。已释放一空的虫体可能还会无力地游动一小段时间，被赴宴的鱼类所捕食，但 206
很快所有剩下的虫体就都沉到底部死去了。不过，受精卵还浮在海面，在深达数米、广至两万平方米左右的范围内悬浮着。这些受精卵中正发生迅速的变化——细胞的分裂和结构的分化。当天傍晚之前，这些卵就形成了微小的幼虫，在海水中作螺旋状游动。幼虫在海面上生活大约三天；然后它们就成为珊瑚礁中的穴居者，直到一年以后，它们也会重复同样的产卵行为。

神仙鱼

沙蚕的一些近亲也在礁岛群和西印度群岛附近周期性产卵，它们会发光，能在黑暗的夜晚营造出美丽的烟花表演。有些人相信，哥伦布所写的他在10月11日晚上“大约登陆前4小时，月亮出来前1小时”见到的神秘光亮——也许就是这些“火刺虫”的一次表演。

潮水从珊瑚礁处涌进来，扫过浅滩，碰到岸边升高的珊瑚岩就停下了。在某些礁岛上，岩石被风化、磨蚀得非常平滑，有着平坦的表面和圆润的外形；但在其他许多礁岛上，海水的侵蚀造成了粗糙的、坑坑洼洼的表面，反映了成百上千年以来海浪及随浪溅出的盐沫的溶解作用。这种岩石表面就像风暴肆虐的海面在此冻结
207 了，或者也许像月球表面。小洞穴和溶解形成的孔洞延伸到高潮线上下。在这样一个地方，我总能强烈地意识到我脚下是古老的、死去的珊瑚礁；而那些样式已经破碎模糊的珊瑚，曾经是精雕细琢的容器，承载着鲜活的生命。如今，珊瑚礁的建造者都死了——成千上万年前就死了——但它们创造的东西留了下来，成了鲜活的现在的一部分。

蹲伏在凹凸不平的岩石上，我听见空气和水流过这些表面，发出的喃喃低语——那就是这个非人类的潮间世界的声音。很少有生命的迹象来打破这沉郁的孤寂。也许会有一只深色身体的等足类动物——海蟑螂——除了从一个阴暗的凹坑迅速爬向另一个的那一小会儿以外，它都不敢在亮光和天敌的锐利目光中暴露自己。珊瑚

海蟑螂

岩里有成千上万只这种动物，但在夜幕降临以后，它们才会成群地出来寻食小块的动植物废屑。

在高潮线上，微型植物的生长把珊瑚岩变成了深色，染出一条神秘的黑色线，在全世界的岩石海滨，都由这条线标示着大海的边界。因为珊瑚岩表面杂乱、沟壑纵横，海水通过缝隙和凹坑，从高潮带岩石下流入，这样一来，黑色区域就渲染了参差不齐的突起和孔穴的边缘；而颜色较浅、带黄灰色调的岩石，则在那些凹坑的地方形成一条线，就在那条潮位的控制线之下。

壳上有显眼的黑白条纹或格子的小型螺类——蜒螺（ner-
itas）——挤进珊瑚的裂隙和空洞中，或者在暴露的岩石表面歇息， 208
等潮水回来，它们就可以吃饭了。另一些长着圆壳，壳表面有粗糙念珠状花纹的螺，属于滨螺（periwinkle）这一类。与许多其他同类一样，这些表面有念珠状花纹的滨螺正展开尝试性的登陆，它们生活在岸边高处的岩石或木材下面，甚至进入陆地植被的边缘。黑色的拟蟹守螺（horn shells）就生活在高潮线以下，为数众多，以岩石上的藻类薄层为食。活着的螺类被某种无形的力量留在 这一潮位线附近，但最小型的寄居蟹会找来它们死后废弃的壳，在里面安家，然后把这些壳带到沿岸的较低位置。

这些被严重腐蚀的岩石上住着石鳖，它们原始的外观可以追溯到软体动物的一些古老类群，而石鳖现在是这些类群的唯一代表。它们卵形的身体正好可以在退潮

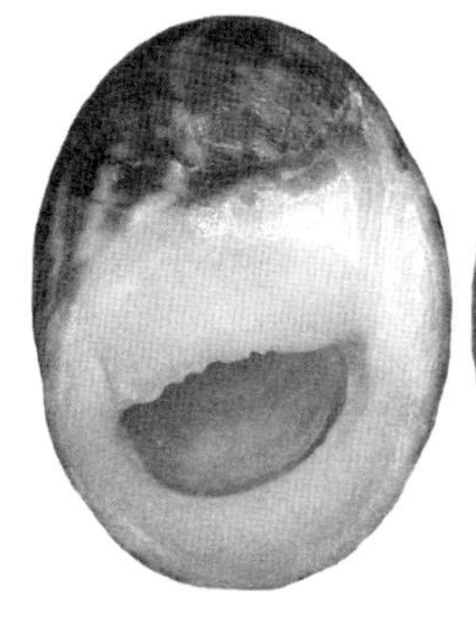

蜒螺

石鳖（chitons）

时嵌进岩石上的凹坑，身体表面覆盖着由8块横向平板一节节连接起来组成的外壳。它们紧紧地抓住岩石，就算大浪冲刷着那表面倾斜的轮廓，也不能把它们冲下来。当高潮水没过石鳖时，它们就开始爬出来，又开始从石头上刮植物吃，它们的身体随着齿舌（锉刀似的舌头）的刮擦动作前后来回移动着。一只石鳖每个月只能挪动几英尺；因为它这不
209 爱动的习性，藻类的孢子、藤壶的幼虫，还有管虫都在它壳上安营扎寨。有时候，在阴暗潮湿的洞穴里，石鳖会叠罗汉，一只趴在另一只背上，每只都从下面那只的背上刮藻类吃。这些原始的软体动物也许是地质变化的一个因素，当它们在岩石上取食时，每次除了刮下藻类外，还会连带着刮下微量岩石颗粒，于是在这一古老种族过着简单生活的成千上万年间，对磨损地球表面的侵蚀过程可谓“有所贡献”，地表因此变得平缓。

在阴暗潮湿的洞穴里，石鳖会叠罗汉式的，一只趴在另一只背上，每只都从下面那只的背上刮藻类吃。

在其中一些礁岛上，一种名为石磺（onchidium）的小型陆生软体动物生活在小岩洞的深处，这些岩洞的入口处常常长满一群群贻贝。尽管它是一种软体动物且属于螺类，石磺是没有壳的。它属于一个主要由蜗牛或鼻涕虫组成的类群，其中许多种类没有壳，或者壳是隐藏起来的。石磺栖息于热带海滨，通常生活在被侵蚀粗糙的岩石形成的海滩。退潮时，小小的黑色鼻涕虫们列队走出家门，蠕动着挤过挡路的贻贝，通常从每个洞里爬出十几只，和石鳖一样从岩石上刮取植物为食。刚出来的时候，每只身上都有一层黏液膜，使它们看上去潮湿而乌黑发亮；在风和阳光的作用

石蟥

下，这种小鼻涕虫干燥成为一种深蓝黑色，表面有微弱的、模糊的亮色。

在这过程中，石磺似乎是沿着随机或不规则的路线爬过岩石。当潮水退至最低，甚至当潮水开始回升时，它们都还一直在觅食。到了回升的海水即将淹到它们之前的半小时左右，在一滴水溅入它们的巢穴之前，所有石磺都停止取食，开始返回家中。尽
管它们出来的路蜿蜒曲折，返回时却是走直达路线。每个社区的 210
成员都返回自己的巢穴，纵使回家的路经过严重腐蚀的岩石表面，还可能与其他石磺返家的路线交叉。属于同一个巢穴社区（nest-community）的每一只个体，都几乎在同一时刻开始返回，尽管觅食时它们可能相隔甚远。其中的刺激因素是什么？——不是回升的海水，因为这时候海水还没有碰到它们；当海水再次拍打岩石时，它们已经安全地躲在自己的巢穴中了。

这种小动物的整个行为模式都很费解。它的生存，为什么会再次被引向**其祖先千百万年前就抛弃了的大海边缘**呢？只有在潮水退去之后，它才出来活动，然后，它以某种方式感知海水即将回来，仿佛想起了近几百万年来自己与陆地的亲近，于是它赶在潮水

把它卷走之前，匆匆回到安全的地方。它是如何获得了这种既向往、又拒斥海洋的习性？我们只能提出问题，却无法做出解答。

海滨生物的特性正是既向往又拒斥海洋。

为了在觅食途中保护自己，石磺备有发现及驱赶敌人的手段。它背上的小突起能够感知光线和经过的阴影。此外，与外套膜相连的较粗的突起具有腺体，能分泌一种乳状的强酸性液体。如果这种动物被突然打扰，它就会喷出几股这种酸，一股股液体在空气中分散成喷雾状，可达5～6英寸以外，相当于自身体长的十几倍。德国动物学家森珀（Semper）研究过菲律宾群岛的一种石磺，他相信这双重的装备能保护石磺免受海滩上跳跃的鳚鱼（跳跳鱼）捕食——这是一种产于许多热带红树林海滨的鱼类，在潮水以上的地方跳跃，以石磺和螃蟹为食。森珀认为石磺能够发现一只正在接近它的鱼，并以释放白色酸雾来赶走敌人。在佛罗里达和西印度海域的其他地方，没有这样跳出海水捕食的鱼类。然而在石磺必须去觅食的岩石上，螃蟹和等足类快速爬行，横冲直撞，很有可能把石磺
211 推进海水中，因为它们并没有能抓住岩石的结构。不论出于何种原因，这些石磺用与对付危险敌人一样的手段来对付螃蟹和等足类动物，释放化学物质以避免它们的接触。

在热带高、低潮线之间的带状区域，对几乎所有生命来说生存条件都是恶劣的。太阳的热量增加了退潮时暴露的危害。一层层流动的、能造成窒息的沉积物，在平坦或坡度平缓的表面积累下来，赶走了许多种动植物，它们在北方更清澈更冷的海域的岩石海滨生活得更好。这里没有新英格兰那种大片分布的藤壶和贝类，只有零散的几小块，在不同礁岛上的分布有所不同，但都不是很多。这里也没有北方那种大型岩藻森林，只有零散生长的小型藻类，包括各种质地硬脆的、分泌钙质的形态，它们都无法为大量的动物提供庇护所或安全保障。

如果说小潮涨落之间的这片区域，整体来说不适宜生存，不

过倒是有两类生物——一种动物，一种植物寻到了乐园。它们在这里生活得如鱼得水，在别地方都没法这样大量繁衍。这种植物是一种特别漂亮的藻类，长得像一个个绿色的玻璃球聚集成不规则的团簇。它们就是法囊藻（valonia），又叫海瓶子（the sea bottle），是一种绿藻，会形成大型囊状物，内含一种汁液，与周围水体的化学组成有一定关系，其所含的钠离子与钾离子比例会随着阳光强度、暴露于海浪的程度和它周围其他条件的变化而变化。在突出的岩石之下，或者在其他有庇护的场所，它会形成一片片和一堆堆翠绿的小球，半埋在堆积很深的沉积物中。

这个珊瑚礁潮间带的“动物代表”是一类螺，它们的整个结构和生存方式与这类软体动物典型的生活方式形成了显著的对比。它们名叫蛇螺（vermetid，意思是

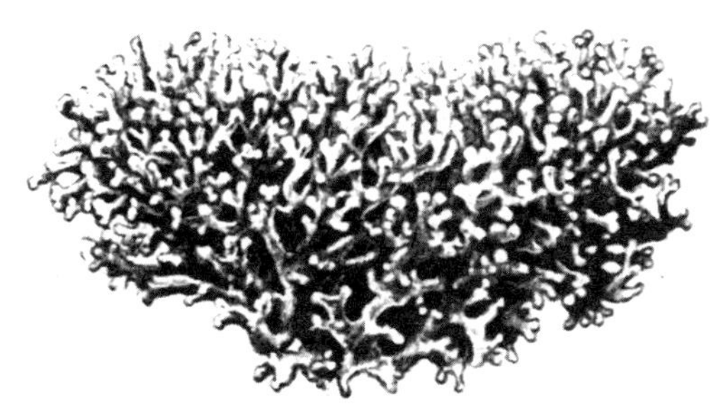

一种分泌钙质的藻类，角石藻（goniolithon）

嵌入海绵中的单独的蛇螺

群居蛇螺的螺堆

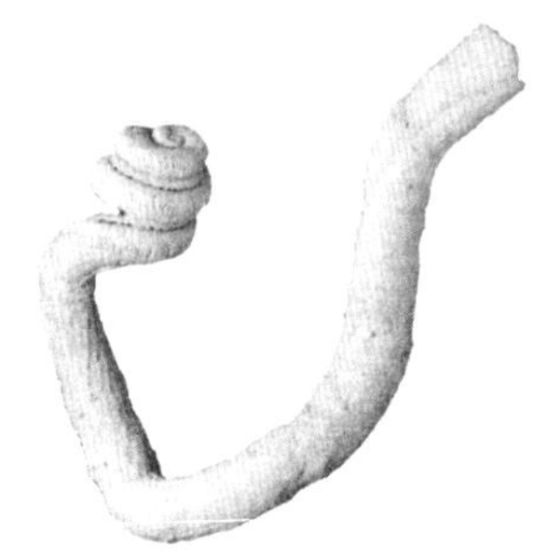

蛇螺

“wormlike”，即“蠕虫般的”）。它的外壳并不是普通腹足类的螺旋状或圆锥体，而是一种松散的、展开的管状，很像许多蠕虫都会建造的那种钙质管。生活在这一潮间带的这些物种已经聚集成群，它们的管状外壳则是一团一团,挨挨挤挤地纠缠在一起。

这些蛇螺的天然本性，以及它们与近缘软体动物在形式和习性上的不同之处，充分表现了它们周围的环境，以及生命随时准备适应一种空缺生态位的能力。在这珊瑚礁平台上，潮水每日涨落两次，每次涨潮涌来的海水都从海里带来新的食物供给。只有一种方式能够完美地利用这丰富的供给——那就是：停在一个地方不动，水流经过身边时从中取食。在其他海滨，这种方法为藤壶、贝类和管虫之类的动物所使用。这通常并不是一只螺的生活方式，但是为了适应环境，这些非同寻常的螺类已经定居下来，放弃了典型的流浪生活。它们不再独居，而是已成了极度群居的状态，生活在挨挨挤挤的群体中，壳紧密地互相缠绕着，以至于形成了早期地质学家所说的“蠕虫石”（“worm rock”）。而且它们放弃了从岩石上刮取食物或者捕猎并吞食更大型的其他动物，这些属于螺类的生活习
213 惯；而代之以将海水吸入体内，并从中滤出微小的浮游饵料生物。它们的鳃顶端伸出，像网一样在海水中拖过——这一结构可能在所

花群海葵（zoanthus）。海葵（左上）暴露出来的结构；
通常如右边那样在泥沙里挖洞，一直埋到触手部位

有螺类软体动物中都是独一无二的。对于生命体的可塑性及其周围环境的反应，蛇螺给出了清晰的诠释。一次又一次地，一群又一群相差甚远、并无亲缘关系的动物，都遇到了相同的生存问题，并且都为相同的目的进化出各种不同的结构来解决问题。因此，在新英格兰海滨，大批藤壶从潮水中搜寻食物，用的是在它们的亲戚中会成为游泳附肢的器官的变异结构；在海浪扫过南部海滩的地方，鼹蟹（mole crab）成千上万地聚集，用它们触须上的刚毛滤出食物；而在珊瑚海滨这里，这种拥挤集群的奇怪螺类，用它们的鳃过滤涌来的潮水。虽然不是完美的、典型的螺类，它们却充分利用其世界中的机会、完美适应于环境。

低潮带的边缘是一条深色的线，由许多具有短刺的钻岩海胆勾勒而成。珊瑚岩上的每处洞穴和凹坑，都被它们小小的深色身体密密麻麻地覆盖着。我对礁岛群中的一处海胆天堂记忆犹新。这是在东部岛屿中的某个岛上、面向外海的海滩，岩石形成一处陡降的

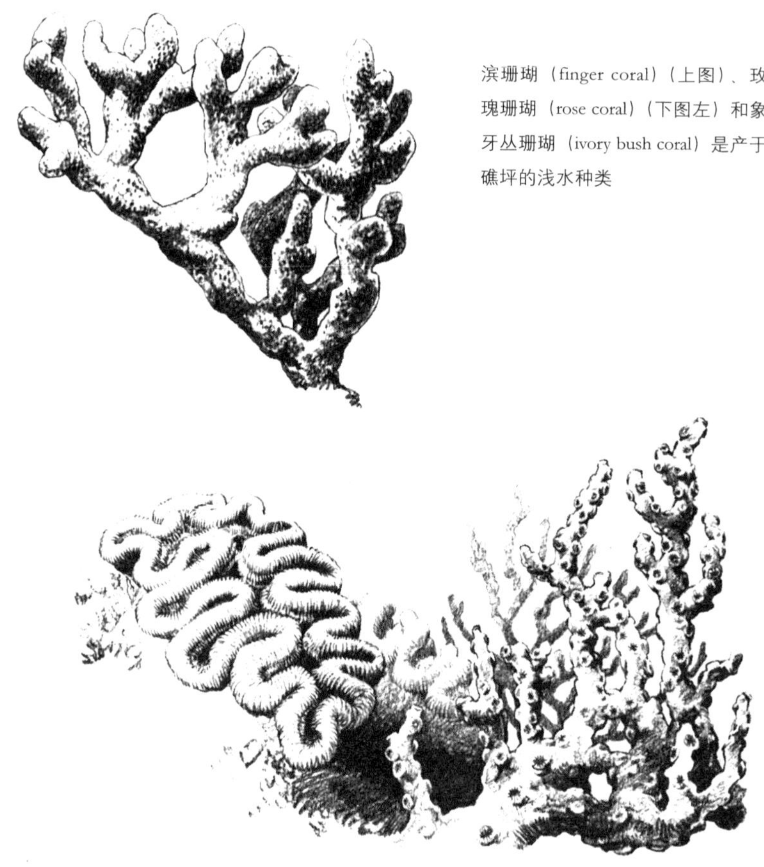

滨珊瑚（finger coral）（上图）、玫瑰珊瑚（rose coral）（下图左）和象牙丛珊瑚（ivory bush coral）是产于礁坪的浅水种类

台阶，下部略微凹陷，严重侵蚀产生了孔穴和小岩洞，许多洞穴顶部是露天的。我曾站在潮水以上的干燥岩石上，向下看着这些以水为底、以石为壁的小岩洞，在一个洞穴里发现了25～30只海胆，而这个洞的大小还不及一只容量1蒲式耳（bushel，约35升）的篮子。
214 这些洞穴在阳光下闪着绿色的水光，在这光线下海胆圆球状的身体呈现一种有光泽的红色，与黑色棘刺形成丰富的对比。

虾蛄

过了这个地方，海底的斜坡就比较平缓了，下部不再向里凹陷。在这里，那些在石头上打洞的家伙似乎占领了每一处能提供遮蔽的位置；它们令人产生一种错觉，仿佛海底每个不规则的地方旁边都有一些阴影。不太确定究竟是它们用下表面上那五颗短而坚固的牙齿在岩石上挖出洞来，还是只是利用天然的凹坑作为避风港，对付偶尔会席卷这一带沿岸的飓风。出于某些高深莫测的原因，这种岩石钻孔海胆及世界上其他地方的相近种类都只生活在这一特定的潮汐水位，由看不见的纽带联系着这一水位，而无法到珊瑚礁坪以外更远的地方转悠，尽管在那儿有很多其他种类的海胆。

在钻岩海胆生活的区域上下，从白垩质沉积物中钻出来挨挤成群的浅褐色管状生物。当潮水离开它们时，它们的组织缩回，隐藏起来一切表明它们是动物的迹象；这时人们也许会忽略它们，还以为它们是某种奇怪的海洋真菌。当潮水回来时，它们就展现出动物的本性，呈现最纯翠绿色的触手冠从每个浅褐色的管中伸展开来，这些类似海葵的生物开始搜寻潮水带来的食物。这些群体海葵目动物（zoanthids）生活在这种地方，它们生存的关键，在于保持触手的纤弱组织高于那造成窒息的沉积物粉尘，在沉积物较深

215 处，这些动物能把身体伸长为细线状，虽然通常情况下，它们的管子都是短而粗壮的。

在许多礁岛上，面向外海的一侧海底坡度平缓，可以趟水走出1/4英里（约400米）或者更远。一旦越过在岩石上钻孔的海胆、蛇螺、螺类，以及绿色与褐色的宝石海葵（jewel anemones）所生活的区域，由粗砂和珊瑚碎片构成的海底便开始缀有深色的一片片海龟草（turtle grass），在礁坪上也开始有更大型的动物栖息。深色的大块头海绵，生长在水深只够没过它们庞大身形的地方。小型的浅水珊瑚能以某种方式在纷纷扬扬的沉积物中幸存，这对较大的珊瑚
216 礁建造者来说可是致命的；它们坚硬的结构呈现粗壮的枝状或半球状，挺立于珊瑚岩表面。柳珊瑚（gorgonians）的生长方式类似植物，像是一丛矮灌木，呈微妙的玫瑰红、褐色或紫色色调。在这些海绵与珊瑚之内、之间和之下，到处是热带海滨五花八门、变幻无穷的动物群，有许多在这片温暖海水中自由游荡的生物，都在礁坪之上爬行、游泳或滑行。

蜂孔海绵（loggerhead sponges）既笨重又迟钝，外表上完全看不出它们的黑色大块头里面有什么活动。偶然路过的人，无法从中读出任何生命迹象。不过，如果你盯着看的时间足够长，也许有时能看见一些圆形开口从容不迫地关闭，这些开口穿透海绵那平坦的上表面，尺寸足以探进一根手指。这样的开口对蜂孔海绵的生存习性来说很重要，它们只有保持海水不断循环穿过身体才能存活。这一类中最小的生物也是这样。它们垂直的侧壁上生有小孔径的入水口，其中几组入水口覆盖着筛板，上面有众多孔洞。由这些几乎垂直延伸到海绵内部的入水口，又反复分支形成越来越细的孔道，渗透到整大块海绵，然后向上通往较大的出水口。也许向外的水流能防止这些出水口被沉积物堵塞；至少，出水口是海绵上唯一呈现纯黑色的部分，因为它煤黑色的身体表面撒满了面粉般的白色

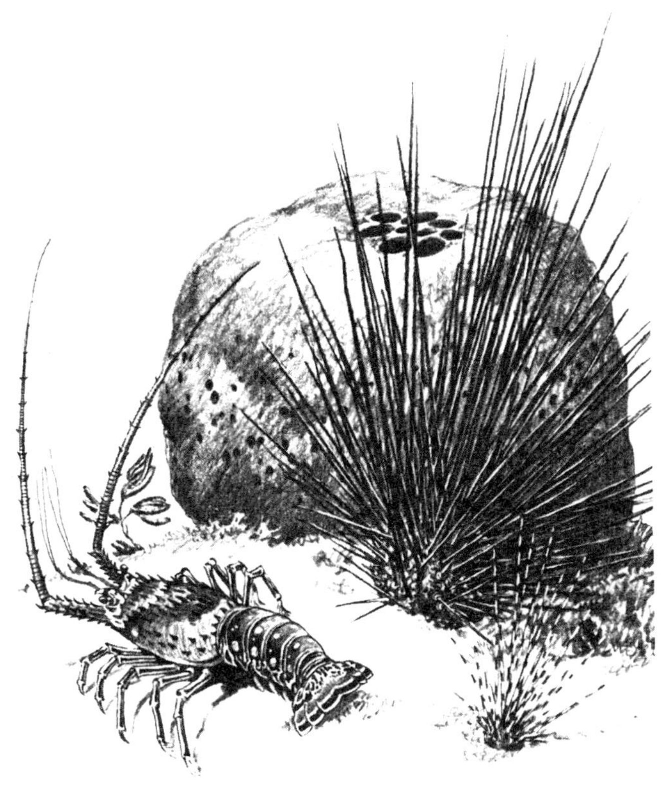

蜂孔海绵（loggerhead sponge）和刺龙虾（spiny lobster），
以及长有长棘刺的黑色海胆（年幼的海胆棘刺上有白色条纹）

沉积物。

海水在通过海绵的时候，在孔道的壁上留下了一层微小的饵料生物及有机物碎屑；海绵的细胞接受这些食物，挨个细胞传递这些可消化的物质，并把废弃的物质送回水流中。氧气进入海绵细
胞，二氧化碳则被排出。有时候，在母体海绵内完成早期发育阶段 217
的小海绵幼体也会脱离母体，顺着这些暗流进入大海。

这些精致的孔道，以及它们所提供的庇护和食物，吸引了

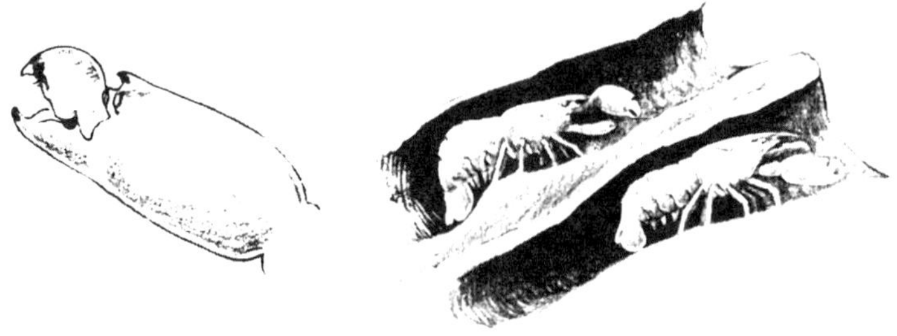

短脊枪虾在蜂孔海绵的孔洞中，
左边是枪虾的螯的细节图，带有孔穴和活塞的可活动指节嵌在螯口中

许多小生物寄居在海绵体内。有些小生物，来了又走；其他小生物，一旦定居在海绵体内，就不再离开。其中的一种永久定居者，是一种小虾——枪虾，这来源于它们开合自己的大螯时，会发出的响声。

218 尽管成年枪虾受困于海绵体中，但幼年枪虾将从黏在母虾附肢的卵中孵化出来，随着水流进入海中，并在潮水与洋流中生活一段时间，漂浮游动，或漂向远方。偶尔运气不好的话，它们将进入毫无海绵生长的深水区，但是大多数幼虾将及时到达生长着大量蜂孔海绵的水域，并继承了它们父母奇怪的生活方式，钻进孔洞中。它们在孔洞中游走，并从海绵壁上获取食物。它们一边挥舞着触须和大螯，一边沿着柱状的孔洞爬行，好像为了察觉前方更大或有威胁性的生物，海绵中有许多种类的寄居者，如其他虾类、端足类、蠕虫、等足类等——当海绵足够大的时候，寄居者的数量可多达成千上万。

我曾经在礁岛群的滩涂，打开一些小蜂孔海绵，听到了寄居在其中的枪虾挥舞着爪子发出警告的声音，随后，这些琥珀色的小生物就匆忙地钻进更深的洞穴中。我也曾在一个退潮后的晚上趟入海滨，并听到相同的声音，这些细碎的敲击声从所有露出水面的珊

瑚礁中传出，令闻者抓狂，并且难以定位。当然，这附近的敲击声 219
来自某块礁石，然而当我跪下来仔细检查时，它却陷入了沉默，但四周随即又响起了如同精灵发出的敲击声——除了近在咫尺的这块小礁石。

我找不到礁石里的小虾，但是我知道，它们和我在海绵里看到的那些是亲缘种。每一只虾，都有一个几乎和**它身体**一样大的锤子似的大螯。大螯前端的两只螯指，有一只可以活动，上面生有一个活塞，适入另一螯指中的一处孔穴；活动之螯指张开举起的时候，很明显是被一种吸力所保持，要合上螯指，就必须额外地施力，克服吸力之际，活塞啪地扣入孔穴，导致孔穴中喷射出一股高速水流（造成高达4500摄式度的高温——译者注）。喷出的水流可以击退敌人或者帮助捕获猎物，猛地缩回的螯形成的气泡也可以击晕猎物。不管这样的机械运动有什么价值吧，热带和亚热带的浅滩地区那些数量众多、不停地挥舞着它们的螯的枪虾，用连续不断的噼里啪啦的噪音占据了水下世界，对水下探听设备造成了极大的外部干扰。

在五月初的一天，我在俄亥俄礁滩上（Ohio Keys）意外地遭遇热带海兔（sea hare）。我走过一片生长着异常茂盛海藻的礁坪，视线被海藻中突然移动的几个黏糊糊、1足掌长的动物吸引住了。它们浅棕色的表皮上有着黑色的圆圈，当我小心地用脚触碰其中一只时，它立刻喷出一团曼越莓汁一样颜色的液体来掩护自己。

我第一次遭遇海兔是在去加利福利亚北海岸之前。那是一只和我小手指差不多大的生物，在一个石堤附近平静地吃着海藻。我轻轻地把它捧到眼前仔细观察，确认了它的身份后又小心地把这个
小生物放回海藻中，而它继续进食。我必须大幅修正我的思维印 220
象，才能接受这些热带生物，它们似乎只存在于神话故事书中，就像开天辟地以来第一个小精灵的亲戚。

巨型西印度海兔生活在佛罗里达州群岛、巴哈马群岛、百慕大群岛和佛得角群岛。它们的生活范围主要在近海，但是在产卵季节它们便转移到浅滩（我在低潮线附近发现了它们），以把它们的卵产到扭结的海藻叶片上。它们属于一种海螺，但是外壳已经退化，只剩一片内部残迹包裹在柔软的外套膜组织中。两个突出的触角有如耳朵，兔形的身体也让它因此得名“海兔”。

不论是因为它奇特的外表，还是因为它御敌时喷出的液体，都使海兔看上去十分毒辣，在民间传说中的旧世界，海兔总是拥有一席之地。普林尼认为触碰海兔可导致中毒，并建议用驴奶和磨成粉的驴骨煮在一起来解毒。《金驴》（*The Golden Ass*）的作者阿普列尤斯（Apuleius）对海兔的解剖结构十分好奇，他说服了两名渔夫给他带了一个标本，却因此被指控行巫和投毒。15世纪，还没有人敢冒险出版海兔内部解剖的书籍，尽管当时的流行观点称它为一种蠕虫或海参，有时又认为它是一种鱼，但是1684年雷迪（Redi）准确描述了它至少和海蛞蝓存在着一定的类缘关系。在过去的一个世纪或更早以前，人们已经广泛认识到了海兔天性无害，尽管它们在欧洲和英国知名度不低，但是主要生活在热带水域的美国海兔，却鲜为人知。

221 这也许是因为它们很少会在产卵期迁徙到潮水中。海兔这种雌雄同体动物，它的作用即可以是雌性又可以是雄性，亦可以是雌雄两性，产卵时，海兔一次会排出大约1英寸长的绳索状卵带，它持续地进行这个缓慢的排卵过程，直到卵带到达一定长度，有时甚至可达65英尺，里面含有大约10万颗卵。粉色或橘色的卵带缠绕在周围的植物上，形成卵团。这些卵和幼体与大多数海洋动物有着相同的命运——许多卵被破坏，被甲壳类动物或其他捕食者吃掉（捕食者甚至是自己的同类），许多孵化出的幼年海兔在浮游生物时期没能幸存下来。幼年海兔随水流漂浮离岸，它们在深水区中变态成形并寻找海床。它们朝岸迁徙的过程中，不断改变食物，同时身体的颜色也随之改变：首先它们呈现的是深玫瑰色，接着变成棕色，成年后又变成橄榄绿。对于某个欧洲品种的海兔，它们已知的生命历程与太平洋鲑鱼神奇地一致。成年后，海兔会转向海岸边产卵，这是一条不归之路，它们将不会再次出现在近海岸的食草地中，而是在这次孤独的产卵之旅后死亡。

珊瑚礁坪世界被各式各样的棘皮动物所占据：在移动的珊瑚沙中，在珊瑚礁上，在海柳、海藻构成的海洋花园中，海星、海蛇尾、海胆、沙海胆以及海参，都纷纷安家落户。生物链的原材料从海洋获取，经过一系列循环，将又回到海里，往而复来，这些对海洋世界的经济十分重要。有些在地球演化的进程中也很重要，在这个过程中，岩石消磨而去，被碾成沙粒；海床泥沙堆积、移动、分拣以及重新分布。它们死后的骨骼又为其他动物提供钙质或者促进 222
礁石的建成。

群礁之外，长着长刺的黑色海胆沿着珊瑚墙基挖洞，每只海胆都埋入自己挖的小坑中，仅将长刺竖起，于是潜水者沿着礁体移动时，可以看到一片黑色羽毛构成的森林。这只海胆也行走在其他礁坪上，它在靠近蜂孔海绵底部的区域筑巢，有时它觉得没有必要躲躲藏藏，就会选择更开阔的沙质海床上休息。

经测量，一只发育完全的海胆，身体（胆壳）直径将近4英寸，加上刺长可达12～15英寸。海胆是为数不多的触碰可致中毒的海滨动物，如果碰到了其中一根刺，中招部位就像被黄蜂的蜇刺扎过一样疼痛，对儿童或者过敏体质的成年人来说更加严重。很明显，长刺上面的黏液含有刺激物或毒素。

这只海胆对周围环境特别敏锐。一只手靠近它，就会令它竖起全身的长刺，并且警告性地转向入侵者，如果入侵者的手来回移动，那些长刺也会跟随着手的转动不断变换方向。根据西印度群岛大学教授诺曼·米洛特（Norman Millott）所述，海胆全身遍布神经感受器，会根据光线强度的改变来感知外界环境，它们能最快地感应到光线突然减弱所预示的危险。从这种程度上来说，海胆事实上可以“看到”经过附近的移动物体。

通过某种神秘的方式，海胆遵循着大自然中的一个伟大规律，那就是——在满月的时候产卵。在夏季的每个朔望月，月光最亮的夜晚，海胆的精子和卵子会被排入水中。不论这一物种的所有个体是受到了什么样的刺激而做出了反应，总而言之它保证了一个
223 物种的延续所需的大量的、并同时产生的生殖细胞。

某些礁岛附近的浅水中，生活着一种“石笔海胆”（slate-pencil），由于它粗短的刺而得名。这种海胆有独居的习惯，单独的个体会躲藏在接近低潮线的礁岩中。这种生物行动迟缓，感知迟钝，完全注意不到入侵者的出现，当它被抓起来的时候，也不会用它圆管状的足紧抓地面做出一点挣扎。它属于现代棘皮动物科中硕果仅存的古生代的时候就已经存在的成员；如今，这一物种同它们生活在千百万年前的祖先相比，并没有发生多大的变化。

另一种拥有细短刺的海胆，能呈现出多种多样的色彩：绿色、玫瑰色或白色；它们有时会大量出现在长满龟草的沙床，用一些海藻、贝壳和珊瑚碎片伪装自己的管足。像许多其他种类的海胆一样，它在地质学上也发挥着重要的作用。这种海胆用它白色的牙齿啃食贝壳和珊瑚礁，削下的碎片随后进入它的消化道，并通过里面的研磨器，在体内将这些有机碎片磨平、碾碎、抛光，最后变成了热带海滩上的沙子。

这些珊瑚礁上遍布着海星和海蛇尾的族群。网瘤海星（oreaster），这种最大的海星有着粗壮结实的身体，整个族群常聚集在远
224 水滨的白色沙中，数量庞大。但海星个体有时会为了寻找海藻茂盛的区域，而单独在近岸徘徊游荡。

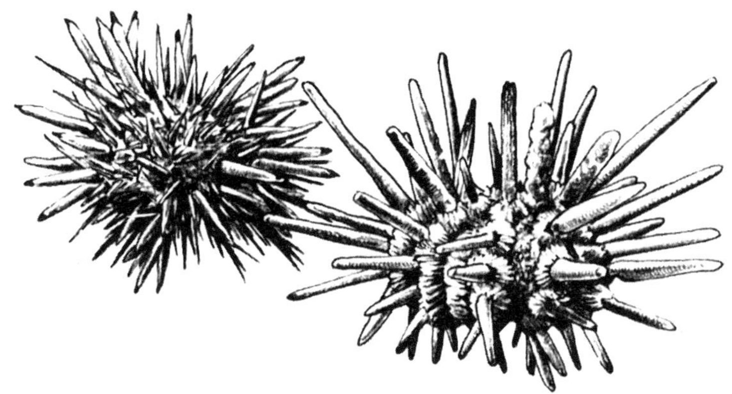

钻岩海胆（rock-boring sea urchin，左）和石笔海胆（slate-pencil urchin，右）

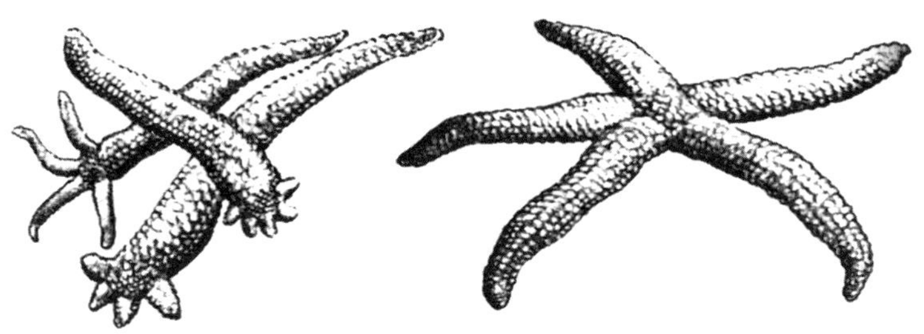

蓝指海星（starfish, *Linkia*）

红褐色的蓝指海星有一个奇怪的习性，就是它会自断一只腕，断掉的腕会重新长出4只新的腕，这看起就像一颗“彗星”。有时这种动物会沾中央盘断成两半，再生可能会产生六腕或七腕的海星。这种分裂方式似乎是海星在性成熟之前的一种繁殖方法，成年海星会停止分裂生殖，而通过产卵来繁殖。

海蛇尾居住在柳珊瑚的根部、海绵下方或其内部，有时在基座松动的岩石之下，或是在珊瑚礁受侵蚀形成的一个个孔洞里。海蛇尾拥有的腕长而灵活，每只海蛇尾都由好几条“椎骨”组成，使它们看起来像沙漏，并可以进行妙曼优雅的活动。有时它们依靠两条腕的尖端进行“站立”，并随着水流摇摆，像芭蕾舞演员一样优雅地摆动着其他手腕。它们先向前伸出两条腕抓牢，再用力将身体或圆盘以及剩下的腕拉过去，通过这种方式在海底爬行。海蛇尾以软体动物、虫类以及其他小动物为食；反之，它们会被许多鱼类和其他捕食者猎食，有时也会沦为寄生生物的牺牲品。一种小小的绿海藻会寄生在海蛇尾的皮肤里；它会溶解海蛇尾的钙质板，使其手腕断裂。又或者，一种怪异的退化的小桡足动物也会像寄生虫一样居住在海蛇尾的性腺里，并破坏它的性腺致使其不育。

225 让我终生难忘的，是我第一次遇上一只活的**西印度筐蛇尾**（West Zndia basket star）时的情景。当时，我正在俄亥俄小岛上，在没膝的海滨涉水而行，我发现一只筐蛇尾正在海藻中，随着潮水缓缓漂移。它上表面的颜色与幼鹿的皮毛颜色相近，下表面有浅色的斑纹。它的那些不断搜寻、探索、尝试着的腕足，使我想起了藤蔓植物向外生长时伸出的用来固定自己的精致卷须。我在它旁边站了好一会儿，深深地迷失在它非凡而又脆弱的美丽中。我完全没想过要“收藏”它，打扰这样一只生物，似乎是一种亵渎。最终，为了在涨潮前去探寻礁石的其他部分，我只得继续前行；当我返回的时候，这只筐蛇尾已经不在那里了。

俄亥俄岛位于佛罗里达南部的群岛之中。

筐蛇尾是海蛇尾和蛇星的近亲，但是在结构组织上存在明显的不同：筐蛇尾的五条腕都分成一个个V型的小支，小支上又不断细分直到形成一个由卷须构成的“迷宫”，便组成了这种动物的外围。早期的博物学家为了满足自己奇特的品味，便以希腊神话中的怪物，蛇发女妖三姐妹的总称戈耳工（gorgons）给这些筐蛇尾命名（她们有可怕的外表，可以使人变成石头），所以由这些奇异棘皮动物组成的族群统称为筐蛇尾科（gorgonocephalidae）。想象中它们的外表也许像“蛇一样弯弯曲曲的”，但是其效果却是美丽、优

刺海蛇尾，有黑白相间的斑纹，常见于热带海滨；
其中心盘可达1英寸，并拥有6英寸长的腕

雅与高贵的。

从北极地区到西印度群岛，只有一种或两种筐蛇尾生活在沿海水域，更多的筐蛇尾则生活在离水面将近一英里以下的幽暗海底。它们也许会沿着海床爬行，用它们的足尖缓缓移动。正如亚历山大·阿加西（Alexander Agassiz）很久之前形容的一样，这种动物“好像在用足尖走路，腕足的分支如栅栏般包围着它，伸向地面，而中心盘则构成了一个顶盖”。它们会攀附在柳珊瑚或者其他固定着的海洋生物上，并且伸入水中。 226

这些分支组成了一张布满细孔的网，以便猎捕小型海洋生物。在某些地区，筐蛇尾的数量不仅丰富，而且会为了一个共同目的成群聚集。附近的筐蛇尾的腕足缠绕成一张活生生的大网，用以捕捉所有在海水中探险的小鱼，或者那些小鱼仅仅是无助地被海水携带着，送抵这数百万只贪婪的卷须。 227

在沿岸目睹一只筐蛇尾，似乎是一件希罕事，这种经历总是让人难以忘怀；但是，其他的某些棘皮动物（比如海参）就完全不

柳珊瑚、筐蛇尾、海扇、幼年黑色神仙鱼以及柳珊瑚

228 是这样罕见了。我一旦走到潮滩的略远之处，就总是会碰到它们。它们的形态个大、体黑，形状就像用来给它们命名的黄瓜一样，当它们懒洋洋地躺在白色沙滩上时特别显眼，即使有时它们的部分身体还被海沙掩埋。海参在海洋里的作用大致可以和地里的蚯蚓相比——吞下大量沙子和泥土并在体内消化。大多数海参用强有力的肌肉操纵一丛平钝的触须，铲起海底的沉积物送入口中，接着从这堆残渣中分离出食物颗粒并送入体内。也许有些石灰物质也因此被海参分泌的化学物质所溶解了。

海参在海洋里的作用大致可以和陆地上的蚯蚓相比。

海参因为数量众多，且活动方式特殊，深深地影响了珊瑚礁和海岛附近海底沉积物的分布。据估计，在方圆不到2英里范围内的海参，一年内可以使1000吨海底沉积物重新分布。而且有证据显示，它们的活动甚至可以影响到极深的海底。海底的沉积物缓慢而又不断积累，层层有序叠加，地质学家从中可以了解到许多地球演化的历史。但是有时沉积层也会受到了很大的干扰，比如，从维苏威火山等一些古老的火山口喷发的火山灰碎屑，并不仅仅存在于记

在方圆不到2英里范围内的海参，一年内可以使1000吨海底沉积物重新分布。

西印度群岛海参

录并代表了火山爆发的薄沉积层中，而是散布在其他时期的沉积层 229
中。地理学家认为这是深海海参的“杰作”。其他深海挖掘的证据和海底样本，也表明海参群体生活在很深的海底——它们先是在一片海底区域活动，接着又因为在那幽深的海底食物短缺（而不是随着季节变化）而进行移动或者大规模迁移。

除了在一些食用海参的地区（它们在东方的集市称为trepang，或者墨海参beche-de-mer），海参鲜有天敌，然而当它们遇到严重干扰时，还是会采用一种奇怪的防御机理。这时，海参会剧烈收缩身体，并通过体壁的一个裂口喷射出自己的大部分内脏器官。这种举动有时是自杀性的，但是大多数时候，这种生物能够继续存活并长出一副新内脏。

罗斯·奈格里博士（Dr. Ross Nigrelli）和他在纽约动物学协会（New York Zoological Society）的同事们最近发现：西印度群岛的大型海参（亦见于佛罗里达群岛）会产生一种在已知动物中毒性最强的毒素，大概是作为一种化学防御的武器。实验表明，即使是很

海参、海蛇尾、珊瑚、海藻

230

左旋香螺及其卵囊

小剂量的这种毒素，也能影响所有种类的动物——从单细胞生物到哺乳动物。当海参喷射出内脏时，和海参同处一个水族箱中的鱼类都会死亡，对这种自然毒素的研究表明许多和其他小生物共生的小生物过着危险的生活。海参会吸引一些这种共生动物或曰共食伙伴。这种海参的体腔内经常生活着一种小珍珠鱼，也称为潜鱼（Fierasfer），海参的呼吸源源不断地供给它富氧海水。但是，这种共食的小潜鱼，事实上是生活在随时会爆裂的毒囊旁边，它的福祉甚至生命，看来总是处在危险之中。

很明显，这种珍珠鱼还没有形成对这种海参毒素的免疫力，罗斯·奈格里博士发现，如果海参受到侵扰，即使喷射内脏的行为还没有发生，它的“房客”珍珠鱼也会半死不活地漂游出海参体腔。

礁坪内侧浅水中到处散布着云影似的暗斑，每个都是由茂密生长的海藻将推高了海沙堆积而成，并形成了一个湿淋淋的小岛，为许多动物提供安全和庇护。群岛附近的一片片草滩很大部分是由龟草组成，其中可能混杂着粉丝藻和浅滩藻。这些都属于最高等的植物——种子植物，因此它们也和海藻有所不同。海藻是地球上最古老的植物，它们总是生长在海水或者淡水中。但是种子植物仅仅是从大约6000万年前起源于陆地，现在生长在海里的那些种子植物却是陆生植物的后裔——很难解释这个过程是如何发生的。现在它们生长在海水中。它们在水下开花，它们的花粉可以随水流传播，它们的种子成熟、脱落，并随着潮水漂向远方。海草在沙地和漂浮的珊瑚断枝里扎根，会比无根的海藻生长得更牢固；它们茂盛生长的地方会防止近海的沙土被水流冲走，就像陆地上的沙丘草会防止干沙被风卷走。

231

有许多动物在龟草生长的群岛上寻找食物和庇护。巨型海星网瘤海星就生活在这里，同样在这里生活的还有女王凤凰螺（pink or queen conch）、驼背凤凰螺（fighting conch）、郁金香带纹旋螺（tulip band shell）、冠螺（helmet shell）以及酒桶宝螺（cask shell）。一种奇特的、表面有鳞甲的鱼，也就是角箱

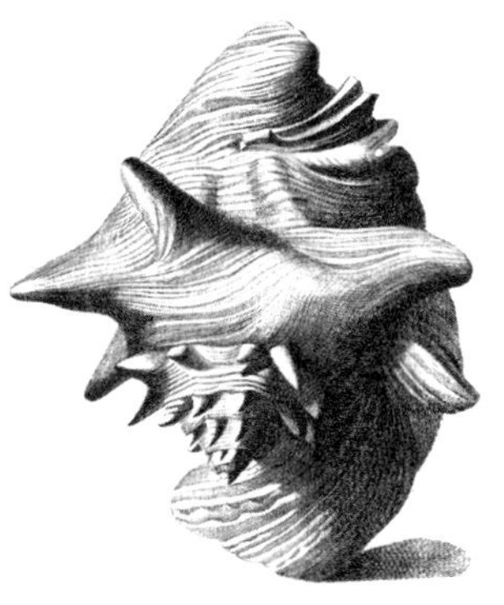

凤凰螺（1684年素描）

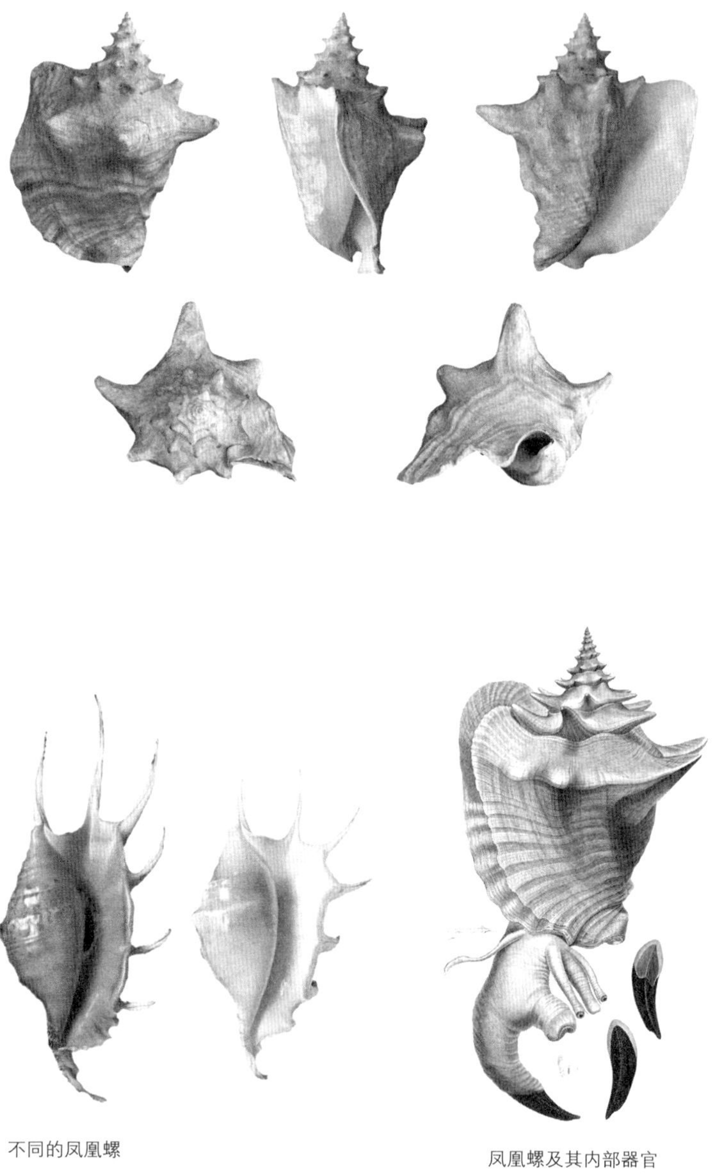

不同的凤凰螺

凤凰螺及其内部器官
（1844年素描）

鲀（cowfish），会贴近海底游荡，并穿过附着海龙（pipefish）和海马（sea horse）的海藻丛。小章鱼躲藏在海藻根部，它们受到追逐时，会下潜至深水区柔软的海沙中，从视线中消失。在海藻根部隐藏着许多各种各样的小生物，它们生活在幽暗冰冷的深水中，在夜幕的掩护下才会出来活动。

冠螺

但是在白天，人们可以在草场中通过清澈的水下观测镜看到许多大胆的海洋生物，又或者，在更深的草场上方潜水时，通过潜水面具也可以观察到它们。在这里，人们最容易发现很熟悉的大型软体动物，因为它们死后的空壳在沙滩上或者贝壳收藏展上很常见。

海藻中有女王凤凰螺，早期维多利亚风格的壁炉前都会摆着
这种螺壳，即使在今天，佛罗里达州街头每个出售旅游纪念品的摊 232
位，都可以看到陈列着成百的女王凤凰螺。但是由于过度捕捞，女王凤凰螺在佛罗里达群岛已经变得越来越罕见，现在人们从巴哈马群岛进口这种螺来制作贝雕。经过千万世代生物和环境的缓慢作用，女王凤凰螺外壳的重量和大块头、尖锐的螺顶和身披厚甲的螺纹，都显著地提升了它的防御能力。尽管为了驱动它厚重的壳和庞大的身躯在海底运动，它不得不依靠奇怪的闪跃和杂技动作，但女王凤凰螺似乎是一种敏感而警觉的生物。这也许要归功于它们长在两个长管状眼柄上端的眼睛，使它们的警觉性得到提高。女王凤凰螺眼睛的活动和指向的方式，毫无疑问地表明了它们能感知周围的环境，并将信息传递到相当于大脑的神经中枢。

尽管女王凤凰螺的力量和警觉性使之能适应掠食性生活，但

郁金香旋螺（左旋香螺）

女王凤凰螺

233

也许它们更应该被认为是一种食腐动物偶尔才捕捉猎物。尽管它们的天敌数量少之又少，并且对它们无可奈何，但是，女王凤凰螺已经和另一生物形成了一种很有趣的共生关系：一种小鱼习惯性地寄居在它的体腔里。由于女王凤凰螺的身体和足部都蜷缩在壳内，所以里面并没有多少空间，但是，还是可以容得下一种1英寸长的天竺鲷（cardinal fish）。不论有什么样的威胁，天竺鲷会立即钻入螺壳内深处的外套膜内，当女王凤凰螺缩回壳内，合上镰刀状的螺厣，天竺鲷就会暂时性地失去自由。

对于其他想钻入它壳中的小动物，女王凤凰螺就表现得不那么包容了，许多海洋生物新生的卵以及海生蠕虫的幼虫、微型虾甚至是鱼，或者没有生命的颗粒比如沙粒，都可能在螺壳内游动或漂浮，并寄居在壳内或外套膜中，令宿主烦躁。为此，女王凤凰螺的回应是采用一种古老的防御方式——隔离异物，这样就不会再刺激它细腻的内部组织。外套膜分泌出珍珠质——在螺壳内层同样存在的珠光物质——将异物层层包裹。通过这种方式，女王凤凰螺就可以产生（不时发现于其体内的）粉色珍珠。

游泳者漫不经心地在龟草上方漂流，如果他有足够的耐心和观察力，也许能看到其他生活在珊瑚沙上的生物，其中扁平的海草叶片竖直向上，并随着水流摇曳，伴随潮涨潮落，或是靠拢海岸，或是趋向海里。如果游泳者观察得非常仔细，他也许会看到“一片草叶”（它的样子和颜色以及摇曳姿态与海草都太过相似）从海沙中脱离并在水中游荡。海龙（pipefish，一种非常长、苗条、有一圈圈骨环，而且长得挺不像鱼的生物）缓慢、不慌不忙地在海草中游动，有时候它令身体垂直地悬浮着，有时候又水平地在水中游动。海龙纤细的头部以及它瘦骨嶙峋的长吻，探测性地伸进龟草叶丛中或整个潜至根部，搜寻小型动物作为食物。捕食时，海龙的颊部会迅速膨胀，然后一只小甲壳类动物就被它吸入管状的嘴里，就像人们用吸管喝汽水一样。

海龙有一种奇特的繁殖方式——雄海龙将卵放入育儿袋中，
独立完成孵化和养育幼鱼的任务。交配过程中，海龙的卵子会受精 234
并被雌海龙放入雄海龙的育儿囊中，在那里受精卵成熟并孵化；遇到危险时，幼鱼会一次又一次回到育儿囊中，即便是它们早已具备了在海里随心所欲地游动的能力。海藻中的另一居民——海马，伪装非常成功！只有最犀利的眼力，才能发现一只静止的海马——它用灵活的尾巴紧紧抓住一片海藻，小小的瘦骨嶙峋的身体探出去，在水流中宛如一株植物。海马的身体包裹于骨环所形成的甲胄中；
这取代了一般的鳞片，似乎是鱼类用厚重鳞甲抵御天敌的方式的进 235
化。甲胄的边缘层层相接相扣，形成了脊、节和刺并组成了独特的

海龙

海龙（中间细长者）与海马

1. 马螺；2. 章鱼；3. 海龙；4. 海马；5. 海兔；6. 巨型海星；7. 角箱鲀

外壳。

海马经常生活在漂浮而不是扎根了的植物中；这样的个体汇同各种植物、相关的动物、无数海洋生物幼虫，构成稳定的北漂队伍（northward drift），随着洋流，或是向北汇入广阔的大西洋，或是向东漂向欧洲或漂入马尾藻海。由此“航海家”海马有时会搭乘墨西哥湾暖流的顺风车，在海水和风的共同作用下，随着水流和它们附着的马尾藻种子，被带上南大西洋的海滨。

在某些由龟草形成的丛林中，里面生活的所有小动物似乎都会形成和周围环境一致的保护色。我曾在这种地方用网打捞出一小撮龟草，在满手的缠绕的海藻中，发现了几十只不同种类的小动物，它们有着令人惊叹的鲜绿色。有绿色的有关节的、蟹脚细长的蜘蛛蟹，有草绿色的小虾。也许最美妙的感受来自角箱鲀，这种鱼的残骸经常在高潮线上被发现。像成年角箱鲀一样，这些小角箱鲀的头部和身体好像被灵活地装在骨箱里，固定而不能活动突出的鱼鳍和尾部是唯一可以活动的部分。从尾端到向前突出的小牛

蜘蛛蟹

237 角，这些小角箱鲀是它们生活的海草中的一抹绿。

一些海龟会生活在珊瑚礁附近，因而在群岛间交界处的海峡，时不时会发现有海龟正在光顾这片布满海草的浅滩。玳瑁游向远洋，很少会游回岸边。但是绿海龟和蠵龟会游向霍克海峡（Hawk channel）的浅水处或是佛罗里达礁岛群（the Keys）之间潮快流急水道。这些海龟光顾长满海草的浅滩时，经常会在草丛中找寻“发福”的饼海胆，或者它们也会捕食一些海螺。除了它们的同类，海螺基本没有比大海龟更危险的天敌。

蠵龟、绿海龟或者玳瑁海龟，不论游了多远，在产卵季都必须回到岸上。珊瑚礁或石灰岩群岛上没有适合产卵的地方，但是在“千龟群岛”（Tortugas group）上的一些小沙岛上，蠵龟和绿海龟从海中游上来，像史前野兽一样笨拙地向沙滩爬行，在沙滩上挖洞以便产卵。然而海龟最主要的产卵地是在塞布尔角（Cape Sable）、佛罗里达州海滨以及向北远至佐治亚州和卡罗莱纳州的沙滩上。

如果说海龟只是偶然光顾海草草场觅食，那么各种凤螺则是每日不停地在海草丛中捕食，它们既彼此互相捕食，又都捕食各种贻贝、牡蛎、海胆以及沙海胆。所有的凤螺中，最主要的捕食者是深红色纺锤状的天王赤旋螺（horse conch）。若非亲眼目睹，你想不到它进食的样子有多么可怕：当庞大的像螺壳一样的砖红色身躯将猎物团团包围，简直难以相信这么大团的肉体还能缩回螺壳之内。即便是作为贝类杀手的皇冠螺（king crown conch）都难以与之匹敌。没有哪种美洲螺类能在体型上可以和它相媲美（1英尺长的天王赤旋螺是很常见的，大的可达2英尺长）。酒桶宝螺（cask shell）常常以海胆为食，但它们又被天王赤旋螺所捕食。不过在我随意探访凤螺栖息地的时候，却难以注意到这种不停的捕食。

长满海草的海底世界，在白天似乎是一个宁静祥和的地方，所有生物似乎都处在一种吃饱喝足的半睡半醒状态。一只海螺爬过珊瑚沙，一只海参在海草根部慢悠悠地挖洞，或是海兔的暗影飞快闪过，这些可能是仅有的可见的活跃生命的标记。白天

冠螺

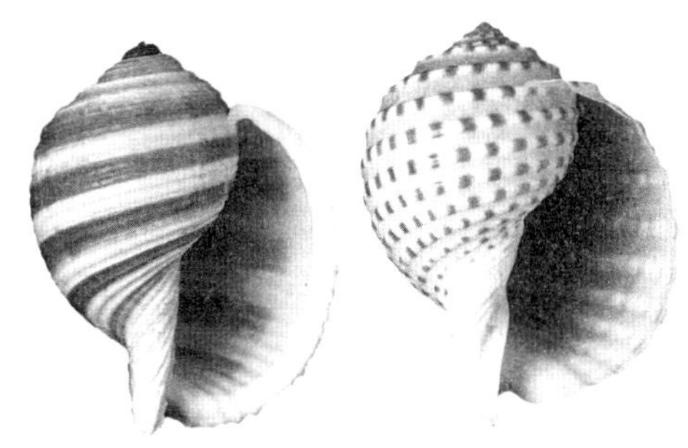

酒桶宝螺

238

天王赤旋螺

蠵龟

玳瑁

是生物们的静养时刻；生物隐藏在岩壁和礁石的角落或缝隙中；或是在海绵、柳珊瑚或空贝壳的掩护下爬行。在岸边的浅滩中，许多生物必须避免阳光直射，因为阳光会刺激它们敏感身体而且会把自己暴露在捕食者面前。

这个梦中世界看上去寂静无声，只居住着行动迟缓或根本不动的生物，在白天结束时，却迅速地苏醒过来。夜幕落下后，当我在礁坪上漫步时，一个充满恐慌和紧张的奇妙新世界正在我眼前拉开帷幕，替代了白天宁静的慵懒。这时，捕食者和被捕食者就出现了。长刺的龙虾从一个巨大的海绵庇护所中偷跑出来，并在开阔的水域一闪而逝。灰色的鲷鱼和梭子鱼在群岛之间的海峡中巡弋，并在飞快的追逐中钻入了浅滩。螃蟹从潜藏的洞穴中爬出；形状各异、大小不一的海螺从岩石下偷溜出来。当我淌着水朝着岸边走去
239 时，突然，水旋涡里有若隐若现的阴影从我脚边蹿过，我感觉到了在我的眼前上演着以强凌弱的古老戏码。

如果我在晚上站在停泊于礁岛之间的小船的甲板上仔细倾听，我会听到大型动物在附近的浅滩中活动而发出的哗啦哗啦声，

马螺以及纺锤状的卵鞘

常见的皇冠螺

或是一个大体积的东西拍打水面，就像刺鳐一次次跳到空中并落下的声音。打破这宁静夜晚的众多生物之一便是颌针鱼（needle-fish）；它们的身体又长又细且充满力量，装备着似乎在鸟类中更适用的尖利的喙。这种小颌针鱼在白天的时候会游近岸边，像稻草一样浮在水面上，从码头或是海堤上就能看见它们。到了晚上，那些游向外海的成年颌针鱼就会回到浅滩进食，或独自游曳，或成群结队。它们从水中跃出或贴近水面游动，在宁静的夜晚，远远就能听到它们制造出的噪音。渔夫们说颌针鱼会朝着光跳跃——如果晚上有人在颌针鱼捕食的地方乘着小船并点着灯，这种行为是非常危险的，因为颌针鱼会跳过小船。也许人们有理由相信，如果在平静的夜晚里，将探照灯的灯光投向某些礁岛附近的海面——即便没有发现鱼的踪影——也经常听到十几条或更多的大鱼跳出水面的哗啦哗啦声。鱼们通常从探照灯的右侧跃出水面，好像试图逃离这个光源照射的范围。

240 这一片珊瑚礁海滨，是被淹没的近海礁块和有棱有角的浅水礁坪组成的水下世界；同样也是红树林的绿色世界，它宁静而神秘，总是充满变幻莫测的生命力，强大到可以改变这个小天地的面貌。珊瑚控制着群岛向海的一面，红树林则占领着内侧沿岸的海滩，甚至能完全覆盖许多小群岛，延展至水面，从而减少了岛屿之间的空隙，在以前仅有礁坪的地方建立起小岛，从海中创造出陆地。

红树植物，是植物王国中的远程移民者之一，它们不断地把自己的幼苗送到离母株几十、几百或上千公里之外的地方，建立起新的领地。在美洲热带海滨和非洲西部海滨生活着同样的物种，也许美洲的红植物是很久以前通过赤道洋流从非洲迁移过去的——这样的迁移可能在不知不觉中一次又一次地进行着。红树植物是如何抵达热带美洲的太平洋海滨的？这是一个有趣的问题。并没有连续的洋流系统能够带着它们漂流绕过科恩角，另外向南的冷流也会成为一大障碍。无法确定红树植物起源于多早以前，但是已确认的化石记录似乎只能追溯到新生代，也许它们的历史可以追溯到中生代末期，（分隔了大西洋与太平洋的）**巴拿马山脉的产生**。红树植物通过某些途径，从大西洋漂流到太平洋海滨并生根。它们远距离的迁徙方式至今仍然神秘。红树植物一定是将它们的幼苗分播到太平洋的大洋流中，至少有一种美洲红树植物长在了斐济和汤加的岛屿上，它们而且似乎也漂向了科科斯群岛和圣诞岛。有些则现身于1883年遭到火山喷发而毁灭的喀拉喀托岛，成为那里的新移民。

红树植物属于植物中进化程度最高的种类——种子植物

（spermatophytes或seed-bearers），它们的早期形态形成于陆地，因此它们是“重返大海”的植物学范例，这种现象总是令人着迷。在哺乳动物中，海豹和鲸鱼也是这样返回了祖先的家园。海草甚至比红树林走得更远，因为它们永远都生活在水下。但是，它们为什么
要返回到咸水中呢？——红树植物或其祖先种类也许是因为生存竞 241
争，而被挤出了拥挤的栖息地。不论是什么原因，它们成功在环境恶劣的海滨世界扎根，并建立起自己的种群；目前，没有任何植物可以威胁到它们的领地。

它们的早期形态形成于陆地，因此它们是“重返大海”的植物学范例。

一棵红树植物的“冒险故事”开始于成熟的绿色幼苗离开母株，落入沼泽底部。这个过程也许发生在退潮时期，当所有水都流出去时，幼苗就会落在交杂的树根之间，等待着海水将它托起，并在退潮时带它向海中漂去。每年在佛罗里达南部海滨，可以产生数十万计的红树林幼苗，也许只有不到一半的幼苗能够在母株

它们可能在海上漂流许多个月，对大自然的兴衰变迁视若平常，在暴雨、骄阳和海洋的重重打击下幸存下来。

红树林

附近生长。剩下的将漂向大海，它们的结构使之可以一直漂浮在水面，随着水流移动。它们可能在海上漂流数月，对大自然的兴衰变迁视若平常，在暴雨、骄阳和海洋的重重打击下幸存下来。最开始的时候，它们水平地躺着漂流；但随着时间的流逝，它们的组织发育到了一个新的生命阶段，于是逐渐地以垂直的姿态进行漂流——它们未来的根端向下，做好了准备，以亲密地接触未来赖以生存的泥土。

242 这些红树植物幼苗在漂流的旅途中，它们可能会停留在岛屿边缘的一些由海浪日积月累点滴泥沙而构成的小浅滩上。红树幼苗随着潮水漂到浅水区，根茎下端轻轻地碰触浅滩，慢慢地嵌入到沙土中。随着海潮不断上涌的海水，帮助这些幼苗更加牢固地固定在沙土之上。可能就在这之后，会有更多的幼苗在它们旁边定居。

一旦这些红树幼苗固定在沙滩上，它们马上就开始了生长。这些幼苗会长出层层的根茎，而根茎向下生长形成一圈树根扎到泥土里，支撑幼苗更牢固地连接沙滩。这些迅速生长的根系与腐烂的植物、浮木、贝壳、珊瑚等各类碎片缠绕在一起，而它们的上层和海绵等其他的海洋生物共同生长。从这样简单的开端，慢慢地演化出一座岛屿。

经过二三十年的生长，这些红树幼苗逐渐成熟。成熟的红树林可以在很大程度上抵御住海浪的侵袭，可能只有飓风的力量才能摧毁它们。飓风每几年才会光顾一次。红树林得益于根系强有力的固定作用，只有少部分会在风暴中被连根拔起。但是，高高卷起的风暴潮会直接越过沼泽地带，冲向远处的陆地，并将大海中的盐分带进树林中。叶子和一些小树枝会被风刮落冲走；而如果大风暴非常强大，大树的枝干被风摇动、冲击，直到树皮被剥落、吹走，使得树干裸露在狂风暴雨和盐水中。这可能是佛罗里达州海岸边的那

牡蛎生长在红树林中
红树林滨螺（右上）生活在红树林的高潮线以上部分或是岸桩和海堤上

些红树林才会经历过的可怕历史。但这样的灾难很罕见，比如在佛罗里达州西南部，即使整个岛屿中的红树林都已经成熟，其生长过程还是没有经受过任何严重的破坏。

在一片红树林中，巨大而扭曲的树干、盘根错节的树根，以 243
及组成了整个树冠的深绿色的枝叶，都给红树林带来了一种神秘的美感，红树林边缘的树木直接浸泡在海水中，由此慢慢地延伸到由红树林组成的黑色沼泽中。这些树林和由它们构成的沼泽，共同构成了一个光怪陆离的世界。当海水随着潮汐没过外层的树木、渐渐渗透到沼泽中时，海水带来了许多海洋浮游生物的幼体，作为红树林世界的小移民。随着岁月的推移，大部分移民都在红树林里找到了适宜自己生存的环境，有些定居在树木的枝干或是根系上，有些则定居在潮间带的软泥上，还有些则定居在浅滩的底部。而红树林可能是浅滩地区唯一的树木，更确切地说是唯一的种子植

招潮蟹

物；这里生存的其他动植物都通过一系列生物学上的关系，和它紧紧相连。

在潮汐影响范围内的红树林的枝干上，密密麻麻地长满了牡蛎，它们的壳上有许多指状的凸起，帮助它们更好地固定在树枝上，从而使它们保持不被底下的软泥覆盖。在晚上退潮之后，浣熊们就出动了，它们穿梭在根系之间，弯弯曲曲地在软泥上行走着，寻找贝壳中的牡蛎作为它们的晚餐。黑香螺也大量地取食这种生长在红树林中的牡蛎。招潮蟹们在软泥中挖掘隧道，并在涨潮时藏匿在隧道的深处。雄性招潮蟹有着一件特别的武器：一只巨大的钳子，它们像拉小提琴一样，不停地挥舞着它们的钳子，看来既用于防御，又用于交流。招潮蟹们取食沙砾或泥土表面的植物碎屑。雌蟹有两个像是汤匙一样的前爪，而雄性由于其中一个进化成钳子而仅拥有一个。红树林下的泥土中富含着有机质，但同时极度缺乏氧气，红树林只得通过气根进行呼吸，以减轻缺氧对其深埋于地下的根系带来的不良影响，而招潮蟹在泥土中的活动则可以将空气带入软泥中，有益于红树林的生长。海蛇尾以及其他一些奇奇怪怪的掘洞甲壳类动物同样生存在根系中，而鹈鹕和苍鹭则在头顶上的树冠

则是栖息和筑巢。

在这些生长着红树林的海滨，一些开拓型的软体动物和甲壳类动物开始试着离开海洋到陆地上生存。在红树林和沼泽中，一些在涨潮时会被淹没海草根部的区域，生存着一种小海螺，它们正相互竞争着朝陆地进发呢！这就是美东尖耳螺，住在咖啡豆大小的壳里，卵圆形的壳上有着和它们生存环境相似的**绿色和棕色相间的花纹**，涨潮的时候，它们会爬到红树林的根或是一些草的茎上，尽可能地延迟与海水接触的时间。即使蟹类中也在进化出陆地形态。这些紫色爪子的西伯利斯陆寄居蟹们隐居在最高潮汐漂流物之上的地带，那里陆地植

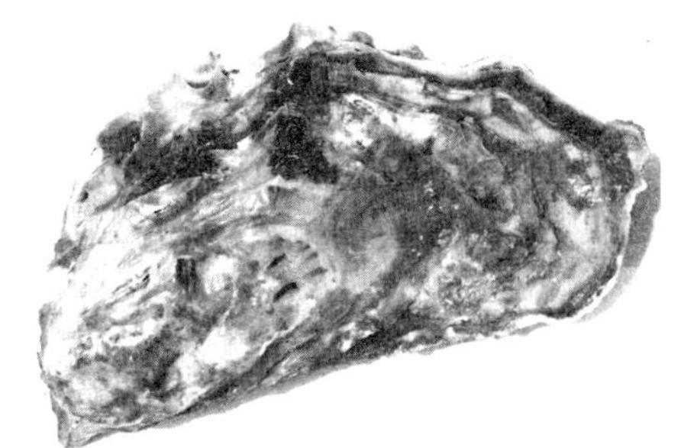

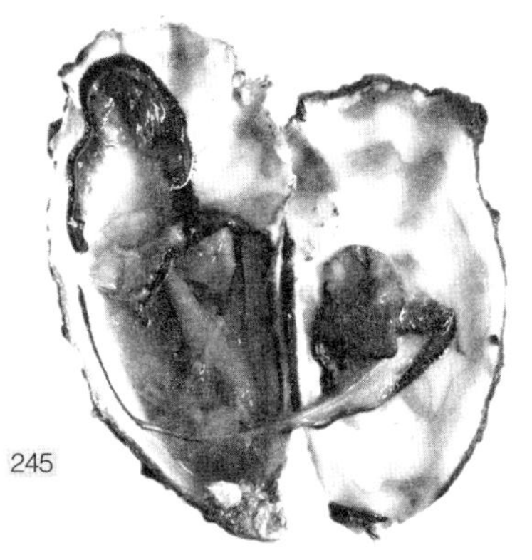

牡蛎及牡蛎的软体部

招潮蟹

物点缀着海岸，只有在繁殖季节，它们才会重新回到海水中。它们数以百计的个体隐藏在植物枝干间或是浮木的下端，等待着雌性携带的卵做好孵化准备。当时机到来，螃蟹冲入海中，把年轻后代释放到祖先曾经生活过的水域。生活在巴哈马和佛罗里达州南部地区的白蟹是即将到达进化终点的种类，它具有空气呼吸机制，几乎可以算得上是一种彻底的陆地居民，它看似已经切断了它身上所有与大海的联系；只留下了一个——春季的时候，这些白色螃蟹会像旅鼠一样竞争着涌向大海，在大海中产下它们的下一代。白色螃蟹新的一代，一旦完成了在海洋中的胚胎阶段生活，就离开海水，寻找通向陆地的途径，过与它们先辈一样的生活。

这个由红树植物构成的沼泽和树林的世界，绵延数百英里，从佛罗里达半岛的南端开始，沿着墨西哥湾一路北上，最终一直到达塞布尔角的北端，穿过整个万岛群岛（Ten Thousand Islands）。
246 这是世界上最壮观的红树林沼泽之一，野性十足、人迹罕至。从空中掠过，可以看到红树林正在发挥着巨大作用。从空中俯瞰，万岛群岛表现出一种特别的形状和结构。地质学家们将这些岛屿形容为“一群游向东南方向的鱼群”。每一个鱼形岛屿在它们的头部都有由水潭构成的“眼睛”，而这些小鱼的头都朝着东南方。你可能会猜想，这些岛屿在形成之前可能只是一些受到海浪作用的沙子累积而成的小山隆。随着红树林的到来，把这些小山隆转变成了岛屿，用生意盎然的绿色森林，明确了这一片沙洲的形状和趋向。

今天，通过几代人的观察，我们可以看到有些小岛屿已经连为一座大岛，还有些大陆延伸出去，连接了一座岛屿——沧海桑田的变化，就展现在我们的眼前——大海变成了陆地。

这些由红树林构成的海滨，未来将会是个什么样子？如果根据过去一段时间的演化，我们可以预测：如今面积广大的一片只有几座岛屿的海洋，将变成陆地。但这只是当今人类的一些幻想。一片不断上升的海洋，也完全可能书写出一段别样的历史。

与此同时，红树林也在不断地生长，它们默默地在热带的环境下扩大它们的范围，不断生长出牢固的根系，依靠着潮汐，将它们的下一代一个接一个地送上远航的旅程。

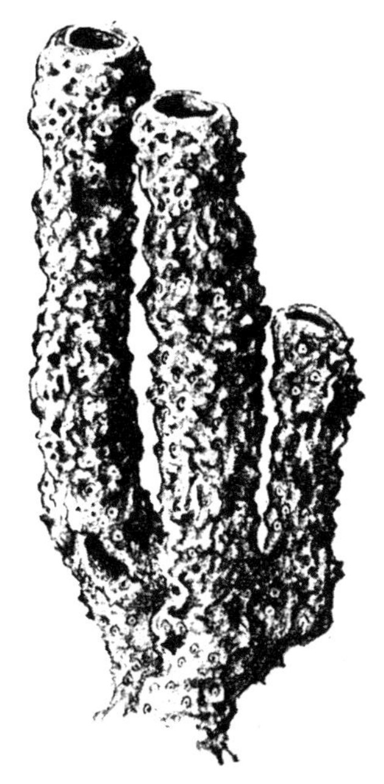

管海绵

在近海平静的夜晚，大海 247
上的月光被搅碎成银色的波光，海流不断地涌向海岸，生命的脉搏涌动在珊瑚礁上。已经有数以亿计来自大海的珊瑚虫，证明了它们存在的必要性。通过快速地代谢，珊瑚虫将桡脚类动物的组织、海螺幼虫和细小蠕虫，通通转化成自己身体的一部分。于是珊瑚们慢慢地生长、繁殖、出芽，在珊瑚礁体上的每一只珊瑚虫都增建了属于它们自己的石灰质虫室。

随着时间的流逝，千秋万代的生物都慢慢地汇入时光的长河
248 之中，珊瑚礁和红树林这两派建筑师，共同构筑出神秘的未来。但是，无论是珊瑚礁还是红树林，都无法决定它们构建出来的世界将会在何时变成陆地，或将会在何时重新成为海洋；将决定这些时机的，惟有海洋本身。

第6章　永恒的海洋

此时此刻，我听到大海对我的呼唤。夜晚涨潮的时候，就在我书房的窗下，湍急的海浪回旋拍打着岸边的礁石。雾气从海面上升起，渐渐弥漫到海湾中，徘徊在陆地和海洋的交接处，渗入森林中，在云杉、杜松还有月桂树间轻柔地穿梭着。在这个充满着湍急的流水和寒冷潮湿的雾气的世界，人类像是一个不安的入侵者；在感受到大海的力量和威胁之后，他们的抱怨和咕哝不断打断这夜晚的宁静。

在听到涨潮的声音时，我不禁回想起其他一些海滨潮流涌动时的情景。在南部海滨，没有雾气弥漫，月光为海上的波浪镀上了一层银光，岸上的沙滩也在月光的照耀下反射出摇曳的光亮；而在一处更远的海滨，涨潮的海水冲向月光照亮的尖岩和珊瑚礁的黑暗洞穴。

我渐渐觉得，这些美丽的海滨——无论是它们的构成、还是定居在其上的生物，都是如此地不同，但却因为被同一片海洋所接触，而统一起来。因为在这一特定的时刻，我所感受到的这些不同，仅仅是一瞬间的不同，端端取决于我们在所处的时间长河与大海的漫长节律中的位置。那些在我脚下的岩石，一旦变成了一堆普通的沙砾，大海就会继续上升并找到新的海岸。而在不可预知的未来时代，大海将会把这些岩石研磨成沙粒，令海岸恢复它们原来的样子。于是，在我的头脑中，这些海滨的形态融合而成了一种变

这些美丽的海滨及居在其上的生物，是如此地不同，但却因为被同一片海洋所接触，而统一起来。

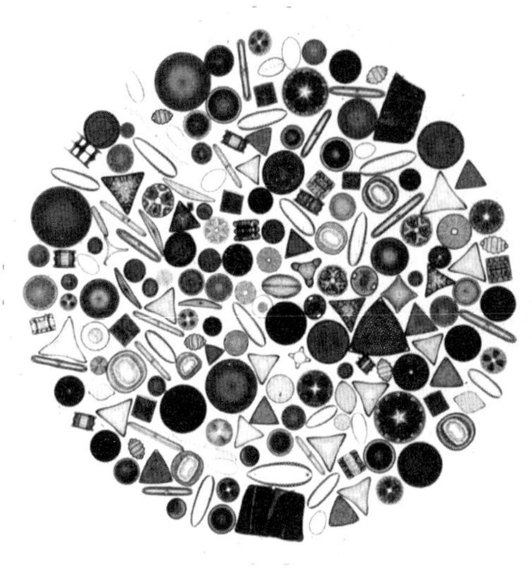
硅藻的各种形状

换的、斑斓的模式，这其中没有最后、没有终结的和固定的现实——陆地也变得像大海本身一样，具有了流动性。

在所有的这些海滨，都回荡着过去和未来的声音；在时间的流逝中，过去的印迹将被抹去；而潮汐、海浪，还有不断涌动的气流，都将是大海永恒的节奏，它们塑造着、改变着、主导着整个海洋的环境；即使是生活在其中的各类生灵，也和那变化莫测的洋流一样，从过去，流向不可预知的未来。这些海滨的形态，随着时间的变化，也在不停的变化着，而其上负载着的那些生命也同样不会是静止的，而是年复一年，不尽相同。每当在海上有一个新的海滨形成，就会有一波波的生命不断涌来，在这里寻找它们生活繁衍的立足之地。由此，我们可以感知到：生命拥有和大海中其他事物相同的力量，这个力量是如此强大而且目标坚定，使得生命历经风浪磨难之后，还能继续存在。

生命拥有和大海中其他事物相同的力量，这个力量是如此强大而且目标坚定，使得生命历经风浪磨难之后还能继续存在。

凝视这些在大海之滨繁荣生长的生命，我们会不安地发现，我们尚未抓住它们所传达的某些近在咫尺的普遍真理。成群成片的甲藻在夜晚的海面上闪烁出微弱的光芒，是在传递怎样的信息？白化了岩石的成群的藤壶军团，每一只小生命都在海浪的席卷中谋得生存的必要物质，它们又表达了怎样的真理？犹如一缕原生质一

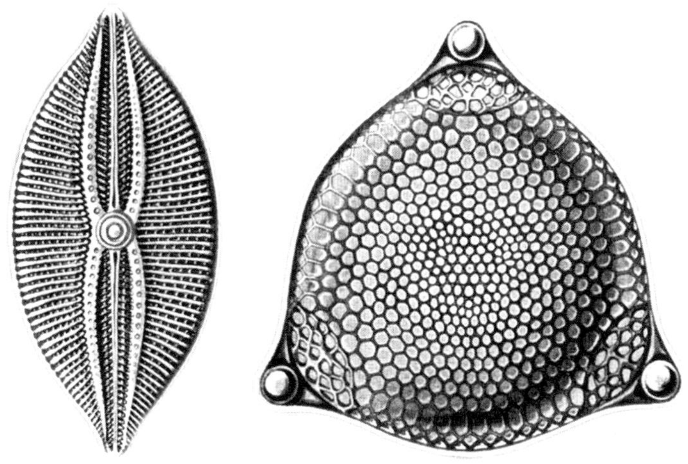

硅藻，海克尔《自然的艺术形式》（1904年）中的插图

般的微小而透明的“海花边”，对于大海究竟有什么不为人知的作用，使得海滨的岩石和海藻都需要它们以亿兆的数量存在？万物如谜，其意义不断地困扰着我们，又不断地逃避着我们，而正是在对它们的追寻中，我们趋近生命本身的终极奥秘。

附录　分类

原生植物、原生动物：单细胞的植物和动物

细胞生命中，最简单的生命形式是单细胞的植物（原生植物）和单细胞的动物（原生动物）。但是在这两类生物中，都有许多种类“反对”将自己明确地归入这个门类，或那个门类，这是因为它们时而表现出动物的特点，时而又显示出植物的特点。例如，甲藻（Dinoflagellata）同时具有动物和植物的特点，就是这类难以界定的生物中的代表。它们中的大多数都需要用显微镜才能被识别出来，只有其中一些特别大的种类可以让我们用肉眼分辨。它们中的一些种类已经有了壳刺和相类似的精致标记，而还有一些则出现了类似眼睛功能的光感受器。甲藻作为鱼类和其他海洋生物的食物，对于海洋生态有着十分重要的作用。夜光虫（夜光藻）（Noctiluca）是一类在浅海地区比较常见的甲藻。在夜晚，它会放出磷光而使海面发光；而到了白天，由于其细胞内富含色素，会使海水变成红色。它们中的一些物种，是引发“赤潮”的原因。它们不止会让海水的颜色发生变化，所释放的微量毒素还会杀死该片海域中的鱼类和其他海洋生物。涨潮池中的红色或绿色漂浮物——“红雨”或是“红雪”是它们典型的生长形态，不过也有可能是绿藻（如红球藻，Sphaerella）。大部分在海上出现的磷火或是“燃

烧”现象，都是由于甲藻引起的，这些斑点不会闪耀出耀眼的光芒，只是在海上忽明忽暗的闪烁着。如果将它们放置在容器中仔细观察，会发现这些光亮实际上是一个个小小的光点聚合而成的。

放射虫（Radiolaria）是一种单细胞动物，它 252
柔软的身体被一层美丽的硅质外壳所包裹。在它们死后，这些外壳沉入海底，聚集而成海底最有特色的软泥或是沉积物。有孔虫（Foraminifera）则是另一种同样被称为“动物”的单细胞生物。它们中的多数都有石灰质外壳，不过其中的一些种类会用沙砾或是海绵骨针来建筑其保护结构。这些外壳最终会沉积到海底，覆盖住大片的海底区域，由于地壳运动，它们逐渐成为石灰石或是白垩岩的一部分，在经历沧海桑田的变换后，形成类似英格兰岛上白垩岩峭壁的景观。大部分有孔虫都十分的微小，以至于在一粒石灰石沙砾中就可能含有约50, 000个的有孔虫外壳。此外，一种6—7英尺长的，被称为货币虫（Nummulites）的化石物种，其外壳的沉积物是北非、欧洲和亚洲等地的石灰质层的主要组成部分。这些石料被用来建造埃及狮身人面像和宏伟的金字塔。地质学家大量地使用有孔虫化石，用于石油勘探时匹配岩层。

鞭毛藻

金字塔的石块是远古时代微小的原生动物遗骸形成的。

硅藻（Diatoms，来自于希腊语diatomos，意思是“切成两半”）是一类微型植物，由于含有黄色的色素颗粒，所以它通常被归类为黄绿藻。它们一般是以单细胞或是细胞链的形式生存的。

甲藻

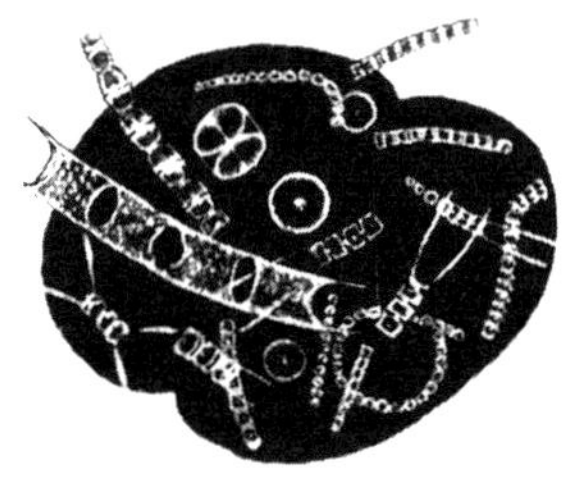

硅藻

它的生物组织外包裹着一层主要由二氧化硅构成的外壳，这个外壳一半朝内，一半朝外，使得硅藻看起来就像是一只盖了盖子的盒子。不同种类的硅藻外壳会由于蚀刻而形成美丽却各具特色的图案。大多数硅藻生活在海中，它们令人难以置信的数量使得它们成为海洋中一种重要的食物，它们不止是一些浮游生物的食物，也是一些较大的海洋生物（如贻贝和牡蛎）的食物。在它们的身体组织死亡之后，硅质外壳沉入海中，形成了覆盖大片海底区域的硅藻软泥。

蓝藻

253

蓝藻是现存的最古老的植物。

蓝藻（*Cyanophyceae*或blue-green algae）是一类已知的最简单、最古老的生命形式，同时也是现存的最古老的植物。它们分布广泛，在温泉和一些其他植物难以生存的严酷地区，仍然可以发现它们的身影。它们的数量以指数级的速度增长，常常使得它们所在的池塘或是其他水域的水面上形成一层有色薄膜，被称为“水华”。大多数种类的蓝藻都有一层凝胶状的鞘，帮助它们抵御极高或极低的温度。岩石海滨高潮线以上的“黑区”充分地显现了蓝藻的存在。

原生植物门：高等藻类

绿藻（*Cholorophyceae*，或是green algae）为代表的绿色藻类，可以忍受强光，并在潮间带茁壮成长。绿藻中有我们熟悉的多叶状的海莴苣，线状或是管状的生长在高处岩石或是潮汐地带的浒苔（肠状）等种类。在热带地区最为常见的绿藻是一种名为伞藻（*Acetabularria*）的植物，它们形成一个个小小的群落，覆盖在珊瑚礁上，这种如同杯子一样小巧藻类植物，更像是一只鲜绿色的外翻的蘑菇。对于热带地区的生态环境来说，一些种类的绿藻是很重要的“钙离子收集器”。尽管最适合绿藻生存的环境是在温暖的热带海洋，但在阳光强烈的海滨，就能找到绿藻的身影；还有一些种类的绿藻生活在淡水中。

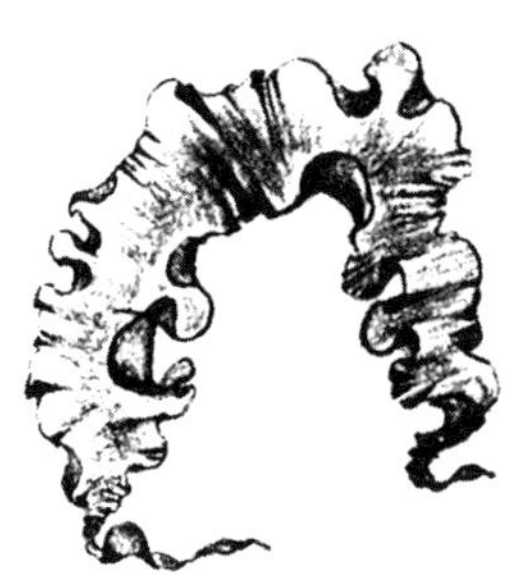

海莴苣

褐藻（*Phaeophyceae*, brown algae）的细胞中具有许多种类的色素，掩盖住了叶绿素的颜色，植物体因而呈现出棕色、黄色或是橄榄绿。褐藻一般生活在海底，由于它们不能忍受高温与光照，你甚至无法在温带找到它们。马尾藻（Sargassum）是其中的例外，它们生长在热带海滨，随着墨西哥湾的洋流向北漂移。在北方海滨，褐色的岩藻（rockweeds）生活在潮间带，而海带（kelp）或是昆布（oarweed）则在低潮线以下40至50英尺的地方生活。尽管所有种类的藻类对于海水中的不同元素都有一定的富集作用，但是褐藻特别是海带对于碘有极强的富集能力。因而海带在制碘工业中得到广泛地运用。如今，从海带中提取的海藻酸在防火纺织品、果冻、冰淇淋和化妆品等工业制品的生产过程中扮演着重要角色。海藻酸的存在，赋予了海带十足的弹性，并让它以此应对海浪的冲击。

马尾藻

从海带中提取的海藻酸在防火纺织品、果冻、冰淇淋和化妆品等工业制品的生产过程中扮演着重要角色。

红藻（*Rhodophyceae*，或是red algae）是所有藻类

254 中对光最为敏感的种类，只有一些特别顽强的种类，例如角叉菜（Irish moss）和红皮藻（dulse）可以在潮间带生活；它们中的大多数是生活在深海中精致小巧的植物。其中的一些种类生活在海平面以下200英寻甚至更深的海底，其他的藻类无法在此生存。另一些红藻——珊瑚藻（corallines）——则在岩石或贝壳的表面形成一层硬痂皮。红藻中含有碳酸镁和碳酸钙，这似乎暗示着它们在地球历史中有着重要的地位。例如，红藻可能促进了白云石的形成。

多孔动物门：海绵

海绵（sponge）是最简单的一类动物，与细胞聚合物相比，它们在进化的道路上仅仅前进了一小步。不过海绵已经比原生动物更进化了一步，因为它们身上有了内层细胞和外层细胞的区别，某些部分已经有了功能专门化的迹象——有的部分负责排水，有的负责觅食，还有的则负责生殖。所有这些细胞组合在一起，为海绵执行一项简单的任务而努力着，这一简单的任务就是——从经过它体内的海水中过滤出营养物质。海绵体内有着复杂的由纤毛或是矿物质组成的水沟系统，这些贯通全身的水渠由许多个微小的入口和大的排泄口组成。海绵体内特别是中央腔中附着着鞭毛细胞，这些细胞与原生动物中的鞭毛虫有着相似的结构。鞭毛细胞利用鞭毛的运动产生水流从而引导海水通过海绵体内。海水为海绵带来了食物、矿物质和氧气，带走海绵的代谢废物。

在某种程度上，海绵动物门中的各类动物，都已各自具有了某些特定的外观特征和生活习惯；但是，相对于其他动物而言，这些动物的外形更取决于环境的影响。生活在海面上的海绵动物，其外形可能是一个扁平的壳状物，乍一看几乎没有生物的特征；而生活在幽静深海中的海绵动物，则演化成竖直的管状结构，或是像灌木一样的分支结构。因此，海绵动物的种类，仅从外观上无法识别，对它们的分类主要是根据其自身存在的骨架，这是一种被称为“骨针”的细小疏松的硬质结构。一些种类的骨针是钙质的，另一些则是硅质的，尽管海水中仅含有微量的二氧化硅，而海绵必须过滤及其大量的海水才能获得足够多的硅帮助其形成骨针。这种从海水中获得硅的方式只存在原始的生命形式之中，比海绵更高等的动物已经没有了这种功能。经济类海绵一般被分为第三类，拥有角状纤维骨针。它们只生活在热带水域。 255

海绵

海绵动物是生物朝专门化方向进化的起点，不过自然界似乎选择了后退并放弃这个开端，而是使用新的材料，重新的起点开始进化的旅程。所有的证据都表明，肠腔动物和之后的其他复杂的动物，都是从另一个起点开始进化的，而海绵动物则成为了进化的一条**死胡同**。

掌状红皮藻

腔肠动物门：海葵、珊瑚、水母、水螅

腔肠动物（*Coelenterata*）的结构虽然十分简单，但其出现仍旧预示了一幅详尽的基本进化蓝图，经过修改就可以用于形成更加高等的动物。它们拥有两个不同的细胞层——外胚层和内胚层；一些种类还有未分化的中间层。中间层不是一个细胞结

海绵骨针

构，而是更高级动物胚胎中第三层细胞（中胚层）的前身。腔肠动物基本上可以说是一个中空的双壁管，一端闭合，一端开放。在这个基础上的变化，使腔肠动物中出现了海葵、珊瑚、水母和水螅等多种形式。

所有的腔肠动物中都含有一种被称为“刺胞”的带刺丝的防卫性细胞，刺丝一般盘曲折叠在一个充满液体的囊中，随时准备放出、刺穿猎物。高等动物并不产生刺细胞；虽然据报道扁虫和海蛞蝓有刺细胞——它们通过捕食腔肠动物，而后天地获得了刺细胞。

水螅

腔肠动物世代交替的生活方式在水螅身上表现地最明显。像植物一样以群体固着生活的水螅型会产生像水母一样移动的水母型子代。反过来，而水母型的会产生水螅型的后代。尤其引起我们注意的是水螅型，它会在它的“茎”上通过无性繁殖产生分支进而

256

成为其触手或是另一个水螅体。大部分的水螅体像小海葵一样，并负责捕食。另一部分个体则会产生出下一代——水母型的个体，（在大部分种类中）它们会离开母体，并在成熟之后，将卵子和精子排向大海。由水母型产生的卵子受精之后，它们会在一个合适的地方“生根发芽”，发育成像植物一样固着生活的水螅型。

水母属于腔肠动物门中的另一个类别：钵水母纲（Scyhozoa，或是true jellyfish），在水母的世代中，水螅型常可忽略，但是其水母型却是高度发达。水母的体型跨度非常大，如霞水母属（Cyanea）中的某些种类，直径最大可以到达8英尺（常见的为1至3英尺），并且触角长达75英尺。在珊瑚虫纲（Anthozoa，或是flower animals）中，水母型世代已经完全消失。珊瑚虫纲中含有海葵（anemones）、珊瑚（corals）、海扇（sea fans）和海鞭（sea whips）等不同种类。海葵是该类动物中较为原始的种类；其余的一些种类常见的都是其由无性生殖产生的世代，与海葵类似的珊瑚虫的水螅型世代会在祖先遗留下来的石灰质基质上继续生长，对于造礁珊瑚（reef-building corals）或是海扇和海鞭来说，则是生活在由蛋白质形成的角质上，这种角质与脊椎动物的毛发、指甲和鳞片中的角质相似。

水母

珊瑚虫

栉水母动物门[1]：栉水母

英国作家巴比利恩（Barbellion）曾经说过：阳光照射之下的栉水母（comb jelly）是世

[1]　又被称做栉板动物门。

海葵

界上最美丽的事物。栉水母通体晶莹剔透，当这种卵圆形的生物在水中旋转移动时，折射出七彩的光芒。栉水母由于其透明的外形，常常被人们误以为是水母，不过两者之间还有许多结构上的差异，其中的一个就是栉水母身上的“栉板”，而这也成为这个门的动物分类的依据。在栉水母的外表面上有8列由栉板组成的栉带。每一个栉板之间相互连接、共同支撑着其上微小纤毛的运动；栉水母依靠栉板的运动在水中移动，而纤毛分解了太阳光，从而闪烁着特有的光芒。

257 与一些水母类似，大部分栉水母类生有长长的触角。这些触角上并没有刺细胞，它们靠分泌粘液和物理缠绕捕获猎物。栉水母门的动物会吃掉大量的食物，包括其年幼的同类在内的海洋浮游生物。它们主要都生活在海水表面。

栉水母

栉水母门是一个很小的门类，其中的物种数量不到100种。它们中的一个种类身体演化成了扁平状，不能在水中游动，但是可以在海底蠕动爬行。一些专家学者认为，这些蠕动爬行的栉水母最终演化成了扁虫类动物。

扁形动物门：扁虫

扁虫（Flatworm）中既有许多营寄生生活的种类，又有许多营独立生活的种类。那些独立生活的种类看起来薄如叶片，在岩石上匍匐蠕动，就像是一片有生命的薄膜；在水中起起伏伏地游动，让人联想起溜冰这种运动。扁虫动物在演化的进程上有了许多实质性的进展。它们是第一个拥有三个不同胚层细胞的动物，这一特点一直存在于高等动物中。同时，扁虫动物的头部在身体的最前端并且其身体呈两侧对称的形式（身体的一边是另一边的镜像）。它们拥有简单的神经系统和“眼睛”，更确切地说是一些眼点；在一些种类中，眼睛构造完备，生有水晶体。扁虫动物的体内没有循环系统，可能正是得益于这个因素，所有的扁虫都具有如此扁平的身体；而它体内的每一个器官都可以直接和外界环境建立联系，氧气和二氧化碳可以很容易的就穿过皮肤，进入皮下的组织中。

扁虫

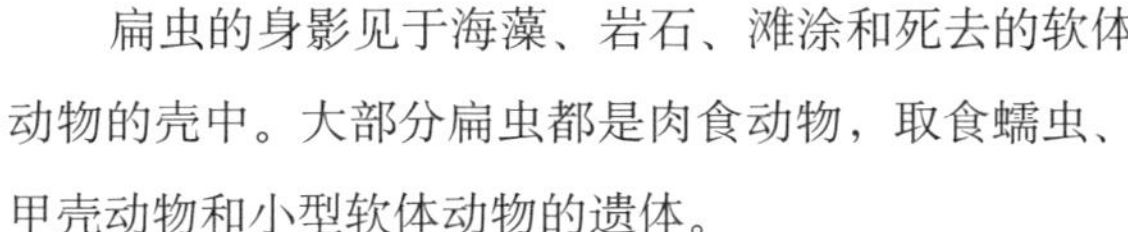

扁虫的身影见于海藻、岩石、滩涂和死去的软体动物的壳中。大部分扁虫都是肉食动物，取食蠕虫、甲壳动物和小型软体动物的遗体。

纽形动物门：纽虫

纽虫（Ribbon Worm）的身体塑性极好，有时候是圆形的，有时候又变成扁平的。其中之一——生活在英国水域的靴带虫（巨纵沟纽虫，*Lineus longissimus*）体长可达90英尺，是世界上最长的无脊椎动物。生活在沿海浅水中的美洲如脑纹纽虫（*American Cerebratulus*）体长也经常达到20英尺，宽约1英寸。不过，常见的纽虫体长基本上都在几英寸左右，其中又以1英寸以下的

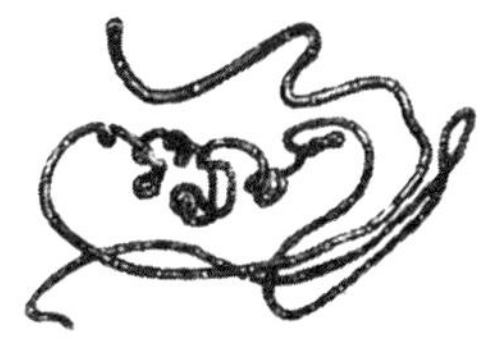

纽虫

258

生活在英国水域的靴带蠕虫体长可达90英尺，是世界上最长的无脊椎动物。

为主。在遇到打搅的时候，它们习惯性地收缩成卷，甚至会卷成许多结。

所有纽虫都具有发达的肌肉，但是它们不能像高等蠕虫那样，良好地协调神经和肌肉的关系。它们的大脑是由简单的神经节组成的。一部分纽虫出现了简单的听觉器官，更进一步地说其实是在头部两侧的缝隙（类似于口）里面分布有一些重要的感知震动的感受器。尽管有一些种类的纽虫是雌雄同体的，但大部分的纽虫还是有性别之分。然而，纽虫还是有很强烈的无性繁殖的倾向，与此相呼应的是，它们会在特定的繁殖时期将自己分解成几段。在这之后，这些片段又会发育成一个完整的新个体。耶鲁大学教授卫斯理·科（Wesley Coe）发现，某些特定种类的纽虫可以被一再切割成小纽虫，直到最后形成的个体大小仅是最初的十分之一。科教授还发现，成年蠕虫可以在没有食物的环境下连续存活一年，它们会用缩小体型的方式来弥补营养的不足。

纽虫拥有一个独一无二的武器——吻；吻可自由伸缩，一般都缩在盲囊中，在捕食的过程中突然外翻、出击，通过缠绕捕获猎物，并在捕食之后重新缩回到盲囊中。对于许多种类的纽虫来说，吻就像是一把锋利的长矛或匕首，它在一击不中的情况下，可以迅速归位，并且积蓄能量，以备再次出击。纽虫都是肉食性的，其中的许多种类以多毛类（bristle worms）为食。

环节动物门：多毛类

环节动物（Annelida）的蠕虫分为几个纲，大多数海洋环节动物属于多毛纲（Polychaeta，有许多刚毛）。大部分多毛类都是游泳健将，这使得它们可以成为海洋中的猎食者；其余的多毛类则属于

隐居者，一般都生活在它们自己建造的管道中，它 259
们以泥沙中的碎屑或从水中过滤得到的浮游动物为食。有一些多毛类是海洋世界中最美丽的动物。它们的身体会发出七彩的光芒，或者拥有如羽毛般柔软而多彩的触角。

沙蚕

多毛类的身体结构，在低等生物中算是一个伟大的进步。它们中的大多数拥有循环系统——尽管在血虫（blood worm）和常作为诱饵的吻沙蚕（Glycera）体内并没有出现血管，只是在皮肤和消化道之间出现了一个充满血液的体腔——克服了扁虫因为身体呈扁形而造成的缺陷，食物和氧气通过血管中血液的运输通达全身各处。在一些种类中，血液呈红色，另外一些则是绿色的。多毛类身体由几个片段组成，前部几节融合成了头部。每个体节都有一对未分节的疣足，协助它们爬行或游泳。

多毛类动物有许多的种类。常被我们用来作为鱼饵的沙蚕（nereid或clam worm）就是其中一种，它们一生中的大多数时间都生活在海底的石头缝隙中，只有在捕食或产卵时，才会成群的出现。这些缓慢移动的蠕虫聚居在海底的岩石之下，或是在泥土洞穴，亦或是在海藻丛中。龙介虫（Serpulid worms）会建造出各式各样石灰质的管腔，平时只将头部伸出这个管腔；而其他种类蠕虫，如像羽毛一样美丽的须头虫（Amphitrite），则会在岩石下方或是珊瑚礁的表面亦或是海底的淤泥中用粘液营造管腔，而帚毛虫（Sabellaria）则是极有天赋的建筑师，它们用粗砂粒为自己构建复杂的地下宫殿，长达一米多。这种由蠕虫居住的洞穴虽然被构筑成类似蜂窝的结构，但依然十分坚固，可以承受住一个成年人的体重。

节肢动物门：龙虾、藤壶、端足类动物

节肢动物门（Arthropod：有分节的附肢）是一个巨大的类群，在这个类别下的物种数量是其他门类动物总数的五倍。节肢动
260 物门包括甲壳类动物（如蟹、虾和龙虾）、昆虫、多足类动物（蜈蚣和千足虫）、蛛形纲动物（如蜘蛛、螨虫和鲎）以及生活在热带的类似蠕虫的有爪类动物。除了少量的昆虫，一部分螨虫、海蜘蛛和鲎，其余的海洋节肢动物都属于甲壳类。

环节动物成对的附肢是简单的小扇，但是节肢动物则拥有许多的关节，以执行各种不同的功能，如：游泳、爬行、捕食和感知环境。环节动物的体表仅仅是一层简单的角质层，而节肢动物则有由甲壳素和石灰盐构成的外骨骼进行保护。这层外骨骼除了为节肢动物提供保护之后外，还为其内部肌肉的生长提供可靠的支撑点。但同时，这层外骨骼也带来的一些不利之处：环节动物生长发育过程中，不得不通过一次次的脱皮，来摆脱坚硬表皮的束缚。

甲壳纲中有一些我们十分熟悉的动物，比如：蟹（crab）、龙虾（lobster）、虾（shrimp）和藤壶（barnacle）；当然也有一些不为我们所熟知的动物，比如介形类（Ostracods）、等足类（Isopods）、端足类（Amphipods）和桡足类（Copepods）；这些动物都有其各自的特别之处，具有重要性，或令人感兴趣。

介形亚纲动物与一般节肢动物的不同之处，在于它们的身体没有分节，仅由两部分壳瓣组成，壳瓣从其身体的一侧到另一侧

将体表完全覆盖住，使它们可以像软体动物一样依靠肌肉控制壳瓣的开合。触角犹如船桨，并且从壳瓣的开口处伸出，帮助它们在水中游动。介形动物常生活在海藻或是海底的沙砾间，白天一般都静止不动，只有在夜晚才会外出捕食。许多的介形动物是会发光的，特别是在它们游泳的时候，一闪一闪地发出点点蓝光。它们是海底磷光的主要组成部分。即使在它们死后仍可以产生出微弱的光芒。普林斯顿大学教授E. 牛顿·哈维（E. Newton Harvey）在他主编的论文集《生物发光》（*Bioluminescence*）中曾提到，在第二次世界大战时期，由于战场上不得使用手电筒照明，日军军官会将一些由介形动物晒干研磨后得到的粉末与水混合，涂在手上，就能提供足够的照明，供其阅读文件。

桡足类动物（足似桨橹的动物）是非常小 261
型的甲壳动物，它们身体圆滚，尾巴分节，附肢似船桨，用于在水中快速游动。桡足类动物的体型虽然非常微小（从只有显微镜可见，到半英寸长），但它们是海洋中一类非常重要的生物，许多的海洋动物都以它们为食。桡足类动物是海洋食物链中不可或缺的一环，供养了大型的海洋动物（如鱼类还有鲸鱼），使它们最终可以获得海洋中的营养盐类（其传递过程为：浮游植物→浮游动物→肉食动物）。哲水蚤目是桡足类动物中的一种，通常被人们称为“红色饲料”，它们地聚集常常会使水面变成红色；鲱鱼、鲭鱼甚至一

桡足类动物

些种类的鲸鱼都以大量地食用它们为生。一些以浮游植物为主食的鸟类，如信天翁和海燕，也常常捕食桡足类动物。反过来，桡足类动物则一般以硅藻为食，它们会在一天之内吃掉和自己体重相当的食物。

端足目动物

端足目是一类小型的甲壳类动物，它们的身体是左右扁；而等足目动物的身体是上下扁。它们得名于其附肢的形态。端足目动物拥有可以游泳、行走或爬行的附肢。等足目动物的附肢，从头到尾，无论是在大小还是在形状上，都没有太大差别。

一些生活在岸上的端足目动物，如沙蚤（beach hoppers或曰sand fleas），当受到惊吓的时候，会从它们藏身的海藻处跳到半空中（注意是跳跃而不是飞翔）；另一些则会一直躲藏在海藻或是岩石之下。端足目动物以一些有机质残渣为食，而它们自己本身又是一些鸟类或是鱼类等大型动物的食物。它们在陆地上一般都是蠕动着前行。沙虱的腿和尾巴如弹簧一般，使它们能够跳跃式地前进；其他的一些端足目动物仍在水中游动。

海滨的等足目动物（与你在自家花园里看到的潮虫近缘），包括水生等足类，其身影常常在岩石或岸边木桩上奔跑（类似的动物还有海蟑螂、鼠妇、还有海虱子）。它们已经离开的大海，并很少再去光顾，甚至如果大潮来袭，它们还可能淹死。其他一些种类的等足目动物则生

等足目动物

活在近海，藏身在与它们体色相近的草丛中。还有一部分生活在潮水潭中，时不时地叮咬涉水者的皮肤，令他们刺痛或是瘙痒。大多数等足目动物营腐生生活；也有一部分是寄生生活的；还有一些和无亲缘的动物形成共同生存的习惯（共生生活）。 262

无论是端足目动物还是等足目动物，都会把受精卵放置在体内的育婴袋中，而不是直接释放到海中。这一习性，是适应陆地生活的必要准备，已经有助于其各种群众的某些个体生存在海滨高处。藤壶属于蔓足亚纲（Cirripedia来自拉丁文*cirrus*，意思是小圈或盘绕），它们之所以能有这个名字，可能是由于它们的幼体像羽毛一样柔软，附着在岩石表面。在幼虫阶段，它们与其他的甲壳类动物相类似，可以自由活动；但到了成虫阶段，它们藏身在一个钙质外壳之中，而外壳又附着在岩石等坚硬物体之上。鹅颈藤壶（Gooseneck barnacle）通过一条坚韧的茎附着在岩石上，而岩藤壶（rock barnacles）或者说致密藤壶（acorn barnacles，犹如橡子）则直接粘接岩石。鹅颈藤壶一般都生长在海洋之中，它们会附着在船底或其他各种漂浮物上。而某些致密藤壶则会附着在鲸鱼或海龟等海洋生物的身上。

藤壶

大型的甲壳动物，如虾、蟹和龙虾，不仅是人类最熟悉的甲壳类动物，也是最具有代表性的甲壳类动物。它们头部和胸部的体节已经融合，并且外层都有坚固的贝壳或是甲壳；分节

螃蟹

的形式只在附肢上有所体现。而另一方面，它们灵活的腹部（或者可以说是“尾巴”）则具有明显的分节特征，通常这非常有助于它们在水中游动。不过，蟹类则将自己分节的尾部折叠在身体下方。

随着节肢动物个体的生长，它们的外壳会发生周期性的脱落。原有外壳会从背部裂开，它们则从这个裂缝中挣脱出来，摆脱旧的外壳。新壳就藏在旧壳下面，刚开始的时候，它是如此的柔软且满是褶皱。通常在甲壳动物脱皮后的几天，它们都会将自己隐藏起来，以躲避天敌，直到它们的外壳变得坚硬起来。

鲎

蛛形纲（Arachnoidea）中包括鲎（也称马蹄蟹Horseshoe crabs，或王蟹king crab），各类蜘蛛（Spider）和螨类（Mite），其中只有一小部分生活在海洋中。鲎具有独特的地理分布，它们在美国大西洋沿岸有大量的分布，但是在欧洲却看不到它们的身影；从印度到日本的沿岸，主要分布着3个亚种。它们的幼虫与生活在寒武纪的三叶虫非常的相似，这一特点表明了这一物种的悠久
263 历史，这也是它们被称为“活化石”的原因。鲎一般都生活在海湾，或是其他相对平静的海域，以蛤蜊、蠕虫或是其他小型动物为食。它们会在初夏的时节爬到海滩上，在沙中挖穴产卵。

苔藓动物门：苔藓虫，海花边

苔藓动物（Bryozoa）是一类分类位置和亲缘关系尚不确定的动物，这一门包括的形态非常多样化。由于它们是由许多个微小个体组成的蓬松结构，所以常常被误认为是海藻，特别是当它们在海滩上被晒干之后，更是和植物难以区分。而它们的另一种生长形态则让它们看起来像是覆盖在海藻或岩石上的固结硬板，外表带有一种花边。苔藓动物还有另一种直立生长的形态，带有分支的凝胶状结构。以上所说的几种形式，都是由无性繁殖产生的个体构成，而这些相邻的个体在母体结构上继续生长。

苔藓动物

苔藓动物（英文称为sea laces，即海花边），紧密地排列在一起，覆盖组成一个个光怪陆离的组合；每一只个体都拥有小小的触手，和水螅十分相似，但它们已经拥有了完整的消化系统、体腔、简单的神经系统和其他一些高等动物所具有的特征。在群体中生活的苔藓动物个体，在很大程度上是互相独立的，与水螅不同，不会互相连接。

苔藓动物是一类可追溯到寒武纪的古老的类群。它们被早期的动物学家认为是海藻，后来被划归类为水螅。苔藓动物门中大概有3000个海生物种，而淡水种仅有35种。

棘皮动物门：海星、海胆、海蛇尾、海参

在无脊椎动物类别中，棘皮动物（Echinoderms）是完全的海洋动物，在近5000种的棘皮动物中，没有一种生活在淡水中或陆地上。它们是一类古老的动物，最早可以追溯到寒武纪，但在这上亿年的时间里，没有一个物种试图去适应陆地上的生活。

最早的棘皮动物是海百合（crinoids或曰sea lilies），一种生活在古生代海底的具有茎状结构的动物。至今为止，已知的有大约2100个化石种，而现存的海百合有约800种。现如今，海百合主要分布在东印度洋海域；少部分会出现在西印度海域，其北界甚至到达大西洋哈特拉斯角（Cape Hatteras）；不过，在新英格兰海域就见不到它们的身影了。

在海边常见的棘皮动物大致可以分为四类：海星（sea stars）、海蛇尾（the brittle and serpent stars）、海胆和沙钱（sea urchins and sand dollars）海参（sea cucumbers, *holothurians*）。在这一类动物中，会发现它们与5有着神秘的联系——很多组织结构重复5或5的倍数，因此5这个数字成为这类动物的标志。

沙钱

海星（也称为starfish）有着扁平的身体，大部分外形很像传统的五角星形状，不过触手的数目也不尽相同。在它们的外表面上长有石灰质的短刺，因而它们的皮壳看起来十分的粗糙。大部

分种类的海星在其柔软的触角（也称为棘）上长有微小的夹钳；利用它们，海星能够清理粘附在皮壳上的沙粒，或是剔除企图在其身上附着安家的幼虫，维护它的洁癖。粗糙的皮层对于它们来说不可或缺，因为海星体表精细的呼吸器官（柔软的玫瑰状组织）同样突出在皮层之上。

海星

和其他的棘皮动物一样，海星拥有一套所谓的水管系统，它的首要功能是协助海星运动，也有其它方面的作用；这一系统主要由一系列遍布全身各处的充满水的管道组成。海星通过其上表面上多孔状的硬板——筛板（原始形态的毛孔）来摄入海水。水流经过水管，就来到短小灵活的管足中，并最终充满海星下表面的每一个管足。在每一个管足的前端，都有一个吸盘。海星可以通过调节管足内静水压的大小，来控制管足的伸长和收缩——当管足伸长的时候，前端的吸盘会吸附在下方的岩石或其他坚硬的表面，帮组海星进行移动。在海星捕食的时候，管足也可以帮助它吸附贻贝或者其他双壳类软体动物的外壳。在海星移动的时候，它的每一只腕所指向的方向， 265
都可能成为其前进的方向，所以它的每一只腕都可以临时地用作“头部”。

与一般的海星相比，海蛇尾（Brittle star）和蛇海星（Serpent star）十分修长，而且它们的腕上没有步带沟，其管足也出现退化。但是，这类动物可以通过扭动它的腕，实现快速前进。它们是活跃的肉食动物，以各类小动物为食。有时

海蛇尾

候，它们会成百上千地陈列在近海海底，组成活体滤网，几乎没有小动物可以穿越它们的网阵，安全到达海床。

海胆

在海胆（Sea urchin）的身体上，管足分成5个或横或纵分布的管道，从身体的顶端联通到下端，就像地球仪上的经线从南极连通到北极一样。海胆表面的骨板紧密地衔接着，形成一个球状的外壳。管足是海胆唯一的运动器官，可以通过外壳上的小孔进行伸缩，它们身上的棘和刺从本质上说都是外壳上的突起。当海胆离开水面的时候，管足会缩回体内；而当它们在水中时，管足会伸展到棘刺之外，施展或是抓握、或是捕食猎物的功能。此外，管足也具有一些感觉功能。不同种类海胆的管足长度和粗细有很大不同。

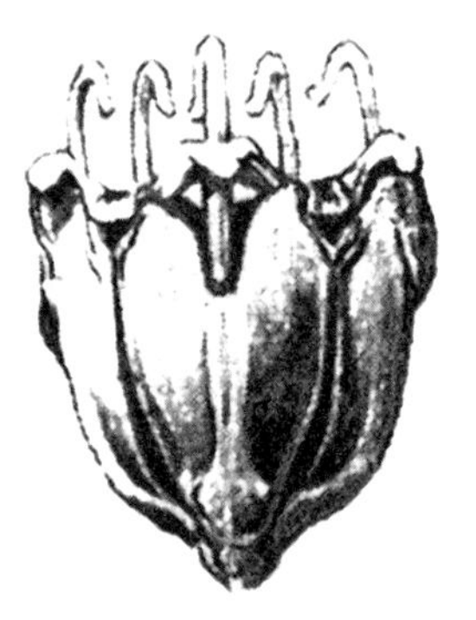

亚氏提灯

海胆是第一种长有研磨和咀嚼器官的动物。

海胆的口在它的下表面，四周有五个白色闪亮的牙齿，使它们能够将植物从岩石上咬下来，也可以在一定程度上协助它们移动。（尽管其他的无脊椎动物，例如在环节动物中就有咬颌的出现，但海胆是第一种长有研磨和咀嚼器官的动物。）牙齿由一个向内突起的钙质杆，还有在动物学上被称为“亚里士多德提灯”或“亚氏提灯”（Aristotle’s lantern）的肌肉结构共同控制。在海胆上表面的中央有一个消化道的开口，作为它的肛门。在这个周围有五个花瓣形的骨板，每个骨板中都会形成一个洞，用于向外排出精子和卵子。生殖器官会在海胆的上表面（即背面）形成五个生殖腺。这是海胆身上唯一一个柔软的区域；在一些地中海国家，有食用海胆的习惯，而这部分就成为海胆身上可以食用的主要部分。海鸥与人类一样也会为了取食而捕食海胆，海鸥通
常将海胆从空中扔下，摔在岩石上，打碎海胆的 266
外壳，以食用其软组织。

海胆的卵在生物学研究中，被广泛地用于研究细胞的性质，1899年，雅克·罗布（Jacques Loeb）以海胆的卵为试验材料，历史性地证明了人工单性繁殖的可能，他利用化学和物理学的方式进行诱导，成功地诱导了一颗未受精卵进行发育。

海参

海参，也称海丝瓜，是一种怪异的、柔软的棍状棘皮动物。它们以嘴为前端，仅以身体的一面贴地向前爬行，它们以两侧对称二次替代了辐射对称，这在棘皮动物中颇具特点。海参的管足有三排，仅列于身体接触地面的一侧。一些海参营崛洞生活，利用埋直于皮肤内的骨针抓握周围的淤泥或细砂辅助前行。骨刺的形状与海参的种类有关，不过这需要显微镜的帮助才能分辨出来。体型较大的海参主要集中在热带海域（这类海参的商业名称是trepang或是beebe-de-mer），而生活在北部海域的海参体型偏小，一般都栖居在近海海底，或是生活在潮间带的岩石和海藻的缝隙内。

软体动物门：蛤类、螺类、头足类、石鳖

由于软体动物（Mollusca）拥有各式各样精致美丽的贝壳，所以某些软体动物的名气是所有海滨动物中最著名的。与其他无脊椎动物相比，软体动物拥有一些与众不同的特性，尽管它们较原始的族员以及幼虫的形态，提示它们的远古祖先可能类似于扁虫。典型的软体动物身体柔软，不分节，外部则有坚硬外壳保护。软体动物的身体结构中最引人注目的就是外套膜部分，这是一个类似于斗篷的包裹着身体的组织，它负责分泌外壳，营造并妆点壳体的各种复杂结构。

海螺

我们最熟悉的软体动物是形似蜗牛的腹足纲动物（Gastropod）和形似蚌蛤的双壳类动物（Bivalve）。在软体动物中，最原始的应
267 该算是爬行迟缓、身着铠甲的贝类，即石鳖（Chiton），最不为人所知的应该是类似于獠牙的贝类，即掘足类（Scaphopod）动物，而其中进化程度最高的，要数以鱿鱼（squid）为代表的头足类（Cephalopod）动物。

此处作者遗漏了单板纲（Monoplacophora），如笠贝。

腹足动物的外壳基本上都是单壳的，即只有一片壳，或多或少都有点儿螺旋。几乎所有的海螺都是“右旋螺”，这个表示当螺口对着你时，它的口向着右边开。有一个例外，那就是“左旋螺”——其代表种就是佛罗里达州海滨最常见的腹足类。不过左旋螺有时也会出现在右旋的螺中。一些腹足类的外壳发生了退化，仅仅

在体内保留一小块残留物，如海兔（sea hare）；有些甚至已经完全消失，如海蛞蝓（sea slug或Nudibranch）——但在它们的胚胎阶段，仍会出现螺旋状外壳。

无论是在岩石间寻找植物碎屑的素食海螺，还是会捕猎吞食动物的肉食海螺，它们大都是比较活跃的动物。固着生活的舟螺或者说滑螺（slipper shell）是一个例外，它们将自己固定在其他的贝类上或是在海底，依赖水中的硅藻维持生计，其生活方式类似于牡蛎（oyster）、蛤蜊（clam）以及其他的双壳类动物。大部分的海螺依靠一个扁平的肌肉“足”滑行或使用同样的器官钻入沙中。在退潮或是受到外界干扰的时候，它们将身体缩回到壳中，开口处用钙质或角质的厣封闭。海螺种类不同，厣的形状和结构也就有很大的区别，有时厣甚至可以作为物种分类的依据。腹足类与其他软体动物（除双壳类以外）都有一个共同点，就是有一个带锉的舌状物，也称为齿舌；在一些种类中齿舌生长在咽的底部，有的长在长吻的末端。齿舌可以用来从岩石上刮取植物，也可以用来在猎物的外壳上钻洞。

双壳类的动物除了不多的例外，基本上都是营固着生活的。一些种类（如牡蛎）甚至终生都将自己固定在硬质表面上。贻贝等种类，则会分泌出丝绸般的足丝，将自己固定住。扇贝（scallop）和狐蛤（Lima clam）是少数具有游泳本领的双壳类动物。竹蛏（razor clam）有一个柔

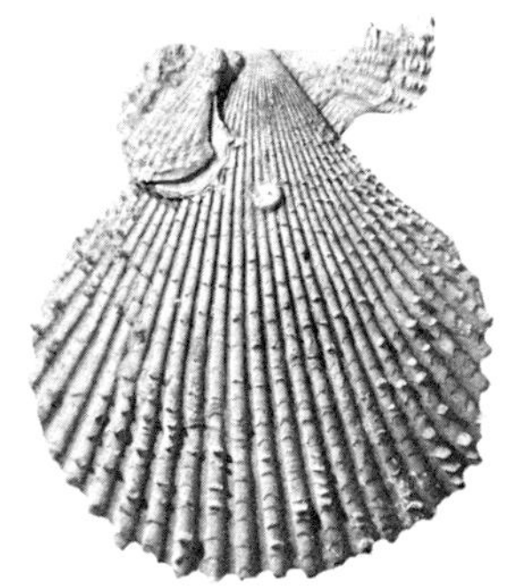

扇贝化石

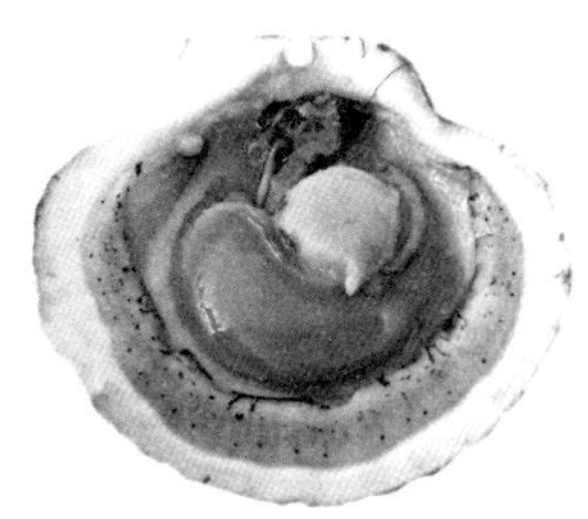

扇贝内部

竹蛏

软尖细的斧足，依靠它，竹蛏可以深深地钻入沙滩或泥滩之下，开溜速度惊人。

双壳类动物生有一只很长的气管（或水管），因此它们可以埋藏在很深的滩面下，
268 通过水管吸入海水从而获取食物和氧气。尽管大部分双壳类是悬浮物滤食者，它们从水体中过滤微小的饵料生物，不过还有一些其他的种类，如樱蛤（tellina）或斧蛤（coquina clam）则是以沉积在水底的碎屑为生。双壳类动物中没有一种是食肉动物。

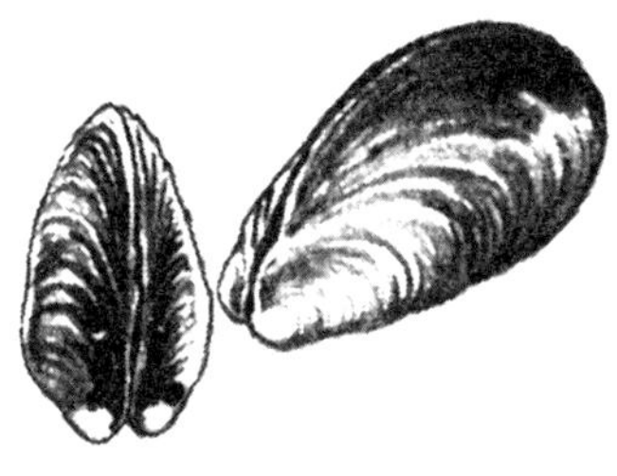

蛤

腹足类和双壳类动物的外壳都是由外套膜分泌的。软体动物外壳的基本成分是碳酸钙，碳酸钙构成了方解石质的外层，以及文石质的内层，两者虽然具有相同的化学组成，但是外层更重，也更硬。贝壳中同样含有磷酸钙以及碳酸镁。在石灰质材料下面，是一层由贝壳硬蛋白组成的组织，而贝壳硬蛋白在化学上与几丁质同属一系。在外套膜中既含有分泌壳质的细胞，而且还含有色素分泌细胞。这两种细胞的协调活动产生了贝壳上奇妙的图案和颜色。尽管贝壳的形成在一定程度上受到所处环境和动物自身生理机能的影响，但其基本的遗传样式极其保守和明确，因此每一个贝类的物种都有与众不同的形态，因此可以用来确定种类。

头足类是软体动物中的第三大动物群体，不过与海螺和蛤相比，很难从外观上

认识它们之间的亲缘关系。尽管远古的海洋曾是披着贝壳的头足类动物的天下，但现在除了仅存一种——具有隔室的鹦鹉螺（chambered nautilus）之外，余下的物种都舍弃了它们的外壳，只在体内保留一个不显眼的残片。它们之中有一个大的类群，为十腕目，胴体圆筒状，具十条腕足，代表种有鱿鱼（枪乌贼）、卷壳乌贼和乌贼（cuttlefish）。八腕目是头足类的另一类群，胴体袋状，有八条腕足，代表种有章鱼（octopus）和船蛸（argonaut）。

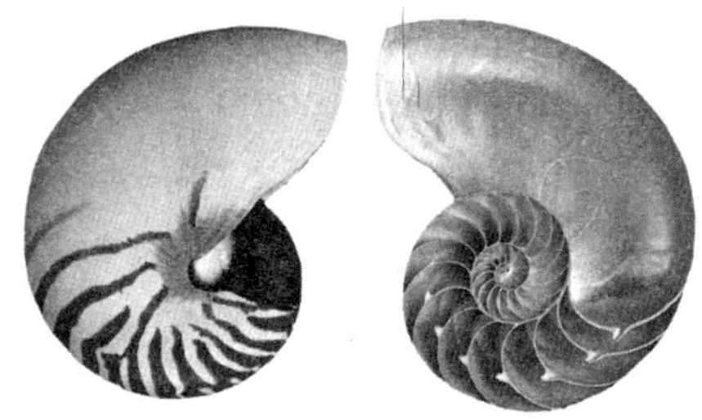

鹦鹉螺

鱿鱼强壮而且敏捷，它们可能是海洋中速度最快的“短跑选手”。它们利用漏斗型水管喷射水流到处游动，通过调整水管口的指向控制运动的方向。一些小型的种类过集群生活。所有的鱿鱼都是肉食动物，它们捕食鱼类、甲壳类和其他的一些小型无脊椎动物。但它们同时也是鳕鱼、鲭鱼等大型鱼类钟爱的食物。巨型鱿鱼（giant squid）是世界上最大的无脊椎动物。在纽芬兰大浅滩（Grand Banks）上获得的一只

船蛸的卵鞘

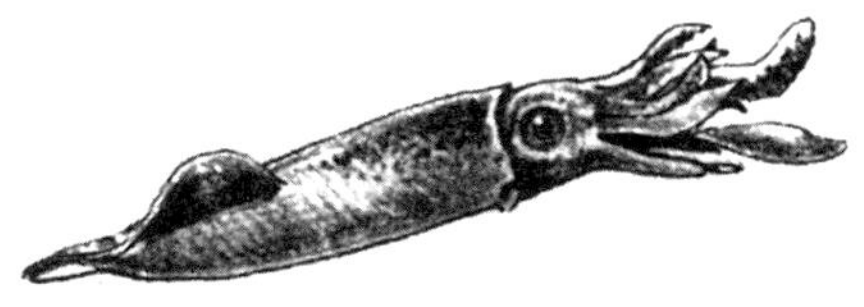

乌贼

巨型鱿鱼是世界上最大的无脊椎动物。其体长（含腕足）达55英尺。

巨型鱿鱼的标本，其体长（含腕足）达55英尺（约16.8米）。

章鱼一般在夜间出没，据熟悉它们习性的人称，它们胆小且孤僻。它们生活在洞穴或是岩锋之间，捕食螃蟹、贝类和小鱼。有时可以从堆积的空贝壳附近发现章鱼洞穴的入口，从而找到章鱼的藏身之处。

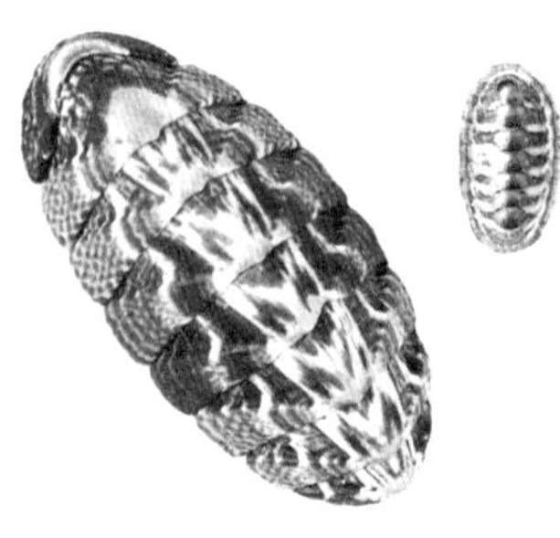

石鳖

石鳖是软体动物中较为原始的一类动物，属于双神经纲（*Amphineura*）。它们中的大多数种类的外壳由八个壳板以覆瓦状排列，周围有一圈坚硬的环带。它们在岩石上缓慢地爬行，以岩石上的植被为食。当它们休息的时候，它们会藏身于石头缝隙间，与周围的环境相互融合，极易被忽略。石鳖也被称为“海牛肉”，西印度群岛的土著人常以它们为食。

软体动物中的第五大类群是鲜为人知的掘足类（Scaphopod），代表动物是角贝（tooth shell或曰tusk shell），它们的贝壳形似袖珍象牙，仅一至数英寸长，两端都有开口。它们依靠一个小而尖细的足在砂砾中钻洞。有些专家认为，掘足类与软体动物的祖先结构相似。不过，这很可能只是一个猜想，因为大部分软体动物直到寒武纪早期才出现，而我们对其祖先的形态结构十分不清楚。掘足类大约包含200个物种，广泛分布在海洋中。不过，没有一种掘足类生活在潮间带。

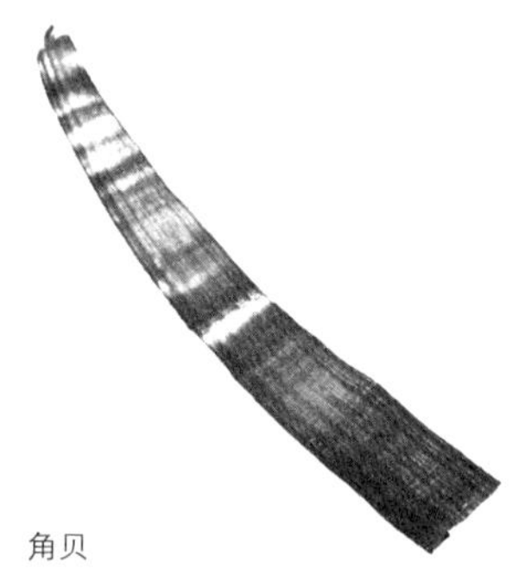

角贝

脊索动物门：被囊动物亚门

海鞘（Ascidians或Sea squirts）是海滨上早期脊索动物（Chordate）——被囊动物亚门（Tunicata）中令人关注的最常见的代表。被囊动物是所有脊椎动物的先驱，所有的脊索动物都在生长的某一时期，出现了以软骨为材料的硬质支撑物，预示了进化历程中脊柱将成为各类高等动物所共有的特征。不过，成年海鞘却一反常态地具有一些低等动物所才有的简单的结构，比如说它们的外形看起来更像是牡蛎或蛤。只有海鞘幼虫才具有明确的脊索动物的特点。尽管它的幼虫十分微小，看起来有点像蝌蚪，不过它们都具有脊索和尾巴，可以在水中快速游动。在幼虫期结束之后，它们会找地方 270
定居，彼此聚集在一起，在经过变态发育之后，变成结构简单的成虫形态；在这一过程中，它们身上会失去脊索动物的代表性特征。这是一个**十分有趣的进化现象**——它们的幼虫结构比成虫结构更高级，这使得它们的发育过程看起来更像是倒退，而不是进步。

被囊动物是所有脊椎动物的先驱，预示了进化中脊柱将会成为各类高等动物所拥有的共同点。

成年海鞘形状像一只囊袋，其上有两个管状开口，即管孔，一个司进水，另一个司出水；它的咽壁上有许多的鳃裂，当水流从这些缝隙中通过时，海鞘可以过滤海水从中获得食物。海鞘之所以得名，是由于它在遇到刺激时会大幅度收缩身体，并从虹吸管中喷射出水流。上文中提到过的**结构简单的成年海鞘**是独立生活的，每一只个体都蜷缩在由类似纤维素的化学物质构成的坚硬的外壳中。它们的外壳中常常掺杂砂砾或碎片，壳层之下，真身往往难以见到分辨。它们常常以这种形态附着生长在码头木桩上、海面的漂浮物中或是礁岩上。复合型的，或者说是群体海鞘，有许多个体共同生活在一起，都镶嵌在一团坚硬的凝胶状物质中。与一群简单的海鞘不同，群体中的各个海鞘个体，都是由某一个体（聚群的始祖）通过出芽方式无性繁殖所生出的后代。列精海鞘（Amaroucium）

海鞘

是最常见的营群体生活的海鞘，也被称为“海猪肉”，这一奇怪的别称，是因为它们聚群的外形好像灰色的软骨。海鞘在岩石的下部，会形成一层薄薄的覆盖物，而在较深的水域海鞘则会垂直地生长、长成厚片，然后可能会被水流弄断并被冲到岸上。我们不易分辨出群体中的个体，不过，在放大镜的帮助下，我们能发现点点凹陷，每一处凹陷都是一个海鞘和外界进行交流的开口。不过，在美丽的菊花海鞘（Botryllus）群体中，我们可以在这个繁花一样的簇体中轻易地分辨出其中的海鞘个体。

2015年7月8日

译于厦门白城海滩

索 引

（词条后页码为正文中的边码）

白色海水, 197

白色螃蟹/圆轴蟹（*Cardisoma guanhumi*）, 245

棒螅（*Clava leptostyla*）, 85-86

北黄道蟹（*Cancer borealis*）, 99-100

笔帽虫（*Cistenides gouldi*）, 143-45

扁形动物, 257

滨螺/玉黍螺, 珠粒屋顶螺（*Tectarius muricatus*）, 208; 普通滨螺（*Littorina littorea*）, 50, 58, 97; 浅滨螺（*Littorina neritoides*）, 33; 美国粗纹滨螺（*Littorina angulifera*）, 7; 粗糙滨螺（*Littorina saxatilis*）, 15, 47-51; 光滑滨螺（*Littorina obtusata*）, 50, 83-84

饼海胆（*Clypeaster subdepressus*）, 236

玻璃海鞘（*Ciona intestinalis*）, 68

钵水母纲（Scyphozoans）, 256

不等蛤（*Anomia simplex*）, 178

侧腕水母（*Pleurobrachia pileus*）, 111

蟾鱼, 147

肠浒苔（*Enteromorpha intestinalis*）, 111

巢沙蚕（*Diopatra cupraea*）, 132, 150

潮间带的生命区带, 13, 21, 30-33, 46-110, 106-15

潮水潭, 110-113

潮水潭昆虫, 疣跳虫（*Anurida maritima*）, 74, 76, 113

潮汐和生物的节律, 27; 对繁殖的影响, 32-36; 小潮, 29; 大西洋海滨潮汐涨幅, 30; 半日潮节奏, 30; 大潮, 29, 103

潮汐生命区带, 13, 21, 30-33, 46-110, 206-15

齿舌, 笠贝, 60-61

赤潮, 37

赤道洋流, 26

翅藻（*Alaria esculenta*）, 69-70, 71

穿石贝（*Martesia cuneiformis*）, 187

船蛆（*Teredo navalis*）, 185-87

船蛸（*Argonauta argo*）, 167

刺鳐, 239
大西洋海岸地质史, 42-44, 125, 191-97
大西洋沿岸地貌, 43-43, 192-93
大西洋舟螺（*Crepidula fornicata*）, 178-80
玳瑁（*Erectmochelys imbricata*）, 236-37
淡海栉水母（*Mnemiopsis leidyi*）, 111
地衣：长松萝（*Usnea barbata*）, 41; 墙生地衣（*Thelochistes parietinus*）, 46
豆蟹（*Pinnixa chaetopterana*）, 142, 149-50, 180
端足类（*Amphipods*）
多毛类, 115, 258-59
鹅颈藤壶/茗荷介/茗荷儿（*Lepas fascicularis*）, 183-85
蛾螺, 132; 沟槽香螺（*Busyccon canaliculatum*）, 150-52, 182; 波纹蛾螺（*Buccinum undatum*）, 109; 岩荔枝螺（*Thais lapillus*）, 45, 56-58; 科诺比螺/刺香螺（*Busycon carica*）, 150-52, 182
鲕状灰岩, 196
法囊藻（*Valonia macrophysa*）, 211
帆水母（*Velella mutica*）, 169-70
鲱, 圆腹鲱（*Etrumeus sadina*）, 24; 大西洋鲱（*Clupea harengus*）, *23-24, 25;* 大西洋油鲱（*Brevoortia tyrannus*）, *24*
粉丝藻（*Cymodocea manitorum*）, 230
蜂孔海绵（*Spheciospongia vesparia*）, 216-19
佛罗里达礁岛群, 地质史, 191-97; ~的生物, 191-247; ~的沙滩, 129-30
斧蛤（*Donax variabilis*）, 156-57
钙珊虫（Dodecaceria）, 176
甘露醇, 70
固着器上的生物, 64-71
管水母（*Siphonophores*）, 169-73
冠海胆/冠海奁（*Diadema antillarum*）, 222-23
硅藻（Diatoms）, 252
桧叶螅（*Sertularia pumila*）, 115-17
蛤, 血蚶（*Anadara ovalis*）, 179; 竹蛏/剃刀蛏, 151; 凿孔贝/“红鼻子”（*Hiatella arctica*）, 66-67; 软壳的蛤/砂海螂（*Mya arenaria*）, 24, 80, 81
蛤虫（*Nereis virens*）, 80
海笔/海鳃, 137
海鞭, 见柳珊瑚（*Gorgonians*）
海滨的黑色地带, 46-47
海滨动物的冬眠, 19, 156, 161
海参：227-30, 266; 北大西洋海参（*Cucumaria frondosa*）, 102; 西

印度群岛海参/阿氏辐肛参（*Actinopyga agassizi*）, 229-30

海草, 148, 230-31; 栖息的动物, 148-52, 231-38

海带, 17, 64; 北极海带, 25; 掌状海带（*Laminaria digitata*）, 64, 71; 长股褐藻（*Laminaria longicruris*）, 70; 糖昆布（*Laminaria saccharina*）, 70; 翅藻（*Alaria esculenta*）, 69-70, 71

海胆, 35, 223, 265; 绿海胆（*Strongylocentrotus droebachiensis*）, 17, 25, 96, 102, 108-9; 心形海胆（*Moira atropos*）, 132, 139; 钥孔海胆（*Mellita testudinata*）, 138-39; 长着长棘刺的海胆/冠海胆（*Diadema anitillarum*）, 222-23; 钻岩的海胆/长海胆（*Echinometra lucunter*）, 213-14; 石笔海胆（*Eucidaris tribuloides*）, 223

海番薯（*Leathesia difformis*）, 62

海龟, 绿海龟（*Chelonia mydas*）, 236-37; 玳瑁（*Erectmochelys imbricata*）, 236-37; 蠵龟（*Caretta caretta*）, 236-37

海龟草（*Thalassia testudinum*）, 26, 215, 230, 231, 233, 236

海鸡冠（*Alcyonium digitatum*）, 40, 105

海鸡冠亚纲动物（*Alcyonarians*）, 105-6

海葵, 北极的海葵, 25; 羽状海葵（*Metridium dianthus*）, 40, 103-5, 119-20

海鳞虫（*Lepidonotus squamatus*）, 66, 101

海龙（*Syngnathus sp.*）, 223-34

海绿石（*Glauconite*）, 127, 128

海马（*Hippocampus hudsonius*）, 234-35

海绵, 174, 203; 面包屑软海绵（*Halichondria panicea*）, 17, 103, 119; 葡萄白枝海绵（*Leucosolenia botryoides*）, 122; 蜂孔海绵（*Spheciospongia vesparia*）, 216-19; 隐居穿贝海绵（*Cliona celata*）, 199

海鸟, 4-5, 6, 另见鸥科

海瓶子, 大泡法囊藻（*Valonia macrophysa*）, 211

海鞘, 269-70

海扇/柳珊瑚（*Gorgonia flabellum*）, 202

海蛸, 3, 68, 175

海蛇尾, 265; 紫蛇尾（*Ophiopholis aculeata*）, 65-66, 101; 西印度筐蛇尾/齿栉蛇尾（*Ophiocoma echinata*）, 133, 224

海肾（*Renilla reniformis*）, 136-38

海手指/海鸡冠（*Alcyonium digitatum*），40, 105

海笋，天使之翼（*Barnea costata*），18, 181-82

海兔（*Aplysia dactylomela*），219, 220-21, 238

海星，109, 264-65；鸡爪海星（*Henricia sanguinolenta*），25, 99；福氏海盘车（*Asterias forbesi*），76, 98, 176；网瘤海星（*Oreaster reticulatus*），223-24；蓝指海星（*Linkia guildingii*），224；砂海星（*Luidea clathrata*），140；北海海星（*Asterias vulgaris*），76, 97-98

海月水母（*Aurelia aurita*），19, 86-88

海枣贝（*Lithophaga bisulata*），18, 174

海藻：暴露型海滨上的，61-71；受保护的海滨上的，71-79；另见角叉菜和漂积海藻

海蟑螂（*Ligia exotica*），207

海蜘蛛，121

颌针鱼（*Tylosura raphidoma*），239

褐壳藻（*Ralfsia verrucosa*），114-15

褐藻纲（*Phaeophyceae*），76, 253

黑线旋螺（*Fasciolaria hunteria*），148, 182

横蚶（*Anadara transversa*），179

红皮藻（*Rhodymenia palmata*），57, 63

红球藻，113

红树（*Rhizophora mangle*），194, 239-47

红树林牡蛎（*Ostrea frons*），243

红紫素，56, 57

鲎，美洲鲎/马蹄蟹（*Limulus polyphemus*），19, 133, 147

花群海葵（*Zoanthus sociatus*），214-215

皇冠螺（*Melongena corona*），237

火刺虫，204-6

火鸡翅（*Arca zebra*），179

火烈鸟舌蜗牛（*Cyphoma gibbosum*），202-3

霍克海峡，192, 198, 236

矶沙蚕（*Eunice fucata*），204-6

鸡爪海星（*Henricia sanguinolenta*），25, 99

激流区，14-15；激流区居民，15-18

极北地带，24-25

棘皮动物，263-66

建造小管的蠕虫，34, 81-83, 143-45, 148-50, 174

江珧（Atrina rigida or Atrina serrata），180

桨草，64, 70

角叉菜（*Chondrus crispus*），32, 63, 95-103,

角珊瑚，见柳珊瑚（*Gorgonians*）

角箱鲀（*Lactophrys trigonus*），231, 236
节肢动物, 259-63
介形亚纲动物, 115, 260
酒桶宝螺（*Tonna galea*），231, 237
居维叶, 167
科诺比螺（*Busycon carica*），150-52, 182
孔叶褐藻（*Agarum turneri*），69
筐蛇尾（*Astrophyton muricatum*），225-27
昆布属海藻, 25, 64-71
蓝指海星（*Linkia guildingii*），224
老人须/长松萝（*Usnea barbata*），41
笠贝（*Acmaea testudinalis*），15, 16, 58-61
列精海鞘（*Amaroucium sp.*），53, 175
磷沙蚕（*Chaetopterus variopedatus*），134-35, 148-49
鳞沙蚕（*Aphrodite aculeata*），132
柳珊瑚（*Gorgonians*），199; *Leptogorgia sp.*
龙虾（*Panulirus argus*），238
蝼蛄虾（*Callianassa stimpsoni*），132, 140-42
螺, 236, 驼背凤凰螺（*Strombus alatus*），231; 天王赤旋螺（*Pleuroploca gigantea*），237; 皇冠螺（*Melongena corona*），237; 女王凤凰螺（*Strombus gigas*），231-33;
螺类：黑线旋螺（*Fasciolaria hunteria*），148, 182; 火烈鸟舌蜗牛（*Cyphoma gibbosum*），202-3; 玉螺（*Polinices duplicatus or Lunatia beros*），131, 134, 179, 182-83; 蜒螺（*Nerita peloranta or Nerita versicolor*），207-8; 肉食性锥螺（*Terebra*），157; 蛇螺, 212-13（*Petaloconchus*）；紫螺（*Jantbina jantbina*），168-69; 另见滨螺和蛾螺
螺旋虫（*Spirorbis borealis*），58, 81-83
螺旋墨角藻（*Fucus edentatus*），15
绿海胆（*Strongylocentrotus droebachiensis*），17, 25, 96, 102, 108-9
绿蟹（*Carcinides maenas*），23, 81
迈阿密鲕状岩, 196
猫眼（厣板），182
毛蚶, 179
美东尖耳螺（*Melampus bidentatus*），244
美洲角海葵, 沙中的海葵（*Ceriantbus americanus*），148, 另见海葵
米诺鱼, 咸水的, 135
绵毛多管藻, 80
面包屑软海绵（*Halichonndria panicea*），17, 103, 119
膜孔苔藓虫（*Membranipora pilosa*），92, 96; 小孔苔虫（*Microporella*

ciliata）, 96
墨海参（*Bêche-de-mer*）, 229
墨角藻（*Fucus vesiculosis*）, 77-78
墨西哥湾暖流, 21-22, 25-26
牡蛎, 35-36; 牡蛎的幼虫, 33-34; 红树牡蛎（*Ostrea frons*）, 243; 珍珠贝（*Pteria colymbus*）, 175
泥灰岩, 18, 173, 176
拟蟹守螺（*Cerithidea costata*）, 7, 208
纽虫, 80, 115, 257-258
纽形动物, 115, 257-58
欧洲蛾螺（*Buccinum undatum*）, 109
鸥科, 39, 40, 109, 112-13, 152, 157
泡叶藻（*Ascophyllum nodosum*）, 15, 77-78, 79
偏顶蛤（*Volsella modiolus*）, 66, 100-103
漂积海藻, 15, 40, 72-79; 墨角藻（*Fucus vesiculosis*）, 77-78; 沟鹿角菜（*Pelcetia canaliculata*）, 76-77; 叉状漂积海草（*Fucus edentatus*）, 15; 泡叶藻（*Ascophllum nodosum*）, 15, 77-78, 79; 螺旋墨角藻（*Fucus spiralis*）, 77
普林尼, 220
脐形紫菜（*Porphyra umbilicalis*）, 62
浅滩动物群, 147-52
枪虾/鼓虾（*Synalpheus brooksi*）, 217-19
腔肠动物, 255-56
墙生地衣（*Thelochistes parietinus*）, 46
蠕虫石, 176-77, 212
乳突皮海鞘（*Molgula manhattensis*）, 68
软壳的蛤/砂海螂（*Mya arenaria*）, 24, 80, 81
软体动物, 266-69
三角毛蚶（*Noetia ponderosa*）, 179
桑加蒙间冰期, 194-95
僧帽水母（*Physalia pelagica*）, 169-73
沙蚕, 35, 75-76, （Nereis virens）, 80, 259
沙钱（*Mellita testudinata*）, 132, 138-39
沙滩动物群, 130-89; 类型, 125-30
沙跳虾（见滩蚤）
沙蟹（*Ocypode albicans*）, 5, 19, 157-61
沙蠲（*Arenicola marina*）, 132, 135, 142-43
砂海葵（*Cerianthus americanus*）, 148
砂海星（*Luidea clathrata*）, 140
衫藻（*Gigartina stellata*）, 92
珊瑚, 191-92, 198, 200-202, 203, 247, 256
珊瑚纲动物, 258
珊瑚海滨的潮间带生物, 206-15
珊瑚礁坪生物, 198-206

珊瑚礁生物, 198-206
珊瑚藻（*sp.Lithothamnion*）, 16-8, 119, 127, 174
蛇螺（*Petaloconchus*和*Vermicularia*）, 212-12
石笔海胆（*Eucidaris tribuloides*）, 223
石鳖, 269; 西印度石鳖, 208-9
石耳（*Umbilicaria sp.*）, 46
石磺（*Onchidium floridanum*）, 209-11
石珊瑚藻（*Lithothamnion sp.*）, 106-8, 119, 127, 174
石蟹（*Menippe mercenaria*）, 151
史氏菊海鞘（*Botryllus schlosseri*）, 17, 67-68
适应陆地生活的进化例子：滩蚤, 161-62; 美东尖耳螺, 244; 沙蟹, 157-60; 滨螺, 7, 50-51; 寄居蟹, 245; 白色螃蟹, 245
双鳍鲳（*Nomeus gronovii*）, 172
水母，狮鬃水母/北极霞水母（*Cyanea capillata*）, 19, 88-89; 海月水母（*Aurelia aurita*）, 19, 86-88
水手螺, 26
水螅虫, 19, 35, 174, 255-56; 棒螅（*Clava leptostyla*）, 85-86; 筒螅（*Tubularia crocea*）, 4, 106; 桧叶螅（*Sertularia pumila*）, 115-17
笋锥螺（锥螺, *Terebra*）, 157
梭子鱼, 梭鱼, 238
苔藓虫, 65, 92-93, 6, 121, 174, 263
泰尔紫, 56
滩蚤（*Talorchestia longicornis*）, 19, 161-63
糖昆布（*Laminaria saccharina*）, 70
糖昆布，海纠缠（*Laminaria saccharina*）, 64, 70
藤壶, 致密藤壶或岩藤壶（*Balanus balanoides*）79, 120-21; 敌人, 56; 生长地, 15-16, 31, 32-33, 40, 71; 繁殖, 51-55; 鹅颈藤壶（*Lepas fascicularis*）, 183-85
天使之翼（一种海笋）（*Barnea costata*）, 18, 181-82
天竺鲷, 232
筒螅（*Tubularia crocea*）, 4, 106
头足类, 268-69
外代谢物, 36
网瘤海星（*Oreaster reticulatus*）, 223-24
鲻鱼, 210
温度和气候的变化, 23; 对海洋动物的影响, 18-21; 洋流对~的影响, 21-22
西伯利斯陆寄居蟹（*Coenobita clypeatus*）, 244-45;
蠵龟（*Caretta caretta*）, 236-37
虾, 76; 蝼蛄虾（*Callianassa stimpsoni*）, 132, 140-42; 虾蛄

（*Squilla empusa*）, 24; 枪虾/鼓虾（*Synalpheus brooksi*）, 217-19
小孔苔虫（*Microporella ciliata*）, 96
蟹，蓝蟹（*Callinectes sapidus*）, 135; 招潮蟹（*Uca pugilator, Uca pugnax*）, 146, 243-44; 隐螯蟹（*Cryptochirus corallicola*）, 202; 沙蟹（*Ocypode albicans*）, 5, 19, 157-61; 绿蟹（*Carcinides maenas*）, 23, 81; 寄居蟹, 181; 紫色爪子的居士们[寄居蟹]（*Coenobita clypeatus*）, 244-45; 马蹄蟹（*Limulus polyphemus*）, , 19, 133, 147, 262-63; 北黄道蟹（*Cancer borealis*）, 99-100; 鼹蟹（*Emerita talpoida*）, 19, 135, 135-56; 豆蟹（*Pinnixa chaetopterana*）, 142, 149-50, 180; 蜘蛛蟹（*Stenorynchus seticornis*）, 236; 石蟹（*Menippe mercenaria*）, 151; 白色螃蟹（*Cardisoma guanhumi*）, 245
心形海胆（*Moira atropos*）, 132, 139
须头虫（*Amphitrite figulus*）, 66
旋壳乌贼（*Spirula spirula*）, 165-66
鳕鱼（*Gadus callarias*）, 25
血蚶（*Anadara ovalis*）, 179
牙鳕（*Merluccius bilinearis*）, 24
亚里士多德, 59
岩锦鳚（rock eel, *Pholis gunnellus*）, 102-3
岩荔枝螺（*Thais lapillus*）, 45, 56-58
岩石海滨的生物, 38-128
岩石中的历史记录, 9-10
岩藻, 见漂积海藻
蜒螺（*Nerita peloronata*或*Nerita versicolor*）, 207-8
厣板, 181-82
鼹蟹（*Emerita talpoida*）, 19, 135, 153-56
洋流同海滨生物的关系, 18-27
鳐鱼, 182
贻贝：紫贻贝（*Mytilus edulis*）, 16, 120-21; 天敌, 57; 栖息地和生活周期, 79, 89-90; 和桧叶螅, 115-17
银纹笛鲷, 238
隐螯蟹（*Cryptochirus corallicola*）, 202
樱蛤（*Tellina lineata*）, 6
有孔虫, 127, 128
羽状海葵/须毛细指海葵（*Metridium dianthus*）, 40, 103-5, 119-20
玉筋鱼（sand or launce eel, *Ammodytes americanus*）, 135
玉螺（*Polinices duplicatus*或*Lunatia heros*）, 131, 134, 137, 179, 182-83
原生动物, 251-53
原生植物, 251
月亮, 对潮汐的影响, 29; 对植被的

影响, 35-36

凿孔贝（*Hiatella arctica*）, 66-67

藻钩虾（*Amphithoë rubricata*）, 93-95

藻类，252-54；石珊瑚藻（*sp. Lithothamnion*）, 106-8, 119, 127, 174, 另见海藻

藻类植物/原植体植物, 253-54

章鱼（*Octopus vurlgaris*）, 176, 231

长股褐藻（*Laminaria longicruris*）, 70

长松萝/老人须（*Usnea barbata*）, 41

掌状海带（*Laminaria digitata*）, 64, 71

招潮蟹（*Uca pugilator*和*Uca pugnax*）, 146, 243-44

珍珠鱼（*Fierasfer bermudaensis*）, 229-30

织虫（*Flustrella hispida*）, 93, 121

蜘蛛蟹（*Stenorynchus seticornis*）, 236

栉水母, 256-57；（*Pleurobrachia pileus*或*Mnemiopsis leidyi*）, 111

种子植物, 148, 230-31, 240-41

舟螺（*Crepidula fornicata*）, 178-80

紫菜（*Porphyra umbilicalis*）, 62

紫螺（*Janthina janthina*）, 168-69

足丝, 16, 101, 178, 179, 180-81, 186

致　谢

我们对于海滨之性质和海洋动物之生活的理解，来自于成千上万人的辛苦研究；他们中的某些人，奉献自己毕生的精力研究某一组动物。在我为了撰写本书所做的调查研究中，我深深地感激这些作出贡献的男男女女，他们的辛勤劳动，使我们能够感受到生命的整体性——许多海滨生物的生活，就体现了这一点。我更加直接地意识到，对于我所请教的那些人，我欠他们一笔学术之债。我曾向他们请教、对照观察的结果、寻求建议和信息；他们总是慷慨大度地给我帮助。这里不可能一一列出这些人的名字，以表达我的感谢，但是有一些人必须特别提到。美国国家博物馆的几位职员不仅帮我解决了许多我提出的问题，而且向本书的绘图师鲍勃·海因斯（Bob Hines）提供了宝贵的意见和帮助。这其中，我们要特别感谢R.塔克·阿尔伯特（R. Tucker Abbott）、弗雷德里克·M.拜耳（Frederick M. Bayer）、芬纳·蔡斯（Fenner Chace）、已故的奥斯汀·H.克拉克（Austin H. Clark）、哈拉尔德·雷德尔（Harald Rehder）和伦纳德·舒尔茨（Leonard Schultz）。美国地质调查局的布拉德利（W. N. Bradley）博士，是我友善的地质学顾问，回答了我的许多地质问题，并且批判性地阅读了我的部分原稿。密歇根大学的威廉·伦道夫·泰勒教授（Prof. William Randolph Taylor）在我寻求帮助鉴定海洋藻类的时候，欣然提供了迅速的帮助；威尔士大学学院（University college of Wales）的史蒂芬森教授及其助教

（女士）特别激励了我从事海滨生态研究工作，感谢他们通过信件提供建议和鼓励。我深深地感谢哈佛大学比奇洛教授（Henry B. Bigelow）多年来对我的鼓励和友好建议。古根海姆助研资金项目（Guggenheim Fellowship）资助了本书所进行的第一年的研究，由此奠定了本书的基础，并且资助了我沿着从缅因州到佛罗里达州的海滨，进行了野外调查。

译者附记

感谢国家海洋局第三海洋研究所的黄宗国先生，曾千惠、林静婕同学对译稿中的专业名词的翻译提出了宝贵的意见。感谢北京大学的谭羚迪同学、厦门大学的戴凌玫同学翻译了本书的部分内容，王潇同学整理了本书的索引。

感谢中国红树林保育联盟刘毅先生提供红树林相关的图片。

图书在版编目 (CIP) 数据

海滨的生灵 /（美）卡森（Carson，R.）著；李虎，侯佳译. —北京：北京大学出版社，2015.11

（沙发图书馆）

ISBN 978-7-301-25995-5

Ⅰ. ①海… Ⅱ. ①卡… ②李… ③侯… Ⅲ. ①海洋生物 – 普及读物 Ⅳ. ① Q178.53-49

中国版本图书馆 CIP 数据核字（2015）第 143282 号

书　　名	海滨的生灵
著作责任者	〔美〕蕾切尔・卡森 著　李　虎　侯　佳 译
责任编辑	王立刚
标准书号	ISBN 978-7-301-25995-5
出版发行	北京大学出版社
地　　址	北京市海淀区成府路 205 号　100871
网　　址	http://www.pup.cn　　新浪微博：@ 北京大学出版社
电子信箱	sofabook@163.com
电　　话	邮购部 62752015　发行部 62750672　编辑部 62755217
印 刷 者	北京华联印刷有限公司
经 销 者	新华书店
	880 毫米 ×1230 毫米　A5　9.75 印张　240 千字
	2015 年 11 月第 1 版　2015 年 11 月第 1 次印刷
定　　价	49.00 元